U0269073

中国科协学科发展研究系列报告

中国科学技术协会／主编

2016—2017

矿物材料学科发展报告

中国硅酸盐学会 ｜ 编著

REPORT ON ADVANCES IN
MINERAL MATERIALS

中国科学技术出版社
·北 京·

图书在版编目（CIP）数据

2016—2017矿物材料学科发展报告 / 中国科学技术协会主编；中国硅酸盐学会编著 . —北京：中国科学技术出版社，2018.3

（中国科协学科发展研究系列报告）

ISBN 978-7-5046-7940-6

Ⅰ. ① 2… Ⅱ. ①中… ②中… Ⅲ. ①矿物—材料科学—学科发展—研究报告—中国— 2016-2017 Ⅳ. ① P57-12

中国版本图书馆 CIP 数据核字（2018）第 055389 号

策划编辑	吕建华 许 慧
责任编辑	李双北
装帧设计	中文天地
责任校对	杨京华
责任印制	马宇晨

出 版	中国科学技术出版社
发 行	中国科学技术出版社发行部
地 址	北京市海淀区中关村南大街16号
邮 编	100081
发行电话	010-62173865
传 真	010-62179148
网 址	http://www.cspbooks.com.cn

开 本	787mm×1092mm 1/16
字 数	325千字
印 张	15.25
版 次	2018年3月第1版
印 次	2018年3月第1次印刷
印 刷	北京盛通印刷股份有限公司
书 号	ISBN 978-7-5046-7940-6 / P·198
定 价	80.00元

2016—2017

矿物材料
学科发展报告

专 家 组

组 长 郑水林

副组长 杨华明 韩跃新 传秀云 沈志刚 梁金生
　　　　黄正宏 刘钦甫 陈天虎 李 珍 丁 浩
　　　　彭同江 林 海

成 员 （按姓氏笔画排序）

于永生 王 菲 王永钱 王高锋 王彩丽
尹胜男 毋 伟 任瑞晨 刘立新 刘学琴
刘海波 刘慧敏 汤庆国 孙 文 孙永升
孙志明 孙思佳 李兴东 李春全 李晓光
李爱军 李彩霞 杨 扬 杨再巧 吴照洋
宋鹏程 张 伟 张 红 张 卉 张 然
张士龙 张广心 张玉忠 张其武 张跃丹
欧阳静 孟军平 姚光远 徐博会 高鹏程

　　　　黄杜斌　　曹　曦　　梁　靖　　董颖博　　韩筱玉

　　　　程宏飞　　程思雨　　强静雅　　解智博　　谭　烨

　　　　谭秀民　　薛彦雷　　霍晓丽

学术秘书　孙志明　　陈玉龙

党的十八大以来，以习近平同志为核心的党中央把科技创新摆在国家发展全局的核心位置，高度重视科技事业发展，我国科技事业取得举世瞩目的成就，科技创新水平加速迈向国际第一方阵。我国科技创新正在由跟跑为主转向更多领域并跑、领跑，成为全球瞩目的创新创业热土，新时代新征程对科技创新的战略需求前所未有。掌握学科发展态势和规律，明确学科发展的重点领域和方向，进一步优化科技资源分配，培育具有竞争新优势的战略支点和突破口，筹划学科布局，对我国创新体系建设具有重要意义。

2016 年，中国科协组织了化学、昆虫学、心理学等 30 个全国学会，分别就其学科或领域的发展现状、国内外发展趋势、最新动态等进行了系统梳理，编写了 30 卷《学科发展报告（2016—2017）》，以及 1 卷《学科发展报告综合卷（2016—2017）》。从本次出版的学科发展报告可以看出，近两年来我国学科发展取得了长足的进步：我国在量子通信、天文学、超级计算机等领域处于并跑甚至领跑态势，生命科学、脑科学、物理学、数学、先进核能等诸多学科领域研究取得了丰硕成果，面向深海、深地、深空、深蓝领域的重大研究以"顶天立地"之态服务国家重大需求，医学、农业、计算机、电子信息、材料等诸多学科领域也取得长足的进步。

在这些喜人成绩的背后，仍然存在一些制约科技发展的问题，如学科发展前瞻性不强，学科在区域、机构、学科之间发展不平衡，学科平台建设重复、缺少统筹规划与监管，科技创新仍然面临体制机制障碍，学术和人才评价体系不够完善等。因此，迫切需要破除体制机制障碍、突出重大需求和问题导向、完善学科发展布局、加强人才队伍建设，以推动学科持续良性发展。

近年来，中国科协组织所属全国学会发挥各自优势，聚集全国高质量学术资源和优秀人才队伍，持续开展学科发展研究。从 2006 年开始，通过每两年对不同的学科（领域）分批次地开展学科发展研究，形成了具有重要学术价值和持久学术影响力的《中国科协学科发展研究系列报告》。截至 2015 年，中国科协已经先后组织 110 个全国学会，开展了 220 次学科发展研究，编辑出版系列学科发展报告 220 卷，有 600 余位中国科学院和中国工程院院士、约 2 万位专家学者参与学科发展研讨，8000 余位专家执笔撰写学科发展报告，通过对学科整体发展态势、学术影响、国际合作、人才队伍建设、成果与动态等方面最新进展的梳理和分析，以及子学科领域国内外研究进展、子学科发展趋势与展望等的综述，提出了学科发展趋势和发展策略。因涉及学科众多、内容丰富、信息权威，不仅吸引了国内外科学界的广泛关注，更得到了国家有关决策部门的高度重视，为国家规划科技创新战略布局、制定学科发展路线图提供了重要参考。

十余年来，中国科协学科发展研究及发布已形成规模和特色，逐步形成了稳定的研究、编撰和服务管理团队。2016—2017 学科发展报告凝聚了 2000 位专家的潜心研究成果。在此我衷心感谢各相关学会的大力支持！衷心感谢各学科专家的积极参与！衷心感谢编写组、出版社、秘书处等全体人员的努力与付出！同时希望中国科协及其所属全国学会进一步加强学科发展研究，建立我国学科发展研究支撑体系，为我国科技创新提供有效的决策依据与智力支持！

当今全球科技环境正处于发展、变革和调整的关键时期，科学技术事业从来没有像今天这样肩负着如此重大的社会使命，科学家也从来没有像今天这样肩负着如此重大的社会责任。我们要准确把握世界科技发展新趋势，树立创新自信，把握世界新一轮科技革命和产业变革大势，深入实施创新驱动发展战略，不断增强经济创新力和竞争力，加快建设创新型国家，为实现中华民族伟大复兴的中国梦提供强有力的科技支撑，为建成全面小康社会和创新型国家做出更大的贡献，交出一份无愧于新时代新使命、无愧于党和广大科技工作者的合格答卷！

2018 年 3 月

矿物材料学科是矿业工程学科的延伸和发展，同时又与岩石与矿物学、材料科学与工程、化学与化工、生物医药、环境科学与工程、机械科学与工程、电力与电子、能源科学与工程、交通与通信工程等学科交叉。现代矿物材料学科是在全球人口快速增长和工业快速发展所导致的资源、能源消耗过快，环境污染日趋严重和生态恶化的背景下发展起来的。矿物材料加工和应用过程中环境负荷小，还可以循环利用，不仅是现代高新技术产业不可或缺的功能材料，还是冶金、化工、轻工、建材等传统产业结构调整和产业升级必不可少的新材料以及生态修复与节能环保的重要功能材料，广泛应用于航空航天、电子信息、机械、冶金、建筑、建材、生物、化工、轻工、食品、环境保护、生态修复、快速交通、通信等现代产业领域。矿物材料学科从材料科学与应用角度研究天然矿物的结构、理化特性、功能及应用性能，目的是通过加工改造优化矿物的结构、理化特性，提升其功能与应用价值，创新开拓其应用领域，引领新的市场需求。因此，矿物材料学科对于高值和高效利用矿产资源以及促进高新技术产业发展、优化传统产业结构、节约能源和资源、保护环境、恢复生态等均具有重要意义。

《2016—2017矿物材料学科发展报告》是中国科学技术协会2016—2017学科发展研究系列报告的项目之一。研究目标是全面总结国内外矿物材料学科的发展现状与最新进展、国内外矿物材料研究现状与进展的比较分析、未来发展趋势和主要发展方向；提出符合矿物材料学科发展趋势与发展规律，并与我国矿物材料相关产业技术进步与结构调整相适应的对策与建议；为促进矿物材料学科发展、繁荣矿物材料学术研究与技术开发、人才培养，攀登矿物材料科学技术高峰提供决策依据和重要参考。为完成该项研究，中国硅酸盐学会成立了专门的项目工作组，制定项目实施方案，组织矿物材料学科的专家学者讨论审定项目撰写提纲。数十位矿物材料学科领域的专家学者参与了项目的调研和报告的撰写。

本项目研究报告包括综合报告和十一个专题报告。综合报告从近十年国家科技计划项目和自然科学基金项目研究成果、论文、专利等多角度总结了碳质矿物材料、黏土矿物材料、多孔矿物材料、纤维矿物材料、钙质矿物材料、镁质矿物材料、硅质矿物材料、云母矿物材料等的国内外发展现状与研究进展，并进行了比较分析，总结了主要研究热点和前沿研究方向，提出了矿物材料学科发展对策和建议。专题报告从材料加工、材料结构与性能、材料功能与应用角度，总结了石墨矿物材料与石墨烯、功能复合矿物材料、环境矿物材料、健康矿物材料、能源矿物材料等的发展现状与最新进展、国内外比较分析和发展趋势。

本报告的编纂由中国硅酸盐学会矿物材料分会承担完成。在完成过程中得到了中国矿业大学（北京）、中南大学、东北大学、北京大学、清华大学、中国地质大学（武汉）、北京航空航天大学、北京科技大学、中国地质大学（北京）、合肥工业大学、武汉理工大学、西南科技大学、河北工业大学、北京化工大学、辽宁工程技术大学等单位及专家的大力支持。在此，对所有参与报告编写和项目调研的专家学者和工作人员表示衷心感谢！

为确保报告的质量，中国硅酸盐学会分别于 2016 年 12 月 10 日和 2017 年 8 月 29 日组织专家对报告初稿和终稿进行了会议评审，邀请北京矿冶研究总院孙传尧院士和武汉理工大学资源与环境工程学院院长宋少先教授先后主持评审，在此谨对孙传尧院士、宋少先教授以及其他评审专家表示敬意和衷心感谢！

矿物材料是一门年轻且快速发展的交叉学科。2000 年以来，矿物材料领域的科学研究和技术开发十分活跃，与此相关的论文、专利文献浩如烟海。对这样一门涉及领域宽、应用范围广、分类尚未统一的新学科，本报告编者虽然做了大量的调研、资料查阅和分析总结工作，对撰写提纲和初稿组织相关学科专家进行了多次评审和反复修改，但报告中肯定仍存在值得商榷、不足甚至错误之处，敬请专家学者和学科同仁指正！

中国硅酸盐学会

2017 年 12 月

序 / 韩启德

前言 / 中国硅酸盐学会

综合报告

专题报告

ABSTRACTS

Comprehensive Report

Reports on Special Topics

综 合 报 告

矿物材料学科发展报告

一、引言

矿物材料（mineral material）是指以天然矿物或岩石为主要原料，经加工、改造获得的功能材料。它是从材料科学与应用角度研究天然矿物的结构、理化特性、功能及应用性能，目的是研究如何更好地使用矿物原料或矿产品，通过加工、改造优化矿物的结构、理化特性与功能，提升其应用价值，以满足应用领域技术进步和产业发展的需求，并创新开拓应用领域，引领新的市场需求，科学合理和高值高效地开发利用矿产资源。

现代矿物材料科学研究始于20世纪80年代。我国矿物材料学科的建立始于2000年前后，首先创立这一学科的主要是一些设有地质与岩石矿物、矿业工程的大专院校，一般是在一级学科矿业工程下设置与采矿工程、矿物加工工程平行的二级学科，或者在地质矿物类或材料科学与工程一级学科下设立相应的二级学科。全国已有数十所院校具有矿物材料或矿物材料工程专业硕士和博士学位授予权。2000年以来，矿物材料，特别是非金属矿物材料领域的科学研究和技术开发十分活跃，从事该领域研究开发的科技人员，以及大专院校的博士生和硕士生逐年增多，高水平论文发表数量、发明专利申请数和授权量逐年快速增长。2005年，国家自然科学基金委设立"矿物材料与应用"学科；2006年以来，得到国家自然科学基金资助的项目逐年显著增长。目前，全国从事该领域研究开发的大专院校和科研院所达数百家。

矿物材料学科涉及矿物学、矿物加工工程、材料科学与工程、化学与化工、生物医药、环境科学与工程、机械工程、电力与电子、能源科学与工程、交通与通信工程等学科，并与现代高技术新材料、传统产业和环境保护与生态修复产业密切相关。膨胀石墨、石墨烯、球形石墨、胶体石墨等石墨材料以及高纯石英、超细硅微粉等矿物材料，与电子信息产业及光伏等新能源产业相关；硅藻土吸附剂与助滤剂、凹凸棒石脱色剂、高纯蒙脱石、珍珠岩助滤剂、沸石抗菌剂等矿物材料与生物和健康产业有关；石墨与石棉密封材料、隔热材料、高纯石英材料等与航空航天产业有关。现代造纸工业大量使用高白度矿物颜料和填料；塑料和橡胶制品及其他高聚物基复合材料每年需要上千万吨的超细和表面改性非金属矿物填料；汽车面漆、内墙涂料以及防腐蚀和防辐射、道路发光等特种涂料需要大量超细和高白度矿物填料和颜料以及黏土矿物凝胶和流变特性调节材料；新型建材需要发展石膏板材与饰面板、花岗岩和大理岩板材、异形材、人造石材以及轻质隔热保温矿物材料；石化工业需要沸石分子筛、催化剂载体以及钻井泥浆材料；机电工业需要云母、石棉类绝缘与密封材料；高温高压高速机械润滑需要石墨润滑材料；汽车和动车业需要摩擦与制动矿物材料。硅藻土、沸石、膨润土、凹凸棒石、海泡石、蛭石等环保功能矿物材料具有吸附和可持续降解有机和无机污染物，以及固沙、保湿、保肥等功能，而且本身环境友好，广泛应用于环境污染治理和生态修复。

矿物材料学科的研究内容主要包括矿物材料物理化学、矿物材料结构与性能、矿物材料加工、矿物材料应用等。矿物材料物理化学涉及矿物材料及其原料的物理化学性质及材料加工或制备过程的物理化学原理；矿物材料结构与性能涉及矿物材料的物相与晶体结构、晶相与微观结构、孔结构、颗粒大小与形状、比表面积和材料的热、电、磁、声、力、化、流变等性能以及材料结构、性能（包括应用性能）的表征方法和材料结构与性能的关系等。矿物材料加工涉及加工工艺和装备、原材料配方、原材料性质及加工工艺对矿物材料结构和性能的影响以及矿物材料制备过程的智能化。矿物材料应用涉及矿物材料应用性能、配方、相关工艺与设备以及评价技术、产品技术标准、检测表征方法与仪器设备等。

矿物材料按矿物原料特性分为碳质矿物材料、黏土矿物材料、多孔矿物材料、纤维矿物材料、钙质矿物材料、镁质矿物材料、硅质矿物材料、云母矿物材料等。按功能分为填料和颜料、力学功能材料、热功能材料、电磁功能材料、光学材料、吸波与屏蔽材料、催化剂载体、吸附材料、环保材料、生态与健康材料、流变材料、粘结材料、装饰材料、生物（药用）功能材料等。目前的分类还不完全，随着矿物材料与应用科学研究的进一步深化和矿物材料产业的进一步发展，矿物材料的分类将更加科学和完善。

矿物材料是伴随高技术与新材料产业发展，传统产业结构调整和优化升级，健康环保、节能与新能源等产业兴起的新的研究领域。全球高新技术产业的快速发展、传统产业的技术进步以及建设生态与环境友好型社会的目标将给矿物材料学科发展带来前所未有的发展机遇。适逢这一机遇，矿物材料科学研究与矿物材料产业未来将以较快的速度持续发展。

功能化是矿物材料的主要发展趋势。未来将重点开展与航空航天、海洋开发、生物化工、电子信息、新能源、节能环保以及新型建材、特种涂料、快速交通工具、生态与健康、现代农业等相关的功能性矿物材料，如石墨烯和各种石墨矿物材料、高性能石英材料与云母材料、高温润滑材料、辐射屏蔽材料、触媒和催化剂载体材料、高性能吸附过滤材料、环境友好型废水与室内空气净化材料、高分子材料增强填料、抗菌填料、阻燃填料、隔音与吸波材料、高性能隔热保温材料、人造石材等装饰装修矿物材料。未来将采用先进技术手段进一步深化矿物微观结构和材料界面结构及其与性能关系的研究；交叉融合矿物与岩石学、结构化学、物理化学、固体物理、现代化学与化工、矿物加工、材料科学与工程、机械、电子、信息科学、现代仪器分析科学等相关学科不断优化矿物材料的制备或加工改造工艺，不断发掘和提升矿物材料的功能和应用性能；同时，构建先进的矿物材料性能表征平台和矿物材料标准体系，强化矿物材料的应用研究，使矿物材料更好的适应和引领相关应用产业的进步和发展。

二、国内研究进展

近十年，在功能矿物材料，特别是节能、新能源、健康、环保、生态修复等矿物材料，高温、高压、高速条件下使用的高性能材料和高聚物基复合材料中应用的功能填料等矿物功能材料的结构与性能、加工工艺与设备和应用基础与应用技术等方面均取得了显著的进步，促进了我国矿物材料产业的发展以及非金属矿行业的技术进步和结构调整。

2006—2015年，我国矿物材料学科领域承担国家重大基础研究35项、高技术发展项目25项、科技支撑项目26项、科技专项2项、共计88项。按矿物材料种类统计，碳质矿物材料40项、黏土矿物材料12项、多孔矿物材料10项、钙质矿物材料9项、硅质矿物材料8项、纤维矿物材料4项、镁质矿物材料3项、云母矿物材料2项，说明碳质矿物材料、黏土矿物材料、多孔矿物材料是近几年国家重点支持的研发领域。这十年间，矿物材料与应用学科领域获批的国家自然科学基金项目数量呈现出逐年显著增加的趋势，累计达到2400多项，说明矿物材料学科领域基础研究工作日趋受到重视，国家层面的支持力度持续增强。

科技论文发表数量是反映学科活跃度的一个极其重要的指标。经检索统计中文科技期刊，2006—2015年，多孔矿物材料论文发表数量13623篇，碳质矿物材料8336篇，钙质矿物材料7310篇，硅质矿物材料5292篇，黏土矿物材料4209篇，镁质矿物材料2259篇，纤维矿物材料599篇，云母矿物材料216篇。有关多孔矿物材料和碳质矿物材料不仅论文发表数量较多，而且呈快速增加的趋势。

专利申请数量是反映学科创新程度的另一个重要指标。2006—2015年，碳质矿物材料发明专利申请数量达到8336件、多孔矿物材料8425件、钙质矿物材料5558件、硅质矿物材料5307件、黏土矿物材料2767件、镁质矿物材料1033件、纤维矿物材料561件、云母矿物材料640件。各种矿物材料专利申请数量变化趋势基本和论文发表数量保持一致。近十年来，碳质矿物材料、黏土矿物材料、多孔矿物材料和钙质矿物材料发明专利申请数量均呈现出快速增加的趋势；镁质矿物材料、纤维矿物材料和云母矿物材料发明专利申请数量呈现出缓慢增加的趋势；而石英矿物材料呈现出先增加后稳定的趋势，其中以

2012 年专利申请数量最多。

（一）碳质矿物材料

碳质矿物材料主要涉及天然石墨材料和石墨烯。

天然石墨材料主要应用于冶金、机械、石油化工、电力、电子、能源、核工业以及国防军工等领域。近十年的主要的研发方向是高纯石墨和石墨功能材料的加工与应用研究，包括制备工艺基础和材料结构性能、应用性能与应用技术研究。主要进展体现在电池阴极材料（球形石墨）、石墨插层复合材料、柔性／膨胀石墨、耐高温和强腐蚀密封材料、高温润滑材料、新能源材料等功能材料。

石墨烯以其优异的性能和独特的二维结构成为 2010 年后材料领域全球研究热点，其在能量储存、液晶器件、电子器件、生物材料、传感材料和催化剂载体等领域已展现出广阔的应用前景。但迄今为止，石墨烯尚未大规模产业化生产和应用，主要原因是尚不具备大规模制备及应用技术。因此，近几年石墨烯的主要研究方向是制备和应用，特别是石墨烯的大规模制备及其在复合材料、微电子、光学、能源、生物医学等领域的应用研究。这些研究在实验室阶段均有突破，中试规模的制备与应用研究也取得一些重要进展，展现出良好的发展前景。

1. 研发现状

2006—2015 年，碳质矿物材料学科得到了国家重点基础研究发展计划（973 计划）、国家高技术研究发展计划（863 计划）和国家科技支撑计划等国家项目较大资金支持。

碳质矿物材料学科每年在国家自然科学基金领域申请立项量较多，并且呈逐年上升趋势，2006—2015 年累计达到 195 项。

在碳质矿物材料中天然石墨矿物材料与石墨烯为主要研究方向，其中石墨烯更是成为近些年来研究的热点，在 2011 年之后，石墨烯方面得到国家科技部支持的（973、863、科技支撑）项目最多，十年累计 32 项（同期天然石墨矿物材料累计 8 项）。天然石墨矿物材料的基金项目数量在近十年间分布较为均匀，十年累计 412 项；而石墨烯相关的基金项目数量自 2011 年来呈现迅速增长趋势，2011—2015 年累计 1547 项。

国内科技期刊发表论文方面，2006—2015 年天然石墨矿物材料论文数量一直较多且较为稳定，累计 5539 篇；而石墨烯学科领域的论文 2010 年之前很少，2010 年之后呈现显著增长的态势，2010—2015 年累计达到 2797 篇，已成为碳质矿物材料学科最为活跃的研究方向。在这些公开发表的论文中，无论是天然石墨矿物材料，还是石墨烯，材料应用研究方面的论文数量最多，其中天然石墨中矿物材料应用研究方面的论文占其全部论文的比例高达 80% 以上，石墨烯中材料应用研究方面的论文占全部论文的 50% 以上，其次为材料加工、材料结构与性能及其他。这说明无论是天然石墨矿物材料还是石墨烯，应用研究是近年来石墨矿物材料和石墨烯研究开发的热点。

2006—2015 年，国内天然矿石墨物材料专利的申请数量共计申请 5395 项；石墨烯专利的申请数量在 2006—2010 年申请数量较少，2010 年后专利申请数量则逐年快速增长，近两年已赶超天然石墨矿物材料专利申请量，累计申请量达到 2650 项。

2. 主要研究进展

在国家"十一五"科技支撑计划项目的支持下，清华大学联合湖南大学、武汉理工大学完成的"新型电池用天然石墨材料的制备技术"研究，研制了制备高性能石墨材料的超高温连续纯化设备，建成了年产 100 吨高性能石墨材料中试生产线；采用高性能天然石墨材料为导电骨料，聚合物树脂为黏结剂，制备了燃料电池用天然石墨/树脂复合材料双极板，确立了双极板的制备方法和工艺参数；以天然微晶石墨为原料，采用高温提纯、表面包覆等改性技术，开发出高性能低成本天然石墨基锂离子电池负极材料，并建成了年产 300 吨中试生产线。该研究成果提升了我国石墨产品的高科技附加值，提高了高性能天然石墨材料的深加工技术和装备水平，拓宽了天然石墨的应用领域。此外，近年来清华大学石墨材料科研团队所开发的微膨改性鳞片石墨负极材料、微晶石墨负极材料、低温负压解理石墨烯及石墨烯基导电剂应用技术于 2016 年 12 月进行了科技成果鉴定，专家鉴定意见认为上述技术成果达到了国际领先水平，实现了天然石墨及石墨烯在可快速充电和宽使用温度范围锂离子电池中的应用，推动了我国丰富的天然石墨资源深加工技术和锂离子电池材料技术的发展。

在国家"十二五"科技支撑计划项目的支持下，黑龙江科技大学、北京矿冶研究总院、奥宇石墨集团有限公司等 18 家国内高校、科研院所及企业合作完成了鳞片石墨基础原料绿色制备技术及典型工程示范、高纯鳞片石墨制备技术与应用、低硫高抗氧化性可膨胀石墨及高导热柔性石墨板制备技术开发与示范、新型负极材料制备技术及产业化、先进金属–鳞片石墨复合材料开发及示范五项科研成果，建成了 300 万吨/年鳞片石墨采矿、20 万吨/年大鳞片石墨、50 万吨/年细鳞片石墨、1000 吨/年 3N 级高纯鳞片石墨、300 吨/年 4N 级高纯鳞片石墨、1000 吨/年可膨胀石墨、60 吨/年高导热超薄柔性石墨板、1000 吨/年新型球形鳞片石墨及新型锂电池负极材料、20 吨/年金属—鳞片石墨复合材料等 11 条产业化示范线。该项目于 2016 年 11 月通过了科技部验收。验收专家组认为，成果大幅度提升了我国石墨行业深加工技术水平，使我国鳞片石墨产业的生产技术水平等接近国际先进水平，为我国天然石墨产业战略性发展提供了重要科技支撑。

作为全球制造业大国和最大的光伏产品生产国，我国一直保持巨大的等静压石墨市场需求。然而，由于我国等静压石墨生产企业技术基础薄弱，加上国外企业的技术封锁，很长一段时间我国等静压石墨生产技术与国外先进技术差距较大。在国家科技支撑计划项目的支持下，中钢集团新型材料（浙江）有限公司攻克了大规格等静压石墨的批量生产的制备工艺关键技术，包括原料配方的设计方法、坯品的成型方法和热处理过程的设计方法及温度控制手段等工艺关键点，实现了"三高"等静压石墨的自主国产化生产。

2011 年以来，我国石墨烯制备和应用技术研究均取得了显著进展，相关科技文献发表量和专利数量已位居全球首位或前列。大规模稳定可靠的制备技术是实现石墨烯产业化应用的关键，在以天然石墨为原料制备少层石墨烯方面，我国近几年取得了显著进展。北京化工大学研发的液相剥离法创新性地采用石墨衍生物作为分散剂，采用超重力高速剪切法、以水为溶剂，在常压下制备层数多在七层以内、片径 3 ~ 5μm、导电率接近 105S/m 少层石墨烯，并建成了年产 1 吨的中试线[1-2]；北京航空航天大学 2013 年率先在世界上采用搅拌驱动流体动力学装置制备出石墨烯，并申请了发明专利。搅拌驱动流体动力学因装置简单，在现有工业技术条件下较易获得，具有低成本和大规模制备少层石墨烯的潜在优势[3-5]。石墨烯作为一种单原子层的新型炭材料，具有导电性良好、比表面积大等优异特性，在电化学储能领域有着巨大的应用前景，近年来，在国家自然科学基金、重点基础研究发展计划（973 计划）和高技术发展计划（863 计划）等支持下，开展了大量制备与应用基础研究，取得了大量重要成果。此外，在国家自然科学基金和重点基础研究发展计划（973 计划）项目的支持下开展的以石墨烯为载体的复合光催化材料的制备以及结构与性能研究项目取得了重要进展。这种复合光催化材料增强了半导体界面电荷转移效应并分离电荷，有效抑制光生电子—空穴对的复合，增加参与反应的电子 / 空穴数目，显著提高材料的光催化活性。

武汉理工大学科研团队以天然石墨为原料，采用两步水热法合成了一种比电容高、大电流放电能力强、电容保留性好和循环寿命长的超级电容器电极材料—氟化石墨烯 / 钴铝—层状双亲氧化物复合材料，并揭示了石墨烯氧化度对制备石墨烯 / 钴铝—层状双亲氧化物复合材料电化学性能的影响规律：石墨烯 / 钴铝—层状双亲氧化物复合材料电化学性能随石墨烯氧化度的增加呈现先增加后下降的趋势[6-7]。

近 5 年来，我国在碳质矿物材料，尤其是石墨烯的制备与应用技术领域，取得了大量比肩世界先进水平的重要研究成果，在碳质矿物材料研究领域已进入国际前沿和先进行列。

（二）黏土矿物材料

包括膨润土、高岭土、凹凸棒石、海泡石、伊利石、埃洛石等的黏土矿物材料是最主要的非金属矿物材料之一，量大且应用面广，以膨润土为例，用途达 100 多种。近十年，黏土矿物材料的研究逐渐从传统的陶瓷、耐火材料、铸造、球团、钻井泥浆、脱色剂、干燥剂、橡胶填料向健康材料、环保材料、生态修复材料、催化剂载体、生物功能材料和功能填料等应用方向发展。因此，黏土矿物的结构和界面特性与其性能的关系、材料结构与界面性能的改性、材料应用性能的优化成为近年来黏土矿物材料主要的研究方向。近几年，在蒙脱土插层复合材料、蒙脱土 / 聚合物纳米复合材料、纳米 TiO_2– 蒙脱土复合光催化材料、霉菌毒素吸附材料、膨润土环保与生态材料、二维纳米高岭土气密功能填料、煤系高岭土超细和煅烧增白技术、高岭土基分子筛和催化剂、凹凸棒土纳米棒晶解聚—分散—改性和应用、海泡石吸附环保材料、埃洛石生物功能材料等黏土矿物材料的科学研究和技术开发方面取得显著进展。

1. 研发现状

2006—2015 年，黏土矿物材料共获得的 973 计划、863 计划、国家科技支撑计划项目 12 项，主要集中在膨润土、高岭土和凹凸棒石三种矿物的研究。

国家自然科学基金项目数量 102 项，主要集中于膨润土和凹凸棒石矿物材料。其中，膨润土矿物材料 55 项，凹凸棒石矿物材料 22 项，埃洛石矿物材料 14 项，高岭土矿物材料 7 项，伊利石矿物材料 4 项。

黏土矿物材料国内科技期刊发表论文方面，2006—2015 年膨润土矿物材料相关的论文发表数量最多，累计 2264 篇；其次为高岭土矿物材料和凹凸棒石矿物材料，分别为 757 篇和 708 篇；而其他黏土矿物材料论文发表数量相对较少，其中海泡石 295 篇、伊利石等 112 篇、埃洛石 73 篇。

2006—2015 年，高岭土矿物材料领域的论文主要集中在应用方面，2011 年以后逐渐偏重于材料结构与性能研究；凹凸棒石矿物材料领域的论文发表数量呈现逐年增加的态势，主要集中在结构与性能以及应用方面，加工方面的论文发表数量相对较少；埃洛石矿物材料领域的论文发表数量呈现逐年增加的态势，2012 年之前，主要集中在其结构与性能方面，近几年，材料加工与应用方面的论文发表数量有所增加；膨润土矿物材料领域的论文发表数量一直较多，其中应用性能方面论文最多，材料加工，如提纯、改性、活化和柱撑等研究论文次之，结构与性能的论文相对较少；海泡石矿物材料领域的论文主要集中在应用方面，有关结构与性能以及加工方面的论文较少；伊利石矿物材料领域的论文发表数量相对其他黏土矿物材料少，主要集中在其结构和性能方面，应用以及加工方面的研究论文较少。

黏土矿物材料国内发明专利申请方面，2006—2015 年发明专利申请数量基本呈现逐年增长的态势，其中凹凸棒石矿物材料专利申请数量最多，达 1240 项，膨润土矿物材料 718 项，高岭石、海泡石矿物材料分别为 530 项、160 项，伊利石与埃洛石矿物材料较少，分布为 86 项与 33 项。

2. 主要研究进展

膨润土矿物材料方面，在国家"十二五"科技支撑计划项目的支持下，中国地质大学（北京）以低品位膨润土为原料，采用物理选矿方法提纯膨润土；再以该提纯膨润土为原料制备阴 – 非离子型、阴 – 阳离子型有机纳米膨润土和有机硅嫁接膨润土填料；并用膨润土尾矿制备"堇青石—莫来石质耐高温窑具"和"轻质隔热耐高温窑车台面"，实现无尾矿排放；项目建成了 1 条 1000 吨 / 年有机纳米膨润土中试生产线，1 条利用伴生非金属矿制备堇青石 – 莫来石质陶瓷窑具示范生产线，1 条 1000 吨级利用典型伴生非金属矿和尾矿制备窑车台面用轻质隔热耐高温材料中试生产线。该项目为高效利用我国低品位膨润土

矿资源开发新型高附加值膨润土产品和综合利用膨润土尾矿提供了新技术和新工艺。

随着核能的不断发展，特别是20世纪中叶以来，人类在开发利用核能过程中产生了大量高放射性废物，安全地处置高放废物已成为当前放射性废物管理的难题，并已引起国际社会的广泛关注。在国家自然科学基金重大研究计划项目支持下，兰州大学的"不同温度下腐殖质存在时放射性核素在Na基高庙子蒙脱石上的吸附作用"研究项目利用膨润土的吸附固定特性，实现高放废物的无害化处置，为我国高放废物地质处置库的设计和安全评价提供了重要的基础实验数据和化学模型。

凹凸棒石矿物材料方面，在国家高技术研究发展计划（863计划）项目的支持下，合肥工业大学与中科院广州地球化学研究所进行了大量凹凸棒石加工与应用研究工作，发明了一系列凹凸棒石黏土–金属（氧化物）纳米复合催化材料制备及其在内燃加热式生物质气化、液化、气化炉内原位催化裂解焦油、生物质气化–催化裂解焦油一体化装置中的应用方法和技术，提出了解决生物质气化工艺关键技术问题的一种新途径；合肥工业大学开发的高纯凹凸棒石加工技术，构建了一系列凹凸棒石–金属（氧化物）原子团簇或纳米颗粒体系以及以凹凸棒石为载体或基体的吸附、磁回收、催化、导电、补强等功能化新材料，在导电涂料、含重金属离子废水处理、劣质饮用水处理除氟吸附剂、低浓度含磷水深度处理、催化氨还原脱氮氧化物催化剂、气化炉热解气焦油催化裂解等领域展现出了良好的应用前景[8-10]。在国家自然科学基金、国家高技术研究发展计划（863计划）、江苏省科技支撑计划等项目支持下，中国科学院兰州化学物理研究所凹土科研团队进行了大量凹凸棒石深加工及产业化研究。该团队率先开发了对辊处理—制浆提纯—高压均质—乙醇交换一体化工艺，在保持凹凸棒石固有长径比前提下，实现了棒晶束的高效解离，棒晶达到纳米级分散。在此基础上，系统开展了不同类型改性剂对凹凸棒石表面功能化改性研究，建立了高压均质和改性剂协同作用提高改性效果的新方法，实现了应用导向的凹凸棒石表面性质调控和功能化设计。该项目从应用基础突破、关键技术发明到高值产品开发，形成了具有自主知识产权的技术创新链，解决了长期制约凹凸棒石产业黏土发展的关键共性瓶颈问题，形成了凹凸棒石纳米无机凝胶、凹凸棒石油品高效脱色剂和凹凸棒石纳米复合导电材料高值化利用产品，并实现了产业化应用[11-14]。

高岭土矿物材料方面，在国家高技术研究发展计划（863）、国家自然科学基金重点项目的支持下，中国矿业大学（北京）高岭土科研团队在对煤系高岭土资源特性和高岭石矿物插层机理研究基础上，采用插层剥片工艺制备了具有良好增强和阻隔性能的二维纳米黏土片层材料，并已实现了二维纳米黏土片层材料产业化生产和工业化应用，在基础研究与应用研究领域取得了一系列重要研究成果[15-18]；在国家"十一五"科技支撑计划项目的支持下，中国高岭土公司、石油化工研究院、苏州大学等单位以炼油行业中FCC催化剂所需的高性能高岭土为研究目标，立足我国天然的优质高岭土资源，制备出FCC催化剂专用高岭土产品，提升了我国高岭土行业的产品技术含量和附加值。在国家"十二五"科技支撑计划项目的支持下，北京大学、北京科技大学等科研团队利用劣质煤系高岭土作原料，针对工业示范生产氮氧化物耐火材料过程中的关键技术与装备等问题，通过劣质煤系高岭土精选与转型集成技术研究，开发出了具有自主知识产权的劣质煤系高岭土生产高性能耐火材料的高效转型技术，建立了规模化的工业生产与应用基地。苏州中材非金属矿设计研究院、咸阳非金属矿研究设计院、中国矿业大学（北京）、大同煤矿实业总公司科研团队有限公司在国家"十一五"科技支撑项目的支持下，攻克了用煤系高岭土大规模生产超细和高白度（双 90）煅烧高岭土的关键工艺与装备技术，并已实现了成果转化。研制成功的 $10m^3$ 的湿式超细研磨机在达到节能效果的同时，显著缩短了加工工艺流程；研发的煅烧增白直焰式煅烧窑，集成煅烧气氛控制技术、直焰煅烧技术、煅烧温度控制技术、自动控制技术以及尾气综合利用等技术的，单台产量达到 50000 吨 / 年。

在国家自然科学杰青基金、973 计划、自然基金面上项目等的支持下，中南大学矿物材料科研团队以典型或特异性的黏土矿物为主要对象，深入研究了黏土矿物结构改型、表面改性、矿物复合制备新功能材料的基本原理，建立并优化典型黏土矿物的结构参数，以第一原理的方法解析黏土矿物精细加工过程的理论本质，系统归纳了相关的原理，为开拓黏土矿物的应用领域、实现高值化利用提供崭新的思路。取得的具体成果如下：①揭示了矿物结构转型制备介孔材料的结构演变过程及调控原理，提出了矿物固定二氧化碳的技术原型，解析了矿物基储氢、固碳过程的结构转变规律与反应位点的调控原理；②解析了矿物表面改性的电荷、离子属性、键性质的匹配与组合机制，探明了矿物表面复合催化材料的功能设计原则，厘清了矿物催化材料的性能调控机理与方法，提出矿物基复合储热材料的设计思路与性能调控机理；③建立了典型层状非金属矿物的优化结构模型，总结了矿物材料计算与模拟的合适函数类型及参数范围，明确了矿物材料表界面性质解析的基本原则与可行路径，解释了硅酸盐矿物表面的 Al-O、Si-O 表面层性质及其与纳米材料结合的基础理论，充实了国内外矿物材料计算及理论发展中的重要知识，初步形成了具有矿物材料特色的理论计算与模拟体系[19-23]。

（三）多孔矿物材料

包括沸石、硅藻土、火山灰、蛋白土、膨胀珍珠岩、膨胀蛭石的天然多孔矿物具备开发分子筛、微过滤、吸附环保、隔热、隔音等功能材料的潜质，与现代节能、环保和健康产业密切相关，具有广阔的应用前景。近十年多孔矿物材料的研究主要围绕开发高性能节能、环保、健康材料和分子筛改性和性能优化方向展开。在高性能分子筛、沸石复合抗菌材料、硅藻土负载纳米 TiO_2 复合光催化材料、高性能硅藻土助滤剂、硅藻土环保壁材、多功能硅藻板、水质净化与废水处理材料、火山灰健康材料、膨胀珍珠岩防火保温材料、珍珠岩保温板、膨胀蛭石隔热、隔音材料以及多孔矿物基复合相变功能材料等方面取得显著进展。

1. 研发现状

2006—2015 年，多孔矿物材料领域 973、863、科技支撑项目数量为 10 项。其中，沸石矿物材料最多，达到 8 项；硅藻土矿物材料 2 项。

国家自然科学基金方面，2006—2015 年，多孔矿物材料学科领域共获支持 104 项，其中沸石矿物材料有 89 项，占比达 85.6%；其次是硅藻土矿物材料 10 项，膨胀蛭石矿物材料 5 项。

多孔矿物材料国内科技期刊发表论文方面，2006—2015 年，沸石矿物材料相关的论文发表数量最多，累计 8427 篇；其次为硅藻土矿物材料，累计 3022 篇；火山灰矿物材料累计 1684 篇，而且呈现逐年增长的态势，而其他多孔矿物材料论文发表数量相对较少，其中蛋白土 324 篇，膨胀珍珠岩 124 篇，膨胀蛭石 42 篇。

2006—2015 年，硅藻土矿物材料在材料结构与性能、材料品种与应用、材料加工方面的论文呈现逐年增长的趋势，其中有关材料应用方面的论文最多；沸石材料结构与性能方面的论文发表数量整体保持平稳，但材料应用方面整体呈现上升的趋势，数量上远远多于材料结构与性能和材料加工方面的论文；火山灰矿物材料结构与性能方面论文发表数量整体呈现缓慢增长的趋势，材料应用方面的论文数量占比最高，且在 2010 年最多，材料结构与性能方面的论文逐年增加，材料加工方面论文较少。与上述几种多孔矿物材料相比，蛋白土、膨胀珍珠岩、膨胀蛭石矿物材料论文发表数量则较少。

2006—2015 年，多孔矿物材料专利申请数量如下：沸石矿物材料 6816 项，硅藻土矿物材料 997 项，火山灰材料 329 项，膨胀珍珠岩材料 181 项，蛋白土矿物材料 71 项，膨胀蛭石材料 31 项。沸石矿物材料专利申请数量远远多于其他多孔矿物材料，硅藻土矿物材料专利申请量保持稳步上升的趋势。

2. 主要研究进展

沸石矿物材料方面，在国家高技术研究发展计划（863）项目的支持下，复旦大学科研团队完成了"晶种法合成多级孔结构的沸石及其催化应用"研究。该项目将多级孔引入到传统沸结构中，并对普通晶种法进行了一系列改进，通过调节体系的晶种、无机盐、模板剂、酸碱度、水硅比等合成条件，控制晶种的溶解与诱导过程，得到了几种不同结构的多级孔 ZSM-5 沸石，同时对它们的合成机理与结构演化过程进行了深入研究，所构建的多级孔结构的 ZSM-5 催化剂在甘油脱水制丙烯醛的反应中表现出良好的选择性和使用寿命。如果进一步在纳米微晶堆积结构的合成体系中引入硼，可以得到一种具有较多弱酸位的多级孔 B-Al-ZSM-5 催化剂，该催化剂在甲醇制烯烃反应中具有超强的抗积碳能力。在国家高技术研究发展计划（863）项目的支持下，北京大学、清华大学相关科研团队研制了一种新型的序批式生物沸石反应器，采用装填沸石的生物反应器系统强化处理焦化废水，取得了良好的应用效果，并加深了对难降解工业废水生物强化治理的科学认识。同样在国家高技术研究发展计划（863）项目的支持下，北京理工大学相关团队将沸石纳米孔分子筛薄膜和光纤微传感器集成在一起，并利用飞秒激光微纳加工新方法研制了一种实时测试型高灵敏度微型化学传感器。

硅藻土矿物材料方面，我国在中低品位硅藻土选矿与综合利用、硅藻土–纳米 TiO_2 复合光催化环保功能材料、硅藻功能板材、硅藻泥、硅藻土填料等科学研究与技术开发方面取得了显著进步。在国家"十二五"科技支撑计划项目支持下，中国矿业大学（北京）非金属矿物材料团队攻克了中低品位硅藻土物理选矿提纯产业化关键技术、用硅藻精土为原料的医药化工高浓度含盐废水、油田采油污水处理的污水处理剂和纳米 TiO_2/硅藻土复合光催化材料产业化制备关键技术和应用技术。并以该技术为支撑建成了年产 12000 吨硅藻精土示范生产线、6000 吨/年污水处理剂示范生产线和 1000 吨纳米 TiO_2/硅藻土复合光催化材料示范生产线。其中，"硅藻土负载纳米 TiO_2 复合光催化材料制备和应用技术及产业化"是目前国内外该研究领域唯一转化为工业化生产的原创性技术成果，示范生产线产品已在木质百叶窗、硅藻土壁材、内墙涂料、木地板等室内建筑装饰装修材料中推广应用，具有可持续高效吸附和分解室内甲醛等有毒害气体的功能，而且使用方便和安全。该项技术成果对我国硅藻土资源的高值高效利用和硅藻土产业的结构调整和转型升级以及可持续发展具有重要支撑作用[24-26]。

火山灰方面，以火山灰为主要吸附调湿功能组分的环保健康型室内装饰装修壁材研发取得了显著进展，中国矿业大学（北京）非金属矿物材料团队与企业合作研发的火山泥健康环保壁材在 2016 年实现了产业化生产和推广应用，产品具有优良的调湿功能和持续净化室内甲醛的功能，为我国火山灰材料的高值开发和技术进步和具有重要推动作用。

膨胀珍珠岩方面，闭孔膨胀珍珠岩玻璃微珠的应用基础和应用技术研发取得了显著进步，防火保温砂浆和轻质隔热板材的产业化生产和推广应用取得了良好的节能环保效益。

（四）钙质矿物材料

石膏、重质碳酸钙、轻质碳酸钙、天然大理石和人造大理石等是重要的非金属矿物材料之一，原料来源丰富。石膏是传统的建筑材料，大量用于水泥和建筑材料。近几年在半水石膏生产技术优化、多功能石膏装饰板材、异型材等研发方面取得显著进展。重质碳酸钙是一种用途广、用量大的非金属矿物填料，近几年在功能复合、表面改性与纳米修饰以及大规模超细粉体制备技术与装备方面取得显著进展。轻质碳酸钙是以石灰石为原料采用化工方法生产的碳酸钙产品，近几年在晶型控制、纳米碳酸钙粒径控制、改性分散技术方面取得显著进展。天然大理石近几年的进展主要在异型材的加工工艺与装备方面；人造大理石的重要进展是微波固化技术与装备。

1. 研发现状

2006—2015 年，钙质矿物材料学科领域共获得 973 项目 1 项，863 项目 5 项，国家"十一五"、"十二五"科技支撑项目 3 项，国家自然科学基金项目 37 项。

钙质矿物材料国内科技期刊论文发表方面，2006—2015 年，石膏矿物材料累计 5791 余篇，石灰石和轻质碳酸钙累计 1358 多篇；方解石与重质碳酸钙 120 篇，天然大理石和人造大理石方面的论文较少，分别为 12 篇和 29 篇。

2006—2015 年，方解石与重质碳酸钙矿物材料中，材料加工与应用方面的论文相对较多，并呈现逐年增加的趋势，材料结构与性能方面则较少；石灰石与轻质 / 沉淀碳酸钙的应用研究论文较多，尤其是石灰石在脱硫中的应用；轻质碳酸钙方面的论文主要是生产方法与工艺；石膏矿物材料应用方面的论文最多，达 4214 篇，约占期间论文总数的 70%，其次为材料结构与性能 1250 篇，约占期间论文总数的 20%。

2006—2015 年，钙质矿物材料专利申请数量呈现逐年增长的趋势，石膏矿物材料数量最多，累计达 4192 件，其次是石灰石与轻质碳酸钙，累计达 918 件，方解石与重质碳酸钙，累计 267 件，人造大理石和天然大理石分别为 130 件和 51 件。

2. 主要研究进展

在国家重点基础研究发展计划（973 计划）的支持下，由中国检验检疫科学研究院主导制定的国际标准 ISO/TS11931《纳米碳酸钙第一部分表征与测量》，经 ISO/TC229 国际纳米技术委员会批准，并于 2012 年 12 月正式发布，标志着我国在纳米碳酸钙国际标准制定方面取得了重大突破。在国家高技术研究发展计划（863）项目的支持下，华中师范大学与南京聚锋新材料有限公司科研团队依据仿生学原理，通过调控脱硫石膏晶体生长工艺条件，得到了高强度六角形柱状晶体 α- 半水石膏，经表面修饰后，进一步和 PVC 进行复合，获得高强度力学性质的仿生微晶材料，该材料有望在建筑装饰领域推广应用。同样，在国家高技术研究发展计划（863）项目的支持下，湖北大学蒋涛教授团队完成了"脱硫石膏与钛白石膏制备高端建材资源化技术与示范"研究，取得了脱硫石膏常压盐溶液法制备高强石膏优化工艺、α 高强脱硫石膏的转晶关键技术、石膏高压水热法制备 α 半水石膏优化工艺、α 高强钛白石膏外加剂复配技术、石膏专用泡沫剂防水剂及发泡防水工艺、α 高强石膏水热法关键设备改造等技术成果。此外，"硫黄分解磷石膏制硫酸技术""循环流化床分解磷石膏制 SO_2 联产水泥熟料""钙基湿法脱硫副产物制备高强度 α- 半水石膏"及"脱硫石膏综合利用关键技术与设备开发"等重大研究项目的完成，极大地推进了我国脱硫石膏、磷石膏等钙质矿物资源高值利用的技术水平。在国家"十一五"科技支撑计划项目支持下，山东海化集团有限公司科研团队完成了"轻质超细造纸涂布专用碳酸钙关键技术"研究，该技术采用的一步合成工艺，不需要晶种，采用的反应助剂无毒，对设备要求低，操作弹性好，反应条件温和，操作简单，产品质量稳定，有效地解决了生产现放大的关键技术问题。

碳酸钙表面纳米化修饰及复合钙质矿物材料的制备与应用研究是近十年钙质矿物材料的主要研究方向之一。清华大学材料系粉体技术研究团队和中国地质大学（北京）矿物材料团队在国家自然科学基金及国家"十一五"和"十二五"科技支撑计划的支持下开展了大量系统深入的研究，在微米尺度的钙质矿物粉体（重质碳酸钙）颗粒表面包覆纳米碳酸钙（nano-$CaCO_3$）、$SiO_2 \times nH_2O$ 和 TiO_2 以及碳酸钙 –TiO_2 复合颜料的制备与应用等方面取得了重要进展[27-29]。

在 GCC 表面紧密包覆纳米粒子，改善了重质碳酸钙的表面形态，显著改善了重质碳酸钙应用时与基体间的相容作用，提高了填充复合材料力学性能。

碳酸钙 –TiO_2 复合颜料生产过程清洁，产品可以代替钛白粉，对节约钛白粉和提高重质碳酸钙的附加值具有重要意义。该项研究成果已经实现了产业化生产与应用，具有良好的发展前景。

武汉理工大学科研团队采用机械力化学方法，对方解石与重金属离子的反应特征进行了深入研究，通过系统研究，揭示了方解石与不同金属离子反应的差异性。基于这种球磨活化过程的差异性，开展了重金属离子的分离和重金属离子废水的净化应用研究；实现了 Cu 和 Ni、Co 和 Cd 的分离和分选以及水溶液中 Fe、Cu、Zn、Ni、Cd 在中性 pH 条件下的共沉淀净化。这种分离和净化方法绿色环保且成本低，具有良好的开发应用前景[30-31]。

人造大理石方面，中国科学院电子研究所研发的微波固化技术与装备显著缩短了人造石的固化时间，从传统方法的 24 小时以上缩短到 2 小时左右，不仅显著提高了生产效率，而且节约了能源，显著推动了人造石技术的进步和人造石产业在我国的快速发展。

（五）镁质矿物材料

镁质矿物材料的主要原料包括滑石、菱镁矿、白云石、水镁石、水菱镁石等。近几年的主要研究进展包括：低品位菱镁矿为原料的电熔镁砂高效制备和节能减排技术，镁质阻燃材料制备与应用技术；工程塑料用滑石补强填料的表面改性技术；白云石质陶瓷和耐火材料；以水镁石为原料的高性能低烟无卤阻燃填料加工（超细粉碎、表面改性与复合）技术；西藏水菱镁石资源的矿石结构性能与应用开发。

1. 研发现状

2006—2015 年，镁质矿物材料共获得国家高技术发展（863）项目 1 项，国家科技支撑项目 2 项，国家自然科学基金项目 75 项。

镁质矿物材料国内科技期刊论文发表方面，2006—2015 年，镁质矿物材料学科发表的论文大部分集中在滑石矿物材料，累计达到 1178 篇；白云石与菱镁矿分别为 466 篇和 256 篇；水镁石矿物材料 359 篇；水菱镁石材料 17 篇。其中，滑石矿物材料的论文主要集中于材料加工方向，达 627 篇，而其中最多的是滑石复合材料的合成及表面改性，将其应用于如电催化、光催化、有机合成以及阻燃材料的制备等领域；菱镁矿相关的论文则集中于材料应用方向，主要是新型耐火材料的开发以及利用菱镁矿制备活性氧化镁、氢氧化镁；白云石相关的论文在加工以及应用方向的数量相差不大，在加工方面主要集中于轻烧白云石以及制备氧化镁，而在应用方面主要是以其为原料制备氢氧化镁。

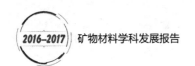

2006—2015 年，镁质矿物材料发明专利申请数量累计达到 629 件，大部分发明专利集中在滑石矿物材料，而且呈现明显的上升趋势。其次是白云石，累计达到 255 件。菱镁矿累计达到 107 件；水镁石以及水菱镁石分别为 41 件和 1 件。

2.主要研究进展

在国家"十二五"科技支撑计划项目的支持下，辽宁丰华实业有限公司、海城精华矿产有限公司及辽宁科技大学科技攻关团队共同开展了"菱镁矿高效利用绿色生产技术"研究，针对我国菱镁产业高耗能、高污染、低效益、破坏生态环境等突出问题，依据循环经济理念，以节能减排和保护环境为核心，研制并建成了 300m³ 大型全密闭哑铃形自动化清洁生产重烧氧化镁竖炉，实现完全高效利用菱镁矿资源，实现重烧镁砂日产 240 吨、年产 8 万吨以上，优质品率大于 90%。该项目攻克了低品位菱镁矿高效制备镁质阻燃材料、无机阻燃剂协效阻燃、阻燃木塑复合材料增韧等一系列关键技术，建成了年产 1 万吨阻燃木塑复合材料生产线，生产的无卤阻燃木塑复合材料性能优越，满足木塑地板性能国家标准要求，具有突出的阻燃性能，达到国家标准难燃 B1 级要求（国家标准最高级别为 A 级）。项目研发的国内首套 300m³ 全密闭连续生产高温竖式煅烧炉，具有自主知识产权，填补了国内空白，项目实施后，重烧镁砂产品优质品率可提高 20% 以上，节煤 20% 以上，密封式设计将烟尘直接导入除尘设备，实现清洁生产。该项目还对我国传统重烧设备的改造和更新具有示范作用，可提高菱镁矿资源综合利用率，推进我国菱镁产业技术进步和装备升级。在国家重大基础研究项目（863）的支持下，东北大学联合企业科研人员，进行了"菱镁矿熔炼制备电熔镁砂工艺优化"研究，通过系列实验研究和计算机模拟，得到了菱镁矿熔炼制备电熔镁砂的优化工艺及相关机理。

水镁石作为一种环境友好型低烟无卤无机阻燃填料，近几年在国家"十一五"科技支撑计划项目、地方科技项目支持下研发取得显著进展。水镁石主要成分为氢氧化镁，经过超细粉碎和表面改性与复合后填充 EVA 电缆及 PP 和 PE 等塑料制品，具有高效阻燃和抑烟的功能。中国矿业大学（北京）非金属矿物材料团队与福建省泰宁陶金峰新材料有限公司、四川石棉巨丰粉体有限公司合作研发的超细活性水镁石及复合无机阻燃填料，发明了环保型无机复合超细活性阻燃填料以及氢氧化镁/重质碳酸钙复合阻燃填料的表面包覆工艺及专用配方；研发成果已在福建泰宁县和四川石棉县实施了产业化生产和推广应用。产品填充 EVA 电缆料的氧指数达到 35% 以上，拉伸强度和断裂伸长率分别达到 10MP 和 180% 以上，烟密度 <100。

水菱镁矿是发现于我国西藏班戈湖的天然碱式碳酸镁矿，近几年中国矿业大学（北京）非金属矿物材料团队对其结构与理化特性及应用性能进行了深入研究，开发出用于 EVA 电缆护套料和人造石的高性能无机阻燃填料[32-33]。

（六）纤维矿物材料

由于美国、欧盟和日本禁用石棉的影响，石棉矿物材料的研究逐渐淡出科研工作者的研究范围。但是，历史上石棉开采和选矿积存下来的大量尾矿成为近十年成为科研工作者关注的领域，在综合利用石棉尾矿和制备氢氧化镁、氧化镁、多孔二氧化硅及其复合材料产业化关键（中试）技术方面取得显著进展。近十年，硅灰石矿物纤维的制备与表面改性技术成为研发的重点，在产业化方面取得显著进展；另一个纤维矿物材料取得显著进展的领域是玄武岩纤维的规模化和稳定化制备关键技术。

1. 研发现状

2006—2015 年，纤维矿物材料学科共获得 863 计划项目 1 项；"十一五""十二五"科技支撑计划 3 项；国家自然基金项目 8 项。

国内科技期刊论文发表方面，2006—2015 年，纤维类矿物材料的研究论文数量逐年增加，其中玄武岩纤维矿物材料累计为 320 篇；硅灰石矿物材料和蛇纹石矿物材料分别为 137 篇和 126 篇；纤维水镁石矿物材料 16 篇。在这些发表的论文中，对于蛇纹石石棉，材料应用方面最多；近五年纤维水镁石几乎没有相关论文发表；硅灰石矿物材料同蛇纹石矿物材料一样，材料加工方面的论文较多；玄武岩纤维材料的研究论文数量呈现逐年增长的趋势，但是玄武岩纤维结构与性质以及加工方面的研究论文较少，大多是材料应用方面的研究论文。

2006—2015 年，纤维矿物材料国内专利申请数量统计结果如下：玄武岩纤维材料累计 366 件，蛇纹石石棉矿物材料 100 件，硅灰石矿物材料 95 件。

2. 主要研究进展

在国家重大基础研究项目（863）支持下，南京大学相关科研团队以 CO_2 矿物封存的机理以及关键技术为切入点，完成了典型富镁矿物（水镁石及蛇纹石族）的鉴别，考察了水镁石、利蛇纹石、纤蛇纹石等矿物在不同浸取条件下的溶解动力学特征，建立了富镁矿物湿法固碳能力的评价方法，筛选出适合用于 CO_2 封存的矿物种类，对我国超基性岩的分布以及固碳潜力做出了估计，并建立了我国首个基于二氧化碳矿物封存的 WebGIS 数据展示平台。

在国家"十一五"科技支撑计划的支持下，中国矿业大学（北京）非金属矿物材料团队与山西泰华工贸有限公司攻克了高长径比超细硅灰石纤维的规模化制备工艺与装备、针状矿物纤维的表面有机改性、无机包覆及其在复合材料中的应用关键技术，解决了硅灰石纤维填料磨耗大、填充复合材料颜色发灰以及填充过程中纤维折断等技术难题，建设了年产 2 万吨硅灰石矿物纤维生产线，实现了硅灰石矿物纤维的规模化生产和在造纸（代替部分纸浆）以及 PP、PE、尼龙等高分子复合材料中的推广应用[34]。

玄武岩纤维的规模化生产技术是实现我国玄武岩纤维产业化以及作为结构材料在国防

建设、交通基础设施、汽车与船舶制造、消防、土建、节能、环保等国民经济支柱产业领域中规模化应用的关键。在国家"十二五"科技支撑计划项目的支持下，浙江石金玄武岩纤维有限公司与东南大学相关科研团队以突破玄武岩纤维规模化、稳定化关键技术并进行示范为主要目标，解决了制约我国连续玄武岩纤维产业发展的技术瓶颈，开发出了具有我国自主知识产权的大漏板、纤维生产智能化监控技术、专用浸润剂等连续玄武岩纤维高性能、低成本、低能耗的电熔炉生产技术及装备，使我国成为全球连续玄武岩纤维的生产和应用大国，年生产能力占全世界的 50% 以上。

中国矿业大学（北京）非金属矿物团队采用化学方法分离提取石棉尾矿（蛇纹石）中的氧化镁组分制备超细活性氢氧化镁阻燃填料；并回收其中的镍和铁产物；将分离氧化镁、镍铁和以后的硅质组分制备多孔二氧化硅；并进一步将多孔二氧化硅制备重金属离子废水治理等环保材料、沥青填料；完全实现了尾矿的高效综合利用，该项目技术已完成了中试，具有完全的自主知识产权[35]。

（七）硅质矿物材料

硅质矿物材料关系到电子信息、新能源、新材料等现代高新技术产业，用量大，应用范围广。高纯石英砂、硅微粉的制备与改性、球形硅微粉、高纯金属硅、多晶硅、单晶硅、高纯熔融石英等是近十年硅质矿物研发的主要方向，在用石英石或脉石英制备高纯和超高纯石英砂、电子塑封用球形硅微粉制备技术、高纯金属硅制备技术、多晶硅生产工艺与装备优化、高纯熔融石英材料和光学石英材料的制备与应用技术等方面取得了显著进展。

1. 研发现状

2006—2015 年，硅质矿物材料领域共获得 863 项目 1 项；科技支撑项目 7 项。在基础与应用基础研究方面，硅质矿物材料领域共获得国家自然科学基金项目 24 项。

硅质矿物材料领域国内科技期刊论文发表方面，2006—2015 年，多晶硅累计发表论文 3653 篇，单晶硅 832 篇，石英砂和高纯石英砂 525 篇，硅微粉 170 篇，金属硅 112 篇。在分类统计的材料结构与性能、材料加工以及材料应用方面的研究论文中，材料加工方面论文数量最多，约占发表论文总数的 75%；其次是材料应用。

发明专利申请方面，2006—2015 年，国内硅质矿物材料学科领域的专利申请数量呈现逐步增加的趋势，2012 年达到峰值并趋于稳定。其中多晶硅矿物材料的专利申请数量最多，达到 3570 件，其次是单晶硅 985 件、石英玻璃原料（高纯石英）515 件、金属硅 125 件、硅微粉 112 件。

2. 主要研究进展

在国家"十一五"科技支撑计划项目的支持下，山东工业陶瓷研究设计院、中材高新材料股份有限公司、山东中材工程有限公司等科研人员攻克了"高纯熔融石英材料制备技术及应用"技术，解决了用石英原料制备高纯熔融石英材料的规模化生产技术以及大尺寸石英陶瓷坩埚（太阳能多晶硅铸锭用）的产业化应用技术难题，实现了太阳能多晶硅铸锭用大尺寸石英陶瓷坩埚的完全国产化，提高了我国石英产品的技术含量和附加值，推动了我国硅质矿物材料高精细产品加工技术的发展和进步。

在"十一五"期间，我国在多晶硅生产工艺方面进行了大量科研攻关，取得了一系列重要进展，为促使我国多晶硅产业的发展提供了强大推动力。在国家重大基础研究项目（863）的支持下，中国电子科技集团公司第二研究所科研人员攻克了"多晶硅片制造关键设备（铸锭炉）技术"，突破了国外在该行业尖端领域的技术垄断。哈尔滨工业大学相关科研人员攻克了"无氯烷氧硅烷法制备多晶硅工艺技术"；昆明理工大学相关科研人员攻克了"真空冶金法制备低成本多晶硅工艺技术"；天士力控股集团有限公司相关科研人员攻克了"冶金法制备低成本多晶硅工艺技术"；锦州新世纪石英（集团）有限公司相关科研人员攻克了"高纯石英砂制备低成本多晶硅技术"，该项目通过四氯化硅的提纯技术和关键设备、硅还原炉设计、真空熔炼、等离子体技术除杂等关键技术的突破，优化了多晶硅的生产工艺和多种生产设备的设计和制造技术。

超高纯度石英砂生产技术一直是我国非金属矿及矿物材料、石英玻璃领域科技工作者努力攻克的难题。近几年，这一难题有所突破，自主技术生产的 99.99% 纯度的石英砂已经可以部分替代进口。在采用脉石英为原料加工超高纯石英砂技术基础和工艺研究方面，武汉理工大学的科研人员进行了系统深入的研究，查明和总结了石英晶体中固体、流体包裹体赋存状态及石英晶格中的杂质元素分布，为研究脉石英纯化提供了技术基础；揭示了脉石英纯化反应体系中硅酸盐、铝硅酸盐矿物分解的化学平衡规律，进行了热力学分析并建立了动力学模型；通过构建石英纯化体系高温 $Al-F-H_2O$ 系、FeS_2-F-H_2O 系 Eh–pH 图，发现了氟铝络合、氟硅络合物稳定性区域及共存关系以及黄铁矿热力学稳定区域及分解条件，对于阐明脉石英中硅酸盐、铝硅酸盐矿物及黄铁矿分解的微观过程与机理具有重要的指导作用。在此基础上，研发了利用脉石英制备超高纯石英的混合酸热压浸出与真空焙烧纯化技术，发明了一种石英晶型转换金属元素气化一体化提纯方法[36]。研究成果显著提升了超高纯石英的加工技术水平，推动了我国高纯石英生产技术的发展。

（八）云母矿物材料

云母矿物材料主要是功能填料（云母粉）、绝缘材料和珠光颜料。近十年，主要的研究方向和进展是云母绝缘材料，包括云母纸和云母纸制品生产工艺与关键装备的优化和改进以及功能填料和颜料的表面改性。

1. 研发现状

2005—2016 年，云母矿物材料领域获得国家科技支撑计划项目 2 项。

在基础研究方面，云母矿物材料学科领域累计获得国家自然科学基金项目 107 项，其

中 2012 年达到 37 项，但近 3 年仅获批 4 项。

国内科技期刊论文发表方面，2006—2015 年，云母矿物材料领域发表的论文主要集中在云母粉和云母板 / 片，其中云母粉在 2011 年之前呈现增长的趋势，而 2011 年之后有所下降，近三年又有所上升；云母板 / 片相关论文数量则一直呈现增长的趋势，2015 年达到 2006 年的两倍以上；其次是覆钛珠光云母以及云母纸 / 带，但近几年相关论文数量呈现下降趋势；着色云母相关论文仅有 6 篇，大多发表于 2010 年之前。从论文类别来看，相关研究论文主要集中在材料加工方向，共有 116 篇，主要是云母包覆二氧化钛以及表面改性研究；其次是结构与性能方面的论文，共有 76 篇，主要是云母有关复合材料的力学性能研究；材料应用方面的论文数量较少，只有 29 篇。

2006—2015 年，云母矿物材料相关的专利申请数量总体呈现增长的趋势，主要集中在云母纸 / 带、云母板 / 片以及云母粉这三个方面，分别有 344 件、162 件以及 124 件，而覆钛珠光云母以及着色云母则分别只有 7 件和 3 件。

2. 主要研究进展

在国家"十一五"科技支撑计划项目的支持下，武汉理工大学、湖北平安电工材料有限公司相关科研人员针对我国云母加工行业的云母纸生产线前处理工艺、制浆和纸浆分级以及生产线智能控制关键技术进行了联合攻关，提高了云母纸厚度的均匀度，实现了厚度、纸浆浓度、水分、定量以及烘干温度等参数的在线监测和智能控制，并优化了云母纸中不同粒级云母片的配合比，从而提高云母纸的介电性能，使其各项工艺指标达到了西方发达国家先进水平。该技术成果的应用和产业化示范显著改善了我国云母纸的质量及稳定性，提升了国际市场竞争力，并促进或带动了国产大型电机、安全电缆等电气行业技术的进步。该项目还首次制定了云母粉径厚比的测定标准及检验方法，填补了国内空白，并通过了全国非金属矿产品及制品标准化技术委员会的认定。

三、国外研究进展

矿物材料的研究开发，因资源的种类及储量情况以及国情和经济发展战略的不同，各国发展方向也不一样，这里仅针对部分发达国家的进展情况进行简述。

1. 日本

在矿物资源领域日本没有专门的学会，全国只有统一的关联学会。与矿物材料有密切关联的学会和出版物，主要有注重矿物基础研究的日本矿物科学会，出版《岩石矿物》；注重应用方面的资源与素材（旧日本矿业协会），出版杂志 *Journal of MMIJ*。其他有关的学会和出版物包括：资源地质学会，出版物《资源地质》；日本粉体工学会，出版物《粉体工学会志》。其他如化学工学会、日本陶瓷学会等也涉及矿物材料。

日本矿产资源缺乏，因此对进口的原料进行深加工满足国内需要或进一步出口方面取得了世界瞩目的成绩。随着原材料在经济中的影响分量减弱，几乎所有国立大学里的资源加工相关学科都变更为环境等相关学科。通过调查 2016 年度矿物科学和资源与素材的秋季学会发表内容来看，基础方面像碳酸钙的钙溶出等只有区区三篇与矿物材料有关联；应用方面也同样只有几个层状矿物在废水中的吸附作用的报告。过去有名的浮选期刊，现在更名为环境资源工学在勉强维持着发行几次会议论文。日本经济高速发展年代，成立的石膏与石灰协会，早在二十年前就更名为无机材料学会（無機マテアリア学会）。

传统意义上日本矿物材料相关的领域在萎缩。尽管如此，日本在矿物材料领域的优势仍在。一是，20 世纪伴随着经济的快速增长，包括矿物材料在内的基础科学研究积累了雄厚基础，再加上高水准的设备工艺等制造业的支撑，以矿产品为原料的制成品的质量仍然明显高于我国，还维持着低价进口原材料、出口高端精细产品的优势地位。二是，日本在精细化工产品及精细陶瓷材料方面的基础研究开发一直走在世界前列，拥有高水平的生产工艺等技术优势，这些技术优势很容易地用来加工矿物材料，以及进一步合成矿物材料来克服天然矿物的缺陷。三是，一个新的特别值得关注的发展趋势是，基于矿物来自于自然界，向自然学习开发新的制造工艺，也就是模仿自然获取新的制造技术的理念得到了日本社会的广泛关注，不少建立在这种理念上的交叉领域的研究项目从政府到企业都得到重点支持。积水化学工业公司这样一家私有企业从 2002 年开始每年都在出资赞助这个领域的研究开发，2016 年度分别募集 6 个基础性研究和 5 个已经有一定基础的应用课题。

具体来讲，居住环境实现自然的温湿度调节功能、持久保持清洁功能以及节能功能等矿物材料是他们关注的重点。如在黏土等原料里添加玻璃等其他物质，降低烧结温度到 900℃左右，既维持了所需要的强度，还保留了足够多的内部微细小的空隙细管等结构，具有良好的温湿度调节功能。另一个例子是，把黏土通过低温加热或机械力球磨等手段进行活化，活化后的原料室温下和水玻璃硅酸钾钠反应得到的产物不但其强度能达到高温工艺的传统建材产品的程度，而且拥有自然土壤的温湿度调节功能，反应产物宏观上呈非晶状态，微观上局部组成被认为是接近坚硬的长石相。这些研究成果是日本在机械力化学活化矿物材料方面长期基础研究的结果，除了高强度建筑材料的应用外，还被用在合成分子筛等环境吸附材料，制备缓释性肥料等领域。

向自然学习的思路还进一步展开到生物体。磷灰石和碳酸钙是脊椎动物的骨质和软体动物的贝壳的主要成分，和生物体有机大分子一起复合成具有各种功能的生物体，未来有望合成一些功能改良和优化的生物器官等[37-39]。

2. 美国

美国是世界上重要的非金属矿生产国，硅藻土、膨润土、高岭土、石膏、磷酸盐等产量一直在世界上占有重要地位。美国也是世界非金属矿产品的消费大国，其硅藻土、高岭土、重晶石、天然石墨、钾岩、滑石等非金属矿产品的消费量一直占世界首位。以下简要综述美国石墨、高岭土、硅藻土、滑石、石膏这几种典型的非金属矿物材料的研究进展。

石墨：基于 *Web of Science* 英文文献检索信息查询石墨 2005—2016 年 SCI 论文，发表的文章数量中国为第一位，美国紧随其后处于第二位，这说明美国对石墨的开发与应用高度重视，最新研究主要集中于利用石墨制备石墨烯[40]及石墨烯相关应用方面[41]，另外将石墨与其他材料的复合，例如树脂[42]、氧化物[43]，用于制备复合材料的研究也受到了广泛关注。总体上讲，由于石墨的独特性质，在美国受到了最多的关注。

高岭土：美国高岭土的最新研究主要集中于环境和医学领域。环境方面，Kibanova et al. 报道了直接利用高岭土替代二氧化钛光催化降解有机物[44]，重金属离子和有机物均能高效的被高岭土去除[45-46]。医学领域，美国对各类高岭土止血产品的开发研究十分活跃[47]，高岭土止血布产品已得到了广泛的应用。

硅藻土：美国硅藻土最新应用研究与环境保护紧密相关，例如，使用硅藻土处理可持续污染物 PFOA[48]，或者利用硅藻土去除地下水的有毒砷等[49]。另一个较为新颖的研究方向是将钯分散于硅藻土中，将其用于分离和储存其他气体中的超重元素氡，获得了良好的效果[50]。

滑石：滑石主要作为填料使用，美国对其研究应用相对较少，偶尔能见金属离子取代后滑石晶相的研究[51]。

石膏：被广泛的用作建筑材料，美国的研究学者更多的关注石膏板材的抗震特性[52]以及与其他建筑材料的黏附特性[53]。石膏板材的回收利用也受到了一定的关注[54]。

3. 加拿大

加拿大是非金属矿产资源的大国，新近的研究开发都是通过复合化工艺来改善矿物材料的性能。下面是石墨、高岭土、蒙脱石领域的研究进展。

一种石墨烯硅基锂离子电池技术，采用 55% 以上的硅材料作为负极活性材料，硫掺杂的石墨烯以及聚丙烯腈作为辅助，通过电极微观结构的构筑成型，其内部各材料间的相互协同效应解决了硅材料的体积膨胀、电导率低等问题，其电化学性能与目前商业化电池相比，比容量提高了 6 ~ 7 倍，循环寿命达到 2200 次以上。也有氧化石墨烯用来制造性能更优异、更坚固耐用的太阳能电池的报道。还有通过 N 进入了石墨烯的晶格结构中的氮掺杂引入电负性更强的 N 强化石墨烯的电导性；控制石墨烯表面氧化状况，提高化学稳定性；通过溶胶—凝胶方法将铁掺杂纳米二氧化钛负载在石墨烯表面可使材料的带隙降低至可见光区，证实具有可见光光催化性能。

高岭土深加工方面有三项值得参考借鉴的报道。一是，以天然高岭土和酸浸高岭土后得到的氢氧化铝为黏合剂，利用天然石灰石或醋化石灰石颗粒为原料制备小球，吸附燃烧后生成的二氧化碳。由 10 VOL% 醋酸醋化石灰石制备的 CaO 和 Al（OH）$_3$ 质量比为 5.5 的小球，具有较高的二氧化碳吸附量（0.13 g/g）。醋化石灰石和氢氧化铝黏合剂制备的小球表现出较高的吸附能力，主要原因是具有更优的孔结构，尤其是氢氧化铝生成的多孔 α-Al$_2$O$_3$ 稳定架构可提供更多的吸附点。二是，用高岭土材料制备的含 H– 型 β–沸石的

NiW/AMB 催化剂对液化催化裂解柴油的加氢脱硫。MB 的添加增强了 AMB 载体的总酸化程度，导致 NiW 催化剂中 Bronsted 酸的比例增大，使得 NiW/AMB 催化剂比 NiW/Al₂O₃ 表现出更高的 W 硫化程度。液化催化裂解柴油加氢脱硫能力随着 NIB 和 NiW/AMB 的添加量的改变而改变。三是，利用天然高岭土水热法制备高纯沸石 A。这种方法合成的沸石 A 比传统方法合成的沸石有更高的阳离子交换能力，且形貌尺寸可控。

蒙脱石 / 膨润土的研究开发集中在制备层状硅酸盐纳米复合材料。提高有机改性剂和夹层基体之间的互溶性可以改善硅酸盐层的脱层以及在夹层基体内的分布情况，夹层基质的结晶度直接关系到在纳米复合材料的硅酸盐层的剥离程度，硅酸盐层的分层对力学性能和熔融流变性能的提高起决定性作用。另一个有意义的研究是蒙脱石和壳聚糖的混合使用对去除金属离子 Co²⁺，Ni²⁺ 的和 Cu²⁺ 等的效果。单独使用壳聚糖和蒙脱石都可以去除金属离子，但其效果强烈依赖于溶液的成分和 pH。当同时使用时，脱乙酰壳多糖和蒙脱石显示出协同作用。

4. 澳大利亚

澳大利亚是个资源大国，非金属矿产资源较为丰富，较有影响力的矿种是石膏和滑石等，但与金属矿相比，规模较小。

石膏：澳大利亚生产的石膏除出口外，在国内主要用于建材、模具和农业等。近些年来，石膏的深加工研究主要是制备建筑材料，主要研究包括在有无海藻酸钠条件下合成纤维素 / 石膏复合材料，并研究材料组分之间的相互作用和复合材料的机械性能；研究由秸秆、水泥和石膏增强的土质砖的热传导性能。结果表明，石膏含量的增加有助于提高砖体的热传导率。此外，用磷石膏在改良土壤方面也做了深入研究。得出磷石膏可以改善地表土壤结构，从而改善水的渗透条件和渗透速度；促进农作物稳定生长。

滑石：澳大利亚学者主要研究其在塑料和医药方面的应用。如滑石粉作为填料对聚丙烯复合材料机械性能的影响；滑石粉填充聚丙烯复合材料的熔融强度和可扩展性；滑石、石英以及碳酸钙单独或者两两混合作为聚丙烯复合材料的填料，它们的含量和比例对复合材料性能的影响；聚 N 异丙基丙烯酰胺（PNIPAM）在滑石层表面的吸附作用；应用于胸膜固定术中的滑石粉的粒度特征以及滑石粉治疗胸腔积液的效果。

澳大利亚高岭土主要用途是纸张的填料、增充剂涂料、生产卫生陶瓷和瓷器的原料等。近几年主要的研究进展是利用高岭土 –Fe/Ni 纳米材料除去水溶液中污染物硝酸铜；利用 PVA–sodium alginate–kaolin 固定的蕈状芽孢杆菌降解 TNT；利用固定在 PVA–sodium alginate–kaolin 凝胶微球上的 Burkholderia vietnamiensis C09V 降解结晶紫；高岭土基纳米零价铁除去水溶液中阳离子染料结晶紫；制备具有储热功能的月桂醇 / 高岭土复合新型建筑材料；高岭土中埃洛石对聚合物（geopolymers）形成和特性的影响；用水热法将高岭土合成沸石；利用碱处理高岭土合成沸石用作钾肥；利用高岭土去除溶液中的 Zn²⁺ 以及高岭土对刚果红的吸附作用。

膨润土矿物材料方面，澳大利亚学者对其水处理应用方面的研究较多，主要进展包括合成了固定多种金属离子的海藻硅酸钠 / 膨润土生物复合材料，用于吸附六价铬；利用有机 – 无机蒙脱土吸附苯酚、磷酸盐和 Cd^{2+} 进；研究铁基蒙脱石在水中去除罗兰明 B 和六价铬的效率以及钠蒙脱石和钙蒙脱石去除数种重金属离子的效果；聚乙烯醇 / 石墨烯 / 蒙脱土复合材料加固变形行为；壳聚糖 / 蒙脱土纳米杂化材料对于乳酸的降解；改性蒙脱石水溶液除草剂以及用钙蒙脱石去除废水中的双酚 A。

5. 法国

法国对高岭土的利用十分注重用户的要求和节约资源，如将不同质量的高岭土加以搭配使用，用高岭土和高岭土煅烧白云石混合物制备多孔陶瓷支持膜，既满足了用户要求，又节约了资源。

法国是世界上最重要的硅藻土矿物材料生产国之一，主要进展如下。

制备活性好的镀 Ni / 硅藻土催化剂，镀 Ni / 硅藻土在 800℃条件下的镍 / MN3 达到甲烷转化率达到 90%；利用氧化铁制备改性硅藻土去除水溶液中的三价砷，以及运用氢氧化铜改性硅藻土增强固定铅离子；将混合材料（TiO_2、硅藻土）应用于多相难降解有机污染物的催化处理，研究用硅藻土制备新型纳米复合催化剂光催化降解水中亚甲基蓝和苯酚；利用硅藻土和葡萄糖制备对水中亚甲基蓝和甲基橙有良好吸附性能的复合材料。

法国一直专注于开发一种廉价的，性能稳定的高纯度的亚微米尺寸的产品，如研究新型滑石粉作为增强型聚丙烯和聚酰胺 6 的纳米填料。此外，人工合成滑石以及改善滑石状层结构、增强其阻隔性和润滑性及其在应用于金属防腐蚀保护方面是法国该领域的主要研究方向之一。

法国是欧洲最大的石膏生产国。主要研究进展有加入天然纤维，即亚麻纤维，提高石膏复合材料机械性能。使用绝缘软木复合石膏材料代替石膏板以及提高生产效率，降低石膏板生产过程的能源消耗和优化产品质量。

6. 瑞典

瑞典的天然非金属矿产种类不多，最新研究进展简述如下。

高岭土：高岭土添加剂在高 pH 值时可以降低钾的浸出量，通过添加高岭土可以改善燃烧林业废料或其他生物质燃料时会造成飞灰烧结、积垢和腐蚀。在燃烧玉米秸秆过程中加入 3% 左右的高岭土、方解石添加剂，可以使燃烧废渣从低熔点硅酸钙镁转变为高熔点硅酸盐，生成硅酸铝钾以及由钙铝硅组成的玻璃态物质。在流化床锅炉中燃烧林业废料时添加细颗粒高岭土，锅炉中碱量随着高岭土的添加被降低，床体材料的结块温度被提高。

在 3– 氨基丙基三乙氧基硅烷（APTES）的作用下将氧化石墨烯薄片和高岭土结合制备高岭土 – 氧化石墨烯纳米复合材料，并作为气相探测器，用来检测 NH_3 和 HNO_3。该检测器比热退火的多层氧化石墨烯薄膜制备的检测器具有更高的灵敏性。

在不同的无机盐的水溶液（硫酸铵、硫酸钠、硫酸钾等）中剥离石墨生成石墨烯可以得到回收率很高的石墨烯产品（>85%，≤3层），大的横向尺寸，低氧化度（C/O=17.2），和310cm^{2}V^{-1}s$^{(-1)}$的空穴迁移率。另外，高导电性的石墨烯膜（11Ωsq^{-1}）可以轻松地通过浓缩石墨油墨（10mg/mL，N,N'-二甲基甲酰胺）刷涂在A4纸张尺寸的薄膜上。用这种石墨烯薄膜制造的固态柔性超级电容器可以提供高达11.3 mF/cm^{-2}的面积电容和5000mv/s倍率特性。

将普鲁士蓝纳米颗粒（PBNPs）通过简单的吸附工艺固定在石墨电极（GE）的表面上，然后将改性的表面覆盖一层全氟磺酸制备的传感器表现出对过氧化氢还原良好的电催化活性，并成功用于对H$_2$O$_2$的电流检测。

7. 俄罗斯

俄罗斯是包括非金属矿在内的资源大国，尽管俄罗斯学者在相关研究中取得了一批值得关注的成果，但是，基础研究的成果并没有带来高端矿物材料产品的大量应用和出口。近十多年来的主要研究进展简述如下。

硅灰石：使用凝胶的方法将硅灰石制成陶瓷颜料，载色体颜料是一些包括Fe^{3+}、Ni^{2+}、Cr^{3+}、Cu^{2+}、Co^{2+}等阳离子的盐类溶液，因此提高了颜料颜色性能。通过霞石尾矿调节硅灰石和透辉石结构中的镁硅氧化物比例可以制成陶瓷颜料。该颜料能耐高温，可做釉料使用，拓宽了利用原矿合成陶瓷颜料的方法。研究用钛和钛基板通过微弧氧化法生产硅灰石生物涂层，以钛合金为基板的硅灰石—磷酸钙细胞涂层界面检测到培养的细胞有较高的生存性能和移动性，在碱性磷酸酶作用下可以提高类纤维细胞的成骨潜能。

蛭石：通过将BaCl$_2$、BaBr$_2$吸附冷却在蛭石的毛细孔里制成一种新型的复合吸附材料，BaCl$_x$Br$_{2-x}$溶液附着在蛭石的毛细孔里，但由于氨的吸附改变了这种溶液的组成，在BaCl$_2$和BaBr$_2$之间形成了一种氨的中间介质BaCl$_x$Br$_{2-x}$·8NH$_3$。

石墨：富勒烯C$_{60/70}$和石墨在机械力活化条件下结构变形的对比分析，揭示了在机械活化的过程中富勒烯晶格结构的破坏也伴随着富勒烯分子结构的破坏，机械活化的过程中石墨稳定性高于富勒烯C$_{60/70}$。另外，机械化学活化对石墨的粒度及晶格结构无序性的影响，可以改变其阻电能力。

黏土矿物：经过HCl酸浸活化处理天然的高岭土和在650℃下煅烧制备的偏高岭土，质子酸含量随着盐酸浓度的增加而增加，但盐酸浓度对偏高岭土的影响较弱。酸浸后的样品能催化合成octahydro-2H-chromen-4-ol。质子酸位置的数量及反应强度取决于黏土矿物的类型，HCl-蒙脱石>HCl-高岭土>HCl-偏高岭土。不同类型黏土矿物中的质子酸影响了环化反应生成octahydro-2H-chromen-4-ol的反应速率及选择性。

滑石：通过对滑石机械力化学处理合成多孔硅材料，其比表面积达到133m^2/g，气孔体积达到0.22ml/g。机械力化学处理可以提高滑石的无定形化。

四、国内外研究进展比较分析

国内外矿物材料学科的基本现状是美欧日等发达国家拥有先发技术基础和较明显的技术优势。美欧日等发达国家从 20 世纪 70 年代中期开始即开展了石墨层间化合物、膨胀石墨、超细与胶体石墨、有机膨润土、超细煅烧高岭土、硅藻土助滤剂、沸石分子筛、人造石材、矿物纤维、无机矿物功能填料以及高纯石英、珠光云母等功能矿物材料的制备、材料结构、性能与应用研究，并在 70 年代末和 80 年代逐渐形成了规模化生产。80 年代以后，西方发达国家的矿物功能材料开始广泛应用于工业、农业、通信、航空航天、航海、军工、环保、生态、健康以及人类社会生活，不仅促进了传统建材、冶金、轻工、化工、机械、建筑业的结构调整和产业升级，而且关联高技术与新材料产业、快速交通、新能源、节能环保、生态建设、生物医药、电子信息等方方面面，产业规模不断扩大。到 21 世纪初，部分产业，如膨润土矿物材料形成了年销售额超过百亿美元的产业集群。

我国虽然 80 年代也开始了部分矿物材料，如有机膨润土、硅灰石矿物纤维、超细滑石粉等的研发和生产，但基础研究薄弱、技术和装备落后，生产超细滑石粉和针状硅灰石的装备要完全依赖进口。进入 21 世纪以来，特别是近十年我国矿物材料研究开发十分活跃，科研经费和人员投入快速增长，无论是基础研究还是技术开发，与欧洲、美国、日本等发达国家的差距持续缩小，发表和被检索的论文及申请的发明专利数量持续快速增长。在检索的 2006—2015 年间碳质矿物材料、黏土矿物材料、多孔矿物材料、钙质矿物材料、镁质矿物材料、纤维矿物材料、石英矿物材料、云母矿物材料研究领域论文发表数量和发明专利申请量中，国内的数量均占有较大比重。需要指出的是，在统计的国外期刊发表的论文中，相当一部分作者是中国大陆学者。在石墨烯、超细煅烧高岭土、硅藻土健康与环保材料、凹凸棒石矿物材料、人造大理石、人造石英石、镁质矿物材料、功能矿物填料、矿物填料填充功能母粒等技术领域已达到国际先进水平，部分甚至达到国际领先水平。但是，我国矿物材料科技发展的总体水平与世界先进水平仍有一定差距，尤其是产业化技术水平、产品档次、材料应用性能与需求的适应性以及应用技术水平方面，有些差距还较大。这些差距正是我们今后需要努力突破的方向。

基于 *Web of Science* 英文文献检索信息，在已检索的 2006—2015 年国内外石墨矿物材料与石墨烯，膨润土、伊利石、海泡石等黏土矿物材料，硅藻矿物材料，沸石矿物材料，膨胀蛭石，碳酸盐矿物材料，石膏矿物材料，菱镁矿、白云石矿物材料，石英与硅材料，云母矿物材料等，国内研发机构均名列全球前 10 名，其中，石墨烯、石墨矿物材料、膨润土矿物材料、硅藻土矿物材料、沸石矿物材料、石英材料等研究领域，国内研究机构名列全球第一。同时，2010 年以来国内石墨烯研究开发经费和人员投入以及制备与应用技术方面的研究进展与成果处于世界前列。

另一方面，因资源种类、储量、品质及国情的不同，各个国家在资源开发及矿物材料学科与技术研发的重点又明显不同，大多数国家是以本国优势资源为依托发展矿物材料与制品产业。近十年以来中国矿物材料产业呈现快速发展态势，在石墨矿物材料、石墨烯、钙质矿物材料、人造大理石和石英石、石英材料、硅藻土矿物材料、黏土矿物材料等方面正在形成自己的特点和优势。虽然在矿物材料技术层面目前与欧洲、美国、日本等发达经济体尚存在一定的差距，但相信经过一段时间的创新发展和持续积累，完全有可能赶上并超过美欧日等发达国家。同时我们也应该借鉴世界其他国家，特别是发达国家的发展经历，把矿物材料和其他学科有机结合起来，强化矿物材料的基础研究和技术开发，通过交叉融合与产学研协同创新，优化矿物材料的功能，不断提升矿物材料的应用价值，拓展矿物材料的应用领域和引领矿物材料的创新应用。

五、主要研究热点

基于 2006—2015 年国内外矿物材料学科领域论文、专利以及矿物材料产业的调研分析，从材料品种角度可以认为，石墨烯、石墨矿物材料、黏土矿物材料（膨润土、高岭土、凹凸棒石）、多孔矿物材料（沸石、硅藻土、火山灰）、钙质矿物材料（石膏、轻质 /重质碳酸钙）、镁质矿物材料（滑石、菱镁和白云石）、玄武岩矿物纤维、硅质矿物材料（多晶硅、金属硅、单晶硅、高纯石英）、云母绝缘材料等是目前国内外矿物材料学科研究与技术开发的热点或前沿方向。从材料功能角度，新能源与节能矿物材料、环境治理矿物材料、生态与健康矿物材料、高硬度与高强度矿物材料、阻燃矿物材料、绝缘矿物材料以及复合功能矿物材料等是主要研发热点或前沿方向。

（一）碳质矿物材料

2006—2015 年，碳质矿物材料学科领域，材料品种与应用是最重要的研究热点和前沿研究方向，其次为材料加工、材料结构域性能。天然石墨矿物材料在 2006—2015 年间的论文与专利申请数量呈波动性增长趋势，耐火材料、坩埚、铸造、密封材料、润滑材料等传统行业一直是其主要研究方向，而近几年柔性石墨、制动衬片与摩擦材料、锂电池阴极材料、碳纤维等已逐步成为新的研发热点。此外，随着近些年来对石墨结构性能的深入研究，天然石墨的应用已跨越了传统行业，在新兴环保材料、热交换材料、储能、导电材料及新型超级电容器材料等方面显示出较大发展潜力。

2004 年，两位英国曼彻斯特大学物理学家用微机械剥离法成功从石墨中分离出石墨烯，这一技术的成功证实了准二维晶体结构的石墨烯可以单独存在，石墨烯的研究因此活跃起来。2010 年后，石墨烯以其优异的性能和独特的二维结构成为材料领域研究热点，论文发表数量呈显出爆发式增长，2015 年达到约 3000 篇。石墨烯在复合材料、微电子、光学、能源、生物医学等领域已有大量应用研究。其中，石墨烯复合材料领域最受关注，其在能量储存、液晶器件、电子器件、生物材料、传感材料和催化剂载体等领域是重要的研发方向。石墨烯复合材料的研究主要集中在石墨烯聚合物材料以及石墨烯表面负载无机纳米粒子及其催化、生物传感器、光谱学等领域的应用方面。

（二）黏土矿物材料

2006—2015 年，黏土矿物材料领域论文发表和专利申请数量最多的为膨润土矿物材料，且明显高于其他黏土矿物材料；其次为高岭土和凹凸棒石矿物材料；其他黏土矿物材料论文和专利申请数量相对较少；说明目前黏土矿物材料的研究热点集中于膨润土矿物材料、高岭土矿物材料和凹凸棒石矿物材料。

膨润土和高岭土矿物材料侧重于品种与应用性能的研究，而凹凸棒石则侧重于结构和性能的研究。膨润土矿物材料，如膨润土环境与生态修复材料（吸附剂和复合光催化材料）、膨润土防水材料、膨润土降阻材料、胶凝材料等，是研究较热的领域。偏高岭土和煤系高岭土与应用是高岭土矿物材料领域研究的重点，其应用广泛涉及造纸、陶瓷、建筑材料、橡胶、塑料、涂料、日用化工等传统行业。近年来，采用高岭土合成莫来石、多品种氧化铝和硅质无机填料等高性能材料逐渐成为高岭土高值化利用的一个研究方向。凹凸棒石矿物材料的主要研究热点是其结构特点和应用性能。

膨润土矿物材料的技术研发方向主要是提纯、钠化、插层改性、有机膨润土、无机凝胶、防水毯、干燥剂、环境修复材料（吸附剂）、钻井泥浆用膨润土、猫砂、复合材料、饲料抗菌剂与霉菌毒素吸附剂（特别是双亲性广谱霉菌毒素吸附剂）等的制备与应用方面；高岭土主要是高岭土煅烧、表面改性、插层复合等加工技术以及高岭土在合成分子筛、绝缘填料、涂料、混凝土、催化剂载体、橡塑增强和阻隔填料等方面的应用技术；凹凸棒石主要集中于吸附剂、光催化剂、环境与生态修复材料、生物功能复合材料的制备及应用性能方面；海泡石主要涉及海泡石环境修复材料、保温、阻燃和隔音功能材料、复合材料、建筑材料、纤维及摩擦材料、抗菌材料、复合光催化材料等制备与应用技术方面。

（三）多孔矿物材料

2006—2015 年，沸石矿物材料的论文与专利申请数量远远多于其他多孔矿物材料，且沸石矿物材料、硅藻土矿物材料和火山灰矿物材料论文与专利申请数量整体保持了较高速增长趋势。由专利和论文数量来看，国内关于多孔矿物材料的研究主要集中在沸石矿物材料、硅藻土矿物材料和火山灰矿物材料。沸石矿物材料主要以合成沸石为主，主要应用于石油化工催化、吸附分离和离子交换三大传统领域，随着人们对环境质量的高要求，沸石矿物材料在环保方面的应用将更加广泛。而硅藻土作为一种生物成因的硅质沉积岩，具有独特孔结构特性和非晶质二氧化硅成分。因此，充分利用硅藻土的天然特性，发展能最大限度发挥其天然禀赋的材料或制品是硅藻土矿物材料研究开发的一个主要趋势和方向。同时，采用现代高新技术提升或优化硅藻矿物材料的天然禀赋或功能，开发具有光催化降解功能的高性能环保材料、相变储能、调湿调温功能材料是硅藻土功能材料、显著提升硅藻土的应用价值和应用领域已成为主要研究方向。火山灰分为人工火山灰质材料和天然火山灰材料。在火山灰应用的早期，主要是以天然火山灰材料为主。随着人们对火山灰材料的认识，人工火山灰质材料不断被合成出来，这类材料集节能环保、生产工艺简单、耐高温、固封有毒离子等各种特点于一身，在生态建筑材料、高强材料、固化核废料、密封材料和耐高温材料等领域具有较大的应用前景。

（四）钙质矿物材料

根据2006—2015年论文发表和发明专利申请数量可以得出，石膏矿物材料已逐渐成为钙质矿物材料领域的研究热点，主要研究方向是石膏材料的品种与应用；其次是轻质碳酸钙。近十年，国内对于重质碳酸钙、石灰石、天然大理石和人造大理石研究较少。分领域看，石灰石主要集中在对污染物，例如磷酸盐、酸性含氟废水、砷以及烟气脱硫等的治理；重质碳酸钙主要研究领域为超细粉碎、精细分级以及表面改性技术及其应用；轻质碳酸钙研究领域主要是纳米碳酸钙制备与应用、粒度与晶型调控、表面改性以及生产工艺和原料优化等方面。

（五）镁质矿物材料

2006—2015年，镁质矿物材料学科所发表的论文大部分集中在滑石矿物材料。菱镁矿与白云石每年发表的论文数呈现上升的趋势，说明了这两种矿物的研究越来越受到关注。滑石矿物材料的研究方向主要集中于材料加工，特别是滑石复合材料的制备、改性及其应用；菱镁矿的研究方向主要集中于材料品种与应用，如新型耐火材料以及活性氧化镁、氢氧化镁的制备与应用。白云石矿物材料研究主要集中在加工方法以及应用两个方向，主要是轻烧白云石、制备氧化镁与氢氧化镁、冶金辅料等；水镁石研究方向主要是阻燃材料、环保材料的制备与应用。国内水菱镁石资源尚未进行稳定的规模化生产，水菱镁石矿物材料近年来才逐渐被关注，目前主要的研究方向是阻燃材料、功能填料和环保材料的制备与应用。

（六）纤维矿物材料

玄武岩纤维矿物材料已成为纤维矿物材料领域的研究热点。其次是硅灰石矿物材料和蛇纹石矿物材料，纤维水镁石矿物材料近几年研究很少。对于蛇纹石石棉，加工与应用仍将是主要研究方向，特别是作为原料或填料应用于摩擦材料、阻燃材料、保温材料等。对于硅灰石，主要研发方向是硅灰石矿物纤维的无机复合与有机表面改性及其在高聚物基复

合材料中的应用。近几年，国内外关于玄武岩纤维矿物材料研究主要侧重于材料应用，尤其是在混凝土、沥青混合料、水泥砂浆以及聚合物复合材料增强方面。

（七）硅质矿物材料

包括高纯石英砂、硅微粉、单晶硅、多晶硅、金属硅等的硅质矿物材料，因其与现代微电子、光纤通信、太阳能、航空航天等高技术与新材料产业密切相关，一直是国内外矿物材料领域的研究热点之一。主要研究热点是高纯石英原料和硅材料。由于高纯石英是生产石英玻璃、电子玻璃、光纤套管、太阳能基板玻璃、电子塑封、陶瓷坩埚等不可或缺的原料，因此，天然石英的提纯加工技术成为热点研究方向之一。单晶硅、多晶硅、金属硅是半导体材料、光纤、太阳能电池、有机硅等不可或缺的原材料，因此，其制备工艺与设备、材料结构与性能以及应用性能研究是硅质矿物材料最主要的研究方向。此外，硅质矿物材料在电子、电工级材料和太阳能电池领域的应用研究和技术开发也较活跃。

与国内对多晶硅材料的研究热度稍有不同的是，近十年国外相关研究机构则更倾向金属硅材料的研发。金属硅是生产有机硅、单晶硅、多晶硅等硅材料以及半导体、集成电路等的基础材料，随着硅铝合金工业、钢铁工业、化学工业、半导体硅材料的发展，金属硅生产技术的创新发展再次引起工业发达国家的关注。

（八）云母矿物材料

高聚物基复合材料的增强填料和塑料、油墨、涂料、化妆品用云母颜料，以及现代电工、电器、电子用云母纸、板、带等高性能云母绝缘材料是近十年云母矿物材料的主要研发领域。其中，高性能云母绝缘材料是云母矿物材料研发的主要方向或热点。

六、发展对策与建议

矿物材料学科是矿业工程学科的延伸和发展，同时又是当代矿物加工工程，无机非金属材料、复合材料、功能材料、矿物与岩石等专业的交叉学科。近20年来，非金属矿或工业矿物的所谓深加工主要涉及矿物材料的结构与性能、制备以及应用领域，这其中有科学问题（材料结构与性能以及与应用的关系），但更多的是工程问题（包括矿物材料的制备工艺与装备以及矿物材料的应用）。

现代矿物材料学科是在全球人口快速增长和工业快速发展所导致的资源、能源消耗过快，生态恶化和环境污染日趋严重的背景下发展起来的。由于，矿物材料加工和应用过程中环境负荷小，还可以循环利用；矿物材料不仅是现代高新技术产业不可或缺的功能材料，还是冶金、化工、轻工、建材等传统产业结构调整和产业升级必不可少的新材料；同时，矿物材料还是生态修复与节能、环保的重要功能材料。因此，自20世纪80年代以来，矿物材料学科研究和矿物材料产业快速发展，到 20 世纪末，在美国、日本、德国等发达国家，矿物材料产业的规模已远远大于采选业，甚至超过了传统金属材料产业。

矿物材料是从材料科学与应用角度研究天然矿物的结构、理化特性、功能及应用性能，其目的通过加工、改造优化矿物的结构、理化特性，提升其功能与应用价值，并创新开拓其新的应用领域，引领新的市场需求。因此，矿物材料学科对于高值和高效利用矿产资源以及促进高新技术产业发展、优化传统产业结构、节约能源和资源、保护环境等均具有重要意义。

（一）健全矿物材料学科体系

我国矿物材料学科是 2000 年前后由地质与矿业院校自主创建起来的。2000 年后，中国地质大学、中国矿业大学、吉林大学、北京大学、西南科技大学等分别在地质类和矿业工程类一级学科下自主设置和备案矿物材料或矿物材料工程博士点和硕士点。但目前本科尚未有矿物材料专业，大多只是在矿物加工工程、材料学或材料加工、岩石学或矿物学等本科专业中作为一个专业方向，开设相应的专业课和专业基础课。显然，我国矿物材料学科建设的现状不能满足快速发展的矿物材料产业及相关应用领域的需要。目前的高等学校只能培养少量矿物材料或矿物材料工程专业的博士和硕士研究生，这些研究生毕业后主要到大专院校和科研院所就业，矿物材料行业的广大基层企事业单位严重缺乏矿物材料专业的本科生及相应的专业人才，这是我国目前矿物材料产业和应用技术仍然落后世界发达国家的主要原因之一。

有鉴于此，建议：①在高等学校相应的矿业工程、材料科学与工程等一级学科下建立"矿物材料工程"或"矿物材料与应用"本科专业，并制定相应的培养方案；②在部分高等职业技术学院建立"矿物材料工程"或"矿物材料与应用"专科专业，并制定相应的培养方案；③在部分矿业工程、地质和材料科学与工程类科研院所，特别是工业矿物或非金属矿类研究院所以及大专院校设立相应的矿物材料与应用研究机构，如研究中心或重点实验室；④鼓励矿物材料行业的大型企业和企业集团建立矿物材料与应用技术研究与开发机构或工程技术中心。

（二）强化矿物材料科学研究

矿物材料科学研究，特别是矿物材料的结构与性能、加工工艺、应用性能与应用基础是矿物材料的核心科学与技术问题，对于矿物材料技术开发和产业发展及技术进步至关重要。由于工业化滞后原因，现代中国的矿物材料科学研究滞后于西方发达经济体。虽然，近十年我国矿物材料科学研究发展迅速，并取得了显著进步，但是，与世界先进国家相比，仍存在差距，与我们这样一个资源大国仍不相称。目前，在国际矿物材料产业中，我国矿物材料产业仍处于中低档位置。我国石墨、滑石、菱镁等矿产品的产量和出口量居全球第一位，但仍要进口部分深加工产品或材料制品，而且相同产品的进出口价差显著。造成低价出口、高价进口同类产品的主要原因是产品性能及其质量稳定性方面与进口产品存在较大差距。因此，需要继续强化矿物材料科学研究。

建议：①国家自然科学基金委和科技部强化"矿物材料与应用"，特别是石墨矿物材料、石墨烯、石英与硅质矿物材料、硅藻土与沸石等多孔矿物材料、蒙脱石与高岭土等黏土矿物材料以及节能与新能源、环境治理、生态健康等功能矿物的基础研究与应用基础研究的资助力度；②地方政府根据区域资源特点立项支持"矿物材料与应用"科研项目，并配套支持国家自然科学基金委和科技部立项的"矿物材料与应用"基础研究与应用基础研究项目；③大专院校和国家科研院所利用教育部、省（直辖市）教育部门专项科研经费和科技部院所科研专项经费持续立项支持"矿物材料与应用"基础研究与应用基础研究。

（三）加大矿物材料技术开发力度

矿物材料产业的发展和进步完全有赖于相关技术的发展和进步，特别是应用技术的发展和进步。目前，我国矿物材料产业的总体发展水平和产业层级仍低于先进国家或经济体，其原因是多方面的，但生产与应用技术，特别是应用技术落后是主要原因。近十年，我国矿物材料的科学研究进步很快，主要矿物材料，尤其是石墨与石墨烯、黏土矿物材料、硅藻矿物材料、镁质矿物材料等公开发表的论文数量居世界前列。但是，生产技术，尤其是应用技术相对落后。其主要原因，一是矿物材料产业发展较世界先进经济体滞后；二是技术，特别是应用技术的开发力度不够。因此，在未来相当长的时间内，技术开发，特别是应用技术的开发是我国矿物材料产业的重要开发目标和方向。

针对我国矿物材料产业企业规模不大、企业高中级人才短缺等特点，建议：①矿物材料技术开发继续走产学研用协同的路线，调动大专院校相关科研人员及硕士和博士研究生的积极性，不仅投入基础与应用基础的创新研究，还要根据矿物材料产业技术发展趋势，积极投身先进技术，特别是矿物材料先进应用技术的创新研究；②科研院所和相关工程技术中心要结合自身优势、全球技术发展趋势和企业需求，开展矿物材料先进生产技术的集成开发研究和应用技术创新研究，以提升矿产资源的利用效益和产品的市场竞争力；③积极扶持矿物材料行业企业建立企业技术中心，结合企业资源特点和国际技术和产品发展趋势，积极开展新产品和新技术开发研究，不断优化产品结构，提升产品档次和国际市场竞争力。

（四）建立行业学术组织，积极开展国内外学术交流

矿物材料学科是矿业与材料交叉的新兴学科。要促进其快速和健康发展，需要建立一个行业学术组织。由于矿物材料的研究对象大多是硅酸盐、碳酸盐、硫酸盐以及天然碳质、非晶质矿物与岩石等功能材料，与硅酸盐学会的宗旨高度契合。因此，建议目前在中

国硅酸盐学会旗下成立中国硅酸盐学会矿物材料分会。依托这样一个学术组织，积极开展矿物材料领域的学术交流、科学普及、技术推广、人才培训以及国际科技交流等活动，以加快自主创新，促进矿物材料学科以及矿物材料技术与产业发展。

参考文献

［1］陈建峰，白苗苗，毋伟，等. 一种超重力法制备石墨烯的方法［P］. 中国专利：CN 104692363 B，2017-2-15.

［2］田杰，郭丽，沈嵩，等. 液相剥离法制备石墨烯研究进展［J］. 中国粉体技术，2017（3）：45-49.

［3］Liang S, Shen Z, Yi M, et al. In-situ exfoliated graphene for high-performance water-based lubricants［J］. Carbon, 2016（96）：1181-1190.

［4］Yi M, Shen Z. A review on mechanical exfoliation for the scalable production of graphene［J］. Journal of Materials Chemistry A, 2015, 3（22）：11700-11715.

［5］Liu H, Shen Z, Liang S, et al. One-step in situ preparation of liquid-exfoliated pristine graphene/Si composites: towards practical anodes for commercial lithium-ion batteries［J］. New Journal of Chemistry, 2016, 40（8）.

［6］宋少先，彭伟军，李洪强，等. 一种钴铝水滑石/氟化石墨烯复合材料及其制备方法［P］. 中国专利：CN106206056A，2016.

［7］彭伟军，王承二，胡宇，等. 氧化石墨烯还原过程中产生的缺陷表征［J］. 炭素技术，2016，35（3）：12-15.

［8］潘敏，黄晓鸣，陈天虎，等. 凹凸棒石铁/铝氢氧化物纳米复合材料对磷的吸附动力学研究［J］. 矿物学报，2015，35（1）：29-34.

［9］Zou X, Chen T, Liu H, et al. An insight into the effect of calcination conditions on catalytic cracking of toluene over 3Fe8Ni/palygorskite: Catalysts characterization and performance［J］. Fuel, 2017（190）：47-57.

［10］Qiu G, Xie Q, Liu H, et al. Removal of Cu（II）from aqueous solutions using dolomite-palygorskite clay: Performance and mechanisms［J］. Applied Clay Science, 2015（118）：107-115.

［11］牟斌，王爱勤，康玉茹，等. 利用凹凸棒黏土大豆油脱色废渣制备棕榈油脱色剂方法［P］. 中国专利：CN 103055811 B，2015-02-11.

［12］Tian G, Wang W, Wang D, et al. Novel environment friendly inorganic red pigments based on attapulgite［J］. Powder Technology, 2017（315）：60-67.

［13］Zhang J P, Li B C, Li L X, et al. Ultralight, compressible and multifunctional carbon aerogels based on natural tubular cellulose［J］. Journal of Materials Chemistry A, 2016, 4（6）：2069-2074.

［14］扈永顺. 王爱勤的"点石成金"术［J］. 瞭望，2017（21）：34-35.

［15］刘钦甫，王定，郭鹏，等. 季铵盐-高岭石系列插层复合物的制备及结构表征［J］. 硅酸盐学报，2015（2）：222-230.

［16］Cheng H, Yi Z, Feng Y, et al. Electrokinetic Energy Conversion in Self-Assembled 2D Nanofluidic Channels with Janus Nanobuilding Blocks［J］. Advanced Materials, 2017, 29（23）：1700177.

［17］Zhang S, Liu Q, Cheng H, et al. Thermodynamic Mechanism and Interfacial Structure of Kaolinite Intercalation and Surface Modification by Alkane Surfactants with Neutral and Ionic Head Groups［J］. Journal of Physical Chemistry C, 2017, 121（16）.

［18］Liu Q, Li X, Cheng H. Insight into the self-adaptive deformation of kaolinite layers into nanoscrolls［J］. Applied Clay Science, 2016（124-125）：175-182.

［19］ Peng K, Yang H. Carbon hybridized montmorillonite nanosheets：preparation, structural evolution and enhanced adsorption performance［J］. Chemical Communications, 2017, 53（45）：6085.

［20］ Long M, Yi Z, Zhan S, et al. Fe₂O₃ nanoparticles anchored on 2D kaolinite with enhanced antibacterial activity［J］. Chemical Communications, 2017, 53（46）：6255.

［21］ Peng K, Fu L, Ouyang J, et al. Emerging Parallel Dual 2D Composites：Natural Clay Mineral Hybridizing MoS and Interfacial Structure［J］. Advanced Functional Materials, 2016, 26（16）：2666–2675.

［22］ Ouyang J, Guo B, Fu L, et al. Radical guided selective loading of silver nanoparticles at interior lumen and out surface of halloysite nanotubes［J］. Materials & Design, 2016（110）：169–178.

［23］ Zhang Y, Tang A, Yang H, et al. Applications and interfaces of halloysite nanocomposites［J］. Applied Clay Science, 2015（119）：8–17.

［24］ 郑水林, 孙志明, 胡志波, 等. 中国硅藻土资源及加工利用现状与发展趋势［J］. 地学前缘, 2014, 21（5）：274–280.

［25］ 张广心, 董雄波, 郑水林. 纳米 TiO₂/硅藻土复合材料光催化降解作用研究［J］. 无机材料学报, 2016, 31（4）：407–412.

［26］ Zhang G, Sun Z, Duan Y, et al. Synthesis of nano–TiO₂/diatomite composite and its photocatalytic degradation of gaseous formaldehyde［J］. Applied Surface Science, 2017（412）：105–112.

［27］ 孙思佳, 丁浩, 侯喜锋, 等. 颗粒疏水聚团制备碳酸钙–TiO₂复合颜料实验研究［J］. 非金属矿, 2017, 40（3）：26–29.

［28］ Wang B, Ding H, Deng Y. Characterization of calcined kaolin/TiO₂ composite particle material prepared by mechano–chemical method［J］. Journal of Wuhan University of Technology– Material Science Ed. 2010, 25（5）：765–769.

［29］ Sun S, Ding H, Zhou H. Preparation of TiO₂–coated barite composite pigments by the hydrophobic aggregation method and their structure and properties［J］. Scientific Reports, 2017, 7（1）：10083.

［30］ Yin S, Yamaki H, Komatsu M, et al. Preparation of nitrogen–doped titania with high visible light induced photocatalytic activity by mechanochemical reaction of titania and hexamethylenetetramine［J］. Journal of Materials Chemistry, 2003, 13（12）：2996–3001.

［31］ Li X, Lei Z, Qu J, et al. Separation of Cu（II）from Cd（II）in sulfate solution using CaCO₃ and FeSO₄ based on mechanochemical activation［J］. Rsc Advances, 2017, 7（4）：2002–2008.

［32］ 田海山, 刘立新, 孙志明, 等. 西藏班戈湖水菱镁的矿热分解特性［J］. 硅酸盐学报, 2017, 45（2）：317–322.

［33］ 郑水林, 田海山, 刘立新, 等. 一种填充不饱和聚脂树脂的水菱镁石填料制备方法［P］. 中国专利：CN105968877A, 2016–09–28.

［34］ 王彩丽, 王栋, 郑水林. 硅酸铝包覆硅灰石复合粉体表面有机改性及其在 PP 中的应用研究［J］. 非金属矿, 2013, 36（6）：36–38.

［35］ 宋贝, 刘超, 郑水林, 等. 石棉尾矿酸浸液制备氢氧化镁［J］. 中国粉体技术, 2014, 20（2）：72–74.

［36］ 雷绍民, 钟乐乐, 杨亚运, 等. 脉石英常压加热浸出制备高纯石英及反应机理［J］. 矿业研究与开发, 2015（3）：16–19.

［37］ 井須紀文. 自然に学ぶものづくり［J］. 精密工学会誌, 2015（81）：396–400.

［38］ 石田秀輝・下村政嗣（監修）. 自然にまなぶ! ネイチャー・テクノロジー［M］. 東京：学研, 2011.

［39］ 緒明・今井. バイオミネラルにまなぶ材料化学［J］. 農業機械学会誌, 2013（75）：4–10.

［40］ Stankovich S, Dikin D A, Piner R D, et al. Synthesis of graphene–based nanosheets via chemical reduction of exfoliated graphite oxide［J］. Carbon, 2007, 45（7）：1558–1565.

［41］ Wonbong C, Indranil L, Raghunandan S, et al. Synthesis of Graphene and Its Applications：A Review［J］.

Critical Reviews in Solid State & Material Sciences, 2010, 35（1）：52–71.

［42］Higginbotham A L, Lomeda J R, Morgan A B, et al. Graphite oxide flame–retardant polymer nanocomposites［J］. Acs Applied Materials & Interfaces, 2009, 1（10）：2256–61.

［43］Zapata–Solvas E, Poyato R, Gómez–Garc í a D, et al. High–temperature mechanical behavior of Al_2O_3/graphite composites［J］. Journal of the European Ceramic Society, 2009, 29（15）：3205–3209.

［44］Kibanova D, Trejo M, Destaillats H, et al. Photocatalytic activity of kaolinite. Catalysis Communications［J］, 2011, 12（8）：698–702.

［45］Vasconcelos I F, Haack E A, Maurice P A, et al. EXAFS analysis of cadmium（II）adsorption to kaolinite［J］. Chemical Geology, 2008, 249（3-4）：237–249.

［46］Lv G, Stockwell C, Niles J, et al. Uptake and retention of amitriptyline by kaolinite［J］. Journal of Colloid & Interface Science, 2013, 411（6）：198–203.

［47］Trabattoni D, Gatto P, Bartorelli A L. A new kaolin–based hemostatic bandage use after coronary diagnostic and interventional procedures［J］. International Journal of Cardiology, 2010, 156（1）：53–54.

［48］Dasilva–Rackov C K O, Lawal W A, Nfodzo P A, et al. Degradation of PFOA by hydrogen peroxide and persulfate activated by iron–modified diatomite［J］. Applied Catalysis B Environmental, 2016（192）：253–259.

［49］Jang M, Min S H, Park J K, et al. Hydrous ferric oxide incorporated diatomite for remediation of arsenic contaminated groundwater［J］. Environmental Science & Technology, 2007, 41（9）：3322–8.

［50］Hsu R H, Klein J E. Palladium–Coated Kieselguhr for Simultaneous Separation and Storage of Tritium［J］. Fusion Science & Technology, 2005, 48（1）：83–87.

［51］Corona J C, Jenkins D M, Dyar M D. The experimental incorporation of Fe into talc：a study using X–ray diffraction, Fourier transform infrared spectroscopy, and Mössbauer spectroscopy［J］. Contributions to Mineralogy & Petrology, 2015, 170（3）：1–15.

［52］Amer S, Hamoush S, Abu–Lebdeh T. In–plane performance of gypsum board partition wall systems subjected to cyclic loadings［J］. Journal of Constructional Steel Research, 2016（124）：23–36.

［53］Swensen S, Deierlein G G, Miranda E. Behavior of Screw and Adhesive Connections to Gypsum Wallboard in Wood and Cold–Formed Steel–Framed Wallettes［J］. Journal of Structural Engineering, 2015, 142（4）.

［54］Rivero A J, Sathre R, Navarro J G. Life cycle energy and material flow implications of gypsum plasterboard recycling in the European Union［J］. Resources Conservation & Recycling, 2016（108）：171–181.

撰稿人：郑水林　张其武　孙志明　王高锋　姚光远　张玉忠　张广心　李春全
　　　　孙　文　尹胜男　薛彦雷　刘立新　谭　烨　梁　靖　李兴东

专 题 报 告

石墨矿物材料研究进展与发展趋势

一、引言

石墨的主要成分为碳。石墨原矿常含有 SiO_2、Al_2O_3、MgO、CaO、P_2O_5、CuO、V_2O_5、S、FeO 以及 H、N、CO_2、CH_4、NH_3 等杂质，呈铁黑、钢灰色，条痕光亮黑色；金属光泽，隐晶集合体，光泽暗淡，不透明；解理完全，硬度具异向性，垂直解理面为 3 ~ 5，平行解理面为 1 ~ 2；质软，密度为 2.09 ~ 2.23g/cm³，有滑腻感，易污染手指。石墨的熔点为 3850℃，沸点为 4250℃，吸热量 6.9036×10^7J/kg，经高温电弧灼烧重量损失极小，在 2500℃时其强度比常温时提高 1 倍，热膨胀系数小（1.2×10^{-6}），温度骤变时其体积变化不大。石墨晶体为层状结构，碳原子排列成六方网状层，面网结点上的碳原子相对于上下邻层网格的中心。重复层状为 2 的是石墨 2H 多型，属六方晶系，即通常所指的石墨；若重复层状为 3 的则为石墨 3R 多型，属三方晶系。石墨晶体结构中，层内碳原子的配位数为 3，共价金属键，间距 0.142nm，层与层间以分子键相连，间距为 0.340nm，此种特殊的晶体结构和化学键性使石墨具有一些特殊的工艺性能。石墨矿石资源主要分为晶质（鳞片状）石墨矿石和隐晶质（土状）石墨矿石两种工业类型[1]。晶质石墨矿石中，石墨晶体直径大于 1μm，呈鳞片状，矿石品位较低，但可选性好；隐晶质石墨矿石中，石墨晶体直径小于 1μm，呈微晶的集合体，在电子显微镜下才能见到晶形，矿石品位高，但可选性差。

全球石墨资源分布相对集中，2013 年探明的全球天然石墨储量约 1.3 亿吨矿物量，储量居前四位的国家分别为巴西、中国、印度和墨西哥，四国的石墨储量合计占全球总储量的 97.77%。我国晶质石墨储量 0.21 亿吨（矿物量），资源储量 1.9 亿吨，其中，基础储量 0.4 亿吨，资源量 1.5 亿吨，分布在黑龙江等 20 个省（自治区）。隐晶质石墨储量 1098 万吨（矿石量），资源储量 6009 万吨，其中，基础储量 2035 万吨，资源量 3974 万吨，分布在湖南、内蒙古和吉林等 9 个省、自治区。我国保有矿物储量约 88% 集中分布于大型矿中，其他中型和小型矿的保有储量只占 11% 和 1%。近几年，我国晶质石墨查明资源量增长明显，晶质石墨矿物量从 2010 年的 1.85 亿吨增长至 2013 年的 2.2 亿吨。2012 年，全球天然石墨产量为 110 万吨。我国是全球天然石墨产量最多的国家，2012 年，天然石墨产量为 75 万吨，占全球总产量的 68.18%；印度为 15 万吨，占比为 13.64%。2000—2013 年，全球石墨产量相对稳定，保持在 80 万 ~ 120 万吨矿物量之间。

近年来，随着我国冶金、化工、机械、医疗器械、核能、汽车、航空航天等行业的快速发展，这些行业对石墨矿物材料的需求将会不断增长，我国石墨矿物材料产业也将保持快速增长。石墨矿物材料，特别是其加工技术，已成为当今矿物材料领域一个非常活跃的研究方向。本报告着重综述近几年石墨矿物材料加工技术方面的最新研究进展，探讨石墨矿物材料的发展趋势与对策。

二、石墨矿物材料加工技术的国内外研究进展

（一）石墨矿物的纯化

1. 石墨选矿技术

石墨成矿机理不同，生成具有不同结构和性能的石墨类型；石墨的成矿系统不同，因而石墨化度不同，石墨类型亦不同，其应用领域价值差别很大，其选矿纯化的研究程度和深度亦有较大的区别，具有极大的研究空间，进而直接影响选矿工艺技术及其利用。

鳞片石墨选矿的最大要求和特点是要尽可能保护大片。鳞片石墨晶体呈片状，有大鳞片和细鳞片之分。原矿品位不高，一般在 2% ~ 3%，或 10% ~ 25%。鳞片石墨是自然界可浮性最好的矿石之一。浮选法是鳞片石墨常用的选矿提纯方法，其基本原理是石墨颗粒表面具有亲油疏水性，天然可浮性较好，容易与杂质矿物分离。浮选常用捕收剂为煤油、柴油等；起泡剂为 2# 油、4# 油等；调整剂为石灰、碳酸钠；抑制剂为水玻璃。浮选工艺一般采用多段磨矿、多段选别、中矿顺序（或集中）返回的闭路流程。鳞片石墨浮选的最终精矿品位能达到 90% 以上，进一步生产高纯鳞片石墨还要采用化学或焙烧等方法。

微晶石墨系由富含有机质或碳质的沉积岩经区域变质作用而形成，一般在富碳质条件下的接触变质，形成所谓微晶石墨或土状石墨[2]。微晶石墨固定碳含量远高于鳞片石墨，一般品位在 30% ~ 75%，或更高。致密结晶状石墨又叫块状石墨，特点是品位很高，一般含碳量为 60% ~ 65%，有时达 80% ~ 98%，但其可塑性和滑腻性不如鳞片石墨好。微晶石墨的晶体直径一般小于 $1\mu m$，只有在电子显微镜下才能见到晶形，可选性不如鳞片石墨[3]。致密结晶状石墨由于储量少，原矿固定碳含量高，一般开采后直接使用或者经过手选后使用，对这类石墨的浮选工艺研究较少。

2. 石墨化学提纯技术

（1）碱融酸浸法

化学提纯是利用酸浸碱融工艺提纯石墨，即碱酸法。碱酸法是石墨提纯方法中比较成熟的工艺方法[4]，包括碱熔法（氢氧化钠法）和酸浸法（盐酸法）两种方法。在碱熔过程中，石墨在高温下与氢氧化钠反应，生成不溶于水的氢氧化合物和部分溶于水的产物，用水洗除去部分杂质。然后把碱熔后的产物与一定浓度的盐酸溶液混合，在一定温度下反应，使其中杂质变成可溶性的氯化物，之后用水洗除去，得到高碳石墨。较有代表性的是王星等[5]以石煤中提取石墨工艺技术研究为目标（亦是煤系伴生石墨矿物），探究了从石煤中提取石墨的工艺。

（2）氢氟酸法

氢氟酸法原理是基于石墨特性的化学选矿方法，即石墨不溶于氢氟酸，而原矿中杂质与氢氟酸反应，生成易溶于水的氟化物和硅氟酸物，水洗除杂后得到高纯度石墨产品。其工艺流程是把原矿石墨与一定比例的氢氟酸预热后计入反应器中在充分润湿后进行搅拌，反应温度为恒温，在一定时间内过滤掉多余酸液，滤液可以循环使用，经热水水洗到中性后，烘干得到高纯度的石墨产品。氢氟酸法除杂效率高、所得产品的品位高、对石墨产品的性能影响小、能耗低。由于氢氟酸有剧毒和强腐蚀性，生产过程中必须有严格的安全防护措施，环保投入较大。

3. 石墨高温提纯技术

石墨高温提纯是近年发展较快的新技术之一。石墨是自然界中熔点最高的物质之一，它的熔点和沸点远高于所含杂质。高温提纯法的原理就是将原矿石墨加热到2700℃以上，由于杂质沸点低，可率先气化而脱除，保温一定时间后，就可以将所有杂质除掉。其工艺流程是将石墨直接装入石墨坩埚，在通入惰性气体和氟利昂的纯化炉中加热到2300℃～3000℃，保持一段时间，杂质溢出，从而得到高纯度的石墨[6-8]。

氯化焙烧法的方法原理是将石墨粉掺加一定量的还原剂，在一定温度和特定气氛下焙烧，再通入氯气进行化学反应，使物料中有价金属转变成熔沸点较低的气相或凝聚相的氯化物及络合物而逸出，从而与其余组分分离，得到高纯石墨。

4. 石墨选矿提纯工艺技术发展

微晶石墨的晶粒小，有晶格缺陷，但在各向同性化、反应活性等方面优于鳞片石墨，在石墨化及其制备石墨材料时，不像鳞片石墨具有择优取向性，可以制备各向同性石墨[9]。微晶石墨原矿碳含量高，开采后不经分选或经简单手选后就可应用。近年来，石墨材料发展迅速，不乏推广到高端领域应用，对石墨的碳含量要求也在提高，所以微晶石墨的浮选研究近些年来也在发展。微晶石墨的浮选主要解决颗粒细带来的选择性差、精矿品位低的问题。

石墨鳞片的大小直接影响石墨的性能。因此，对鳞片石墨浮选过程中石墨鳞片的保护

研究较多，也取得了一定的进展。主要包括以下方面：

（1）浮选设备的研究

传统浮选机对鳞片石墨的浮选效率低、流程复杂，对浮选设备做了很多研究。比如浮选柱和填充式浮选机在石墨选矿上得到了应用，浮选柱在石墨的浮选上具有比传统浮选机更好的分选效果，可以提高精矿质量，减少精选次数，简化工艺流程，降低生产成本。

（2）浮选药剂的研究

除了目前大多数石墨分选厂以煤油和柴油作为捕收剂，还出现了 MF、MB25、GB、MB158、DF 等新型捕收剂。近些年来出现的新型起泡剂主要有 MIBC、TEB、145 混合醇、仲辛醇、杂醇等。石墨浮选的 PH 调整剂主要有石灰和碳酸钠，表面活性剂有十二烷基磺酸钠、石油磺酸钠、PF-100，分散剂有水玻璃、六偏磷酸钠、羧甲基纤维素、聚丙烯酸钠。

（3）浮选工艺的研究

鳞片石墨浮选通常采用阶段磨矿、阶段选别工艺流程。随着石墨的不断开发利用，鳞片石墨矿资源不断减少，石墨矿呈现贫、细、杂等特点，然而各行业部门对石墨精矿质量要求不断提高，传统的浮选工艺显现出一定的局限性。因此，为了强化和改善浮选，产生了很多新型浮选工艺，如超声强化浮选工艺、剪切絮凝浮选工艺、快速浮选工艺、分级浮选、无捕收剂浮选等[10-11]。

由于石墨提纯是拓展和应用石墨材料的前提和基础，随着石墨应用水平的提高必将扩大对高纯石墨的需求。天然石墨的品位较低，在生产中须先通过浮选方法来进行第一阶段的富集，使石墨达到中碳水平，但需要发展保护大鳞片的综合磨浮技术；为得到更高纯度的石墨，必须和其他提纯方法相结合。碱酸法和高温法是目前相对较好的后续提纯方法，但在选择石墨提纯方法的过程中要结合石墨矿所在的地理位置、石墨的应用来考虑。碱酸法着重研究流程短、耗水量少的新工艺；高温法宜重点考虑设备投入与电耗、成本高的问题，同时加强石墨提纯废水的综合利用。总的来说，石墨的提纯技术的发展趋势将随着保护大鳞片的综合磨浮技术、少氟与无氟提纯的酸碱替代技术和实现优越性价比的高温提纯技术方向发展。

（二）石墨矿物的粉体加工技术

石墨矿物粉体技术大致分为两类。其一，选矿工程中的超细粉碎；其二，石墨超细粉碎过程与石墨矿物材料制备相结合，研发高性能石墨基复合材料。

1. 石墨矿分选过程中的磨矿工艺

在鳞片石墨矿分选的过程中，既要考虑石墨大鳞片的保护，又要保证石墨与矿物杂质充分解离，提高石墨精矿的品位和回收率。磨矿设备和介质的选择对鳞片石墨的影响巨大，一些特殊的磨矿设备能够很好的适应石墨矿石层状晶体结构的特点，主要对其进行磨剥和剪切，可以使片状石墨与其伴生的脉石矿物很好的解离开，但对鳞片的破坏程度较小[12]。

球磨机、棒磨机运动分析表明，球磨机中介质球运动以对磨机筒壁的冲击碰撞为主，且磨矿介质的冲击力不易在鳞片的层间发生作用，而会在鳞片上发生冲击作用，使石墨鳞片表面产生裂痕甚至破坏。棒磨机中介质运动以相互剪切/摩擦为主，且剪切力能较好地从石墨层与层之间发生作用，使之片状剥离，避免了从石墨鳞片表面作用而破坏鳞片结构[13]。

2. 石墨超细粉碎与矿物材料制备

对于粒径为微米或亚微米的超细粉体，虽然其物理化学性质与块状材料的物理化学性质相差不大，但其比表面积增大，表面能大，表面活性高，表面与界面性质发生了很大变化。石墨超细粉碎后作为填充材料应用于高分子复合材料中，扩大石墨的应用范围，提高我国石墨矿物的附加值和利用价值，实现从原料到材料的地位转变，对合理规划、有效保护我国矿产资源无疑有重大的现实意义。

石墨的超细粉碎设备，按工作介质可分为干磨与湿磨，按施力方式可分为有研磨介质研磨、无研磨介质研磨、流体研磨及巨介质冲击压磨。干法设备主要有流体床式逆向喷射气流磨、喷射式粉体磨、回转圆筒式球磨机等，湿法设备包括高压射流式粉碎机、胶体磨、大介质转桶球磨机等。

（三）石墨矿物材料的加工及其改性技术

矿物粉体表面改性是非金属矿物应用于塑料、橡胶、油漆油墨等高分子材料做功能性填料、功能性复合材料等的主要工艺技术。天然石墨的改性是指经物理或化学方法处理，使石墨获得新的形态或达到所希望的性能。

1. 表面改性

石墨粉体表面改性可分为物理法和化学法两大类。其中应用最广的是表面化学改性，它主要是通过化学改性剂在矿物粉体表面吸附、包覆、化学反应等方式实现。化学改性剂可分为表面活性剂和偶联剂两大类。使用表面化学改性法，改变隐晶质石墨的界面性质，使其可以作为一种矿物填料，用于橡塑工业及复合材料领域中，开拓隐晶质石墨新的应用方向，以期达到充分利用资源的目的。

2. GIC 改性

利用石墨晶体层间结合力弱的特点，在石墨的碳原子网状平面之间掺入异类的离子、原子、分子等形成各种不同的层间化合物（GICs），从而获得一些特殊性能的产品。例如氟化石墨[14-16]、军事上的某些隐身材料等[17]。

石墨/高分子复合材料种类很多，主要涉及 GICs 技术及复合材料技术。例如可膨胀石墨/高分子防火材料，做成条带，嵌镶在门、窗框架内，一旦发生火灾，防火材料遇热膨胀，堵塞门窗缝隙，隔绝火势及烟雾，增加灭火及逃生的可能性，国外已列入建筑规范。又如石墨粉与树脂复合材料制备燃料电池双极板等[18]。

三、鳞片石墨矿物材料的国内外研究进展

（一）高纯微粉材料

高纯石墨一般指含碳量在 99.99% 以上的石墨。在组织结构上可分为粗颗粒结构、细颗粒结构和超细颗粒结构三类，高纯石墨大量用于直拉单晶硅炉中。

1. 用于红外干扰发烟剂

烟幕作为一种经济、有效的无源干扰技术，在大气层下战场上已得到成功应用，而将其引入太空战场，用于干扰红外线的反卫星武器，使之失去攻击目标，可以达到保护航天器的目的。在外层空间，用烟幕来对抗红外制导系统，主要是利用烟幕使目标红外隐身，一是利用烟幕本身发射的强红外辐射，将航天器和附近的背景红外辐射覆盖，使探测导引系统的显示器上呈现出一片模糊的热图像；二是利用烟幕中高浓度的遮蔽气溶胶微粒，对目标的红外辐射进行吸收和散射，使进入探测导引系统的红外辐射能量低于系统本身的要求。

石墨微粉在大气中形成的高浓度气溶胶对红外辐射具有很好的吸收和散射作用，已被用于制作红外干扰发烟剂。石墨微粉的流动性能对于发烟剂的储存、管道输送、喷撒成烟等过程具有很大影响。

2. 用于电火花加工

电火花加工是机械制造工业中的一种新型加工工艺，电火花加工可以对许多硬度较大的金属进行加工，并可加工形状复杂、精度要求较高的零部件，作为阳极的工具电极可以使用铜质材料，也可以使用石墨材料。用作电火花加工的工具电极的石墨材料必须具备下列条件：结构致密、组织均匀，不应当有粗颗粒物和大的气孔；有较高的机械强度，又有良好的加工性能，能加工出复杂的形状或锐角、薄片状；石墨质工具电极，在电火花加工过程中有一定损耗，这种损耗应尽可能低；放电特性稳定，加工速度较快。因此，电火花加工用石墨一般都采用细颗粒结构石墨或特细颗粒结构石墨，在物理性能上最好是各向同性。

（二）膨胀石墨材料

膨胀石墨（Exfoliated Graphite，简称 EG）是由天然鳞片石墨经插层、水洗、烘干和高温膨化四个主要步骤得到的一种疏松多孔的蠕虫状石墨，事实上它是石墨层间化合物（GIC）的一种衍生物。膨胀石墨具有疏松、多孔、比表面积大、活性高的特点，具有作为吸附剂的基本特征，对膨胀石墨吸附性能已进行的研究也充分显示了膨胀石墨在某些条件下确实表现出了很好的吸附特性。

膨胀石墨用于油类吸附剂时，有一系列独特的优点[20-23]。以收集水面浮油为例，膨胀石墨有吸附量大，后处理容易，可以回收油料，易捕捞、不形成二次污染等特点。再生处理时可用挤压、离心分离、振动、溶剂清洗、燃烧、加热、萃取等方法。再生之后的膨胀石墨还可以再次使用或作其他用途。为了处理海上油轮泄漏事故，可以制造专用海上吸附船，现场进行膨化操作，同时进行捕采打捞。由于膨化前鳞片石墨或可膨石墨堆积体积小得多，所以运输原料极为容易，这也是较之传统方法一大优越性所在。膨胀石墨作吸附剂时既可以是蠕虫状颗粒，也可以模压或粘结成板状、毡状或栅状，非常方便。

除用于吸附和回收油品外，近年来膨胀石墨又因为其良好的吸附性和生物相容性而有望用于医疗方面[24]。膨胀石墨作为医用敷料有很好的吸附引流性能，透气透水性好，并且无毒、无味、无刺激性，无致癌作用，无致敏性，有良好的生物相容性；临床试用也显示，其吸附引流性能很好，透气、透水性好，与创面的黏结程度很轻，大大减轻了病人的痛苦，促进了创面的治愈，并且不染黑创面，特别适用于烧伤创面和其他复杂创面。该种医用材料对褥疮等溃疡也有很好的治愈作用。

膨胀石墨与其他高分子材料形成的复合材料还可以用作自润滑材料制造轴承、轴轮、滑板、泵叶片等，所制造的元件具有抗干磨损性能好，低摩擦系数和高机械强度的特点。将吸满润滑油的膨胀石墨和四氟乙烯及聚缩醛酯混合制成的复合材料是一种具有良好耐磨减磨性能的含油树脂。膨胀石墨膨化后虽然体积增大，但其原来的润滑性能仍没变，又兼之增加有吸附油这一重要特性，所以无论单独作润滑剂还是加入润滑脂以改善其流变特性和与其他材料做成复合材料以达到减磨耐磨的目的，都能表现出优异的性能。用膨胀石墨还可制成轻质夹心式复合材料用于高温、冲击屏蔽或需要保温的场合。

（三）柔性石墨

自 20 世纪 60 年代末，美国联合碳化物公司发明柔性石墨（flexible graphite）以来，人们最早发现的 H_2SO_4–GICs（酸化石墨或可膨胀石墨）现已成为应用最广的 GICs 材料。由它制成的柔性石墨在作为航空、航天、汽车、石油、化工、机械等工业产品的密封件上有其独到的优异性能，在气体密封材料、电炉绝热材料、建筑材料方面已取代传统的石棉材料，其重要性日益增加，如今柔性石墨已经形成新产业并逐渐形成自己的体系。

所谓柔性石墨，实际上是以 H_2SO_4–GICs 作中间工序，将粉末状的鳞片石墨加工成型得到的人工材料。由于膨胀石墨是疏松多孔而又卷曲的蠕虫状物质，比表面很大，表面能很高，吸附力很强，可以不加任何黏结剂，直接在压力作用下，依靠自身的相互吸附和嵌合而结合在一起，从而能够方便的加工成各种形状的制品；由于它是纯石墨，具有耐高温、耐腐蚀、高润滑等石墨的理化特性；经过 GICs 高温膨化后压制成型，具有高压缩、回弹性及低应力松弛率，具有最优异的密封性能。柔性石墨作为静密封垫片既可以模压形式出现，也可由板材冲制而成，既可以是纯柔性石墨垫，也可以是柔性石墨复合垫。它是目前应用极为广泛的一种非石棉密封垫片，可广泛应用于管道、阀门、泵、压力容器、换

热器、冷凝器等法兰连接处作静密封用。

从材料的研究及应用上，柔性石墨系列材料的发展主要有两个方向：一是柔性石墨的板材，即有缓蚀作用添加剂复合的强度达到 7 ~ 10Mpa 的板材；另一个发展方向是开发除密封以外的新的应用领域。将柔性石墨进行一系列的加工制成石墨微粉，其具有良好的导电性能，被用作电池材料的导电剂。采用膨胀石墨做导电剂的电极，其活性物质的比容量比用普通天然石墨做导电剂时增大。随着膨胀石墨的膨胀容积的升高，电极活性物质的比容量也升高。

（四）球形石墨及锂离子电池负极材料

自 20 世纪 70 年代末期首次提出"摇椅式"电池概念，锂离子电池凭借高比容量、高工作电压、循环寿命长、自放电率小和无记忆效应等优点获得迅猛发展。锂离子电池负极材料根据化学组成可划分为碳负极材料和非碳负极材料，碳负极材料又分为石墨类碳材料和非石墨类碳材料两大类。目前，商业化的负极材料为占据高端锂离子电池市场的人造石墨和应用在中低端锂离子电池市场的天然石墨。石墨材料的结晶度较高，导电性好，具有良好的层状结构，适合于锂离子可逆地嵌入和脱出，表现出良好的循环性能，且嵌、脱锂反应发生在 0.25 ~ 0V（vs Li/Li$^+$），具有平坦的充放电平台，可与提供锂源的正极材料 LiCoO$_2$、LiMn$_2$O$_4$ 等匹配，组成的电池平均输出电压高，是目前商业化最成熟的锂离子电池负极材料[25-28]。

但是天然鳞片石墨负极材料也存在以下不足：① 对电解液敏感，与电解液的相容性不好，在充放电过程中容易发生溶剂共嵌入，降低嵌锂能力，尤其是在 PC 基电解液中。② 石墨的层间结合能仅为 16.7 kJ/mol，在充放电过程中，石墨结构反复地膨胀和收缩，石墨片层容易产生剥离，电化学循环稳定性不够好。③ 石墨的层间距小，Li$^+$ 在石墨层间的扩散速率小（~ 10^{-12} cm^2/s 数量级），大电流充放电性能不理想，无法满足动力电源对于功率特性的要求。④ 首次充放电过程中，不可逆容量损失较大。

根据以上不足，对天然石墨负极材料提出了改性方法，对石墨进行球形化就是改性方法之一[29]。炭材料的颗粒大小与其充放电性能有较大的关系，一般采用球磨的方法粉碎石墨。采用不同的球磨方式及工艺条件可以得到颗粒粒径、堆积密度、比表面积及微晶缺陷密度等具有显著差异的石墨材料。机械研磨的主要目的是通过研磨获得振实密度高的类球状石墨材料，以满足高比容量的要求。

天然鳞片石墨微粉进行球形化处理的过程为：在高速气流和转子的冲击下，石墨微粉由于受粒子之间的相互碰撞、摩擦和剪切等作用快速卷曲、成球、密实。经球形化处理后研究发现：鳞片石墨微粉长径比变小，球形度系数有了很大提高，各向异性的影响减小；同时粒度分布变窄，松装密度和振实密度也大幅度提高。

四、微晶石墨矿物材料的国内外研究进展

（一）微晶石墨矿物材料的传统应用

微晶石墨由于品位高、杂质少，开采出来的矿石可以经简单手选后直接粉碎成产品。国内外产业界对于天然石墨的应用研究多聚焦在鳞片石墨上，对于微晶石墨研究较少。长期以来，微晶石墨原矿被用于耐火材料（坩埚）、铸造涂料、增碳剂等低端应用为主。

铸造业：可分为铸造涂料用，耐火材料用、增碳剂用。把石墨涂敷于固体的表面，能形成黏附牢固的光滑薄膜，石墨所表现出良好的涂敷性能，是很好的铸造脱膜剂。铸造常用的石墨粉有鳞片石墨粉或微晶石墨粉。虽然在浇注铁液时石墨粉并不形成光亮碳，但石墨对铁液的润湿角远大于 90°，即砂型不被铁液润湿。而且表面的孔隙被土状石墨粉堵塞，铁液不易渗透和钻入砂粒间，能够防止铸件粘砂和改善铸件表面光洁程度。石墨粉有良好的润滑作用，使型砂的紧实流动性提高，透气性下降，试样顶出阻力减少，改善型砂的起模性能。

其他行业：广泛用于电池炭棒、钢铁、染料、燃料、电极糊，以及用作铅笔、焊条、电池、石墨乳剂、脱硫剂、防腐剂、防滑剂、冶炼增碳剂、注锭保护渣、石墨轴承等产品的配料。提纯后的微晶石墨具有许多优异性能，尤其在耐磨、节能、高速、防腐、超小型等新型领域开辟了新的应用，如节能添加剂、镶嵌润滑、高导涂料、印刷电路、导电橡胶等。

现代工业中微晶石墨产品的主要发展方向有两个：一是高纯度（纯度 ≥ 99.9%）；二是超细颗粒（< 1μm 或 0.5μm）。微晶石墨的提纯比较困难，但现已有不少进展。提纯主要是为了提高微晶石墨的纯度，去除杂质包括石英、硅酸盐矿物和铝、镁、钙的氧化物等非石墨成分。这些非石墨成分含量较高，呈细粒状浸染在微晶石墨中难以去除。高温提纯可以从 80% 左右的原矿直接生产高纯石墨（纯度 > 99.9%），随着技术的改进及电价降低，高温法提纯正在逐步推广。超细粉体具有比表面积大、表面能高、熔点低、磁性强、活性好、导热性好等特点，表面活性的提高、界面性能的改善使其拥有更广泛的应用空间[30-31]。

近年来，关于微晶石墨新的应用研究具有一定的进展。以聚乙烯醇（PVA）为黏结剂的天然微晶石墨导热填料，导热性能随着石墨含量的提高而增强，随着石墨粒径的减小而减弱。研究表明，微晶石墨在吸波材料方面具有应用前景，固定碳含量为 85.69% 的微米级微晶石墨可以显著提高低频吸波效果，微晶石墨/LDPE 复合材料具有较好的吸波性能。同时研究发现石墨粒径的大小、均匀度会对吸波性能产生影响，球磨细化后能有效地提高微晶石墨复合材料的吸波性能。

已有相关研究表明用微晶石墨部分代替炭黑具有可行性。天然微晶石墨在天然橡胶中

分散均匀，相容性好。在同等条件下，微晶石墨／天然橡胶复合材料的物理机械性能与炭黑／天然橡胶复合材料相当。超细石墨作为丁苯橡胶填料可以取代 20% 的炭黑，且硫化胶的部分性能优于炭黑，补强效果良好，并降低了制品的成本。

（二）微晶石墨锂离子电池负极材料

天然石墨作为锂离子电池负极材料具有理论比容量高（372mAh/g，LiC_6）、嵌锂电位低、价格便宜和材料来源广泛等优势，根据结构可分为微晶石墨、鳞片石墨和脉状石墨三类。微晶石墨颗粒由不同取向的尺寸小于 $1\mu m$ 的微晶组成，表现出近各向同性，而鳞片石墨具有发达的石墨片层结构，表现为各向异性，因此微晶石墨电化学稳定好，但首次充放电效率低。放电过程中，电解质和有机溶剂化学反应在负极材料表面形成的固体电解质界面（SEI）膜，是不可逆容量产生的主要原因。因此，微晶石墨的改性方法与改善 SEI 的组成和性质有着密切关系。

微晶石墨针对提高其首次充放电性能和大电流充放电性能的改性方法有整形和分级、表面包覆、表面氧化和元素掺杂等。

整形和分级。石墨的粒度分布和表面形貌对其电化学性能有较大影响。为了获得理想粒度分布和外形的天然石墨粉体，需要首先进行整形和分级处理。整形的主要目的是使石墨微粒成球形，从而可以减少石墨的比表面积，提高堆积密度和能量密度。一般采取的方法是利用机械力将鳞片石墨片层扭曲成球形，相关技术和设备已经非常成熟。微晶石墨由于机械性能较差，在机械力的作用下极易粉碎，无法使用常规整形设备，因此需要独特的结构设计。分级的主要目的是获得一定粒径分布的天然石墨粉体。综合考虑粒径分布对可逆和不可逆容量的贡献，因此存在一个粒径分布的最佳值。需要说明的是，天然石墨的粒径分布并非集中越好，考虑到电极的堆积密度等因素，实际使用的负极材料往往需要一定的粒度级配。

表面包覆。主要作用在于：覆盖天然石墨表面的活性位点，减少不可逆副反应的发生；降低天然石墨比表面积，减少 SEI 膜的生成；隔绝石墨颗粒与电解液，防止溶剂共插入造成容量下降；对石墨的体积膨胀起约束和缓冲作用，增加循环稳定性。表面包覆物主要包括无定形炭、各种金属和金属氧化物等。除了增强材料的循环稳定性外，金属及氧化物的沉积或表面包覆还有助于增加比容量、增强电极的大电流充放电性能等，如 Ni 和 SnO 等。以酚醛树脂或有机物为前驱体制备热解炭包覆石墨的研究工作也非常多，从性能、成本和设备负载程度等因素考虑，热解炭包覆是目前工业化生产普遍采用的包覆方式。

表面氧化。微晶石墨的 SEI 膜稳定性和不可逆容量与表面的不规则结构密切相关，通过表面弱氧化处理，除去部分不规则的 SP^3 杂化原子，同时增加锂的嵌入／脱嵌通道，提高可逆容量。表面氧化包括气相氧化和液相氧化。气相氧化的氧化剂为空气、CO_2、NH_3

等氧化性气体，液相氧化指的是采用（NH_4）S_2O_8、HNO_3、H_2O_2 等强氧化剂进行石墨表面改性。改性后样品的电化学性能受氧化剂氧化能力影响。此外在氧化的过程中，可以引入 Ni、Co、Fe 等元素作为催化剂，除了可以加速催化作用外，还可以增加微孔和通道的数量。同时催化剂可以与锂形成合金增加容量。

元素掺杂。由于微晶石墨的理论容量偏低，可以引入某些金属或非金属元素改变石墨表面微观结构和电子状态，目前研究较多的是硼、硅[33]、磷[34] 等非金属元素和 Fe、Co、Ni[35-36] 等金属元素的掺杂。硼的引入有助于提高可逆容量，主要原因在于硼具有缺电子性，当锂离子嵌入碳负极时可以有效的增加锂与碳材料的结合能，同时能够减少碳材料表面的缺陷和位错。金属元素掺杂中，掺入 K 元素可以提高大电流的充放电性能，主要在于 K 会与碳材料首先形成插层化合物 KC_8，脱嵌后层间距比石墨要大，这样有利于锂离子快速的嵌入。掺入金属钒或钴则可以起催化剂的作用，有利于石墨结构的形成，从而增加可逆容量。不同的元素掺杂具有不同的机理，其效果也各不相同。

未来相当长的时间内，负极材料仍然将以炭材料为主，特别是具有石墨结构的炭材料。随着锂离子电池产业链的壮大，作为商用负极原料的天然鳞片石墨价格迅速上升。电极成本的升高势必会阻碍锂离子电池的大规模应用。相比鳞片石墨，微晶石墨成本更低，循环稳定性更好，有望通过改性处理进一步增强循环稳定性，从而实现在高端锂离子电池中替代人造石墨。研究的方向应该在兼顾性能和成本的条件下，改善石墨负极材料的电化学性能，尤其是可逆放电容量和大电流充放电具有重要意义。微晶石墨颗粒具有各向同性的特点，有可能满足动力电池高倍率、长寿命等要求。

（三）微晶石墨基各向同性石墨

各向同性石墨是人造石墨的一种，由骨料和黏结剂相两部分组成，根据产品性能要求的不同，骨料颗粒的尺寸可以从几微米到几百微米。各向同性石墨具有良好的耐高温、耐腐蚀性能，且在长时间的高温、高压环境条件作用下，各个方向上的尺寸、性能变化基本一致。各向同性石墨是近年来石墨新材料的研究热点，在高温、辐射等严酷工况条件下更是不可或缺的特种材料：用于半导体和光伏产业的硅晶体冶炼，其制备设备的热体和大部分构件都是各向同性石墨制品；发展迅速的精密加工新技术电火花加工中，使用各向同性石墨替代铜作为模具材料已成为发展趋势；航空航天产业中的火箭喷气尾椎、航天器返回舱的高温部件等也只有各向同性石墨材料才能满足使用需求；新一代核能技术高温气冷堆的整个反应堆体都是由各向同性石墨砌成。

与传统的人造石墨类似，各向同性石墨的制备也需要经过粉碎、混捏、成型、炭化、浸渍以及石墨化工艺。但是，由于应用领域的不同，与普通工业用石墨相比，各向同性石墨必须具备高纯度、高密度、高强度等性能要求。特别是用于核工业的石墨材料，其核纯、各向同性以及耐中子辐照性能必须得到保证。因此，需要从原料选择、成型方法和提

纯等方面入手，对各向同性石墨的制备工艺进行优化选择。

天然微晶石墨是制备各向同性石墨的一种潜在原料。与传统焦炭相比，天然微晶石墨颗粒本身具备比较好的各向同性性质，选用何种成型方式对最终制品的各向同性性能影响较小。而且，微晶石墨的石墨化程度很高，成分、结构和性能的稳定性要远远优于传统焦炭，有利于其制备工艺的稳定和推广。微晶石墨在我国的资源储量丰富，价格低廉，用作新型的骨料，在焙烧以及石墨化过程中膨胀小，温度均匀，成品率高，工艺简化，不仅降低了成本，而且相比普通产品具有更好的性能，性价比优势明显。近几年来，随着微晶石墨高温提纯和制粉工艺的发展和成熟，以微晶石墨为原料制备各向同性石墨的可行性也得到了进一步的验证。清华大学与合作企业采用微晶石墨为骨料，与合作单位制备的 Φ300 样品，各向同性度达到 1.04（核石墨要求 ≤ 1.05），抗折强度 35MPa。

五、天然石墨及人工石墨复合材料的国内外研究进展

（一）导热材料

1. 石墨换热器

不透性石墨换热设备具有优良的耐腐蚀性和传热性能，使用于腐蚀性介质的传热过程，可以发挥石墨设备的优越性。它是石墨设备中使用量最多、比较典型的化工单元设备，有着很大的发展前途。天然石墨是换热器的原材料之一。

美国在 1937 年首先研制成功了酚醛树脂浸渍的石墨材料，并制成了列管式石墨换热器。国内沈阳化工研究院最早从事石墨换热器研究与生产，1956 年已经开始对酚醛树脂浸渍石墨进行研究，并生产了国内第一套板式石墨换热器。70 年代南通碳素厂、上海碳素厂可以进行各种结构型式、各种规格的石墨换热器的生产。80 年代后，全国各地涌现了不少石墨换热器生产厂家，如东台石墨设备厂、南通市通达石墨设备厂、海安县碳素厂等。

2. 高导热石墨材料

高导热石墨材料主要采用高定向石墨，主要有两类：高定向热解石墨和高结晶度石墨膜/块。鳞片石墨经定向热压也可以制备高导热石墨材料。

（二）电刷材料

石墨电刷以天然石墨为主要原材料，且不经过石墨化，它的硬度和电阻系数均低，适用于高速电机的集电环等。

1. 电化石墨电刷

电化石墨电刷经过石墨化高温热处理过程后，摩擦系数低，耐磨性能好，显示出极其优良的性能，在远途高速电力机车上取得了明显的应用效果。碳黑基电化石墨电刷以石墨

为主要原料，它的电阻系数高，接触电压降大，换向特性好，适用范围非常广，可用于直流电动机、发电机以及中、高电压电动机等。焦炭基电化石墨电刷以石油焦或沥青焦为主要原料，它的电阻系数适中，接触电压降不大，适用于转速较低的直流电机。石墨基电化石墨电刷以天然石墨或人造石墨为主要原料，它的电阻系数在电化石墨电刷中最低，而滑动特性最好，适用于低速直流电机及交流电机的集电环。

2. 金属石墨电刷

金属石墨电刷含有铜粉，它的电阻系数在各类电刷中最低，滑动特性最差，适用于低电压、大电流的集电环、低电压发电机、汽车起动电机及中等电压的充电、焊接和电镀用发电机等。

金属-石墨电刷的主要原料为铜粉和石墨粉。为了改善电刷的性能，还可添加少量的铅粉、锡粉、锌粉、铁粉、铝粉以及氧化物、硫化物等，对于导电性能要求高的电刷，也可用银粉代替铜粉制成银—石墨电刷。金属-石墨电刷主要采用粉末冶金法制造，其工艺流程为：配料—混料—压型—烧结—机械加工—装电导线—电刷。在金属—石墨电刷中用量最大的是铜-石墨电刷，主要用于低电压直流发电机、电动机、交流异步电动机集电环、汽车、摩托车起动机和同步电机集电环等。

（三）胶体石墨

1. 石墨乳

石墨乳的主要成分是石墨（微粉石墨），因其呈乳状状态，所以常被称作石墨乳，分为溶剂型石墨乳和水性石墨乳，能够广泛用于电铸、彩色显像管等高科技领域，发达国家已经投入人力、财力进行开发研究。天然石墨乳深加工技术进展很快，目前已形成一些新型产业。

2. 石墨烯涂料

石墨烯用于涂料中可制备纯石墨烯涂料和石墨烯复合涂料，前者主要是指纯石墨烯在金属表面发挥防腐蚀、导电等作用的功能涂料；后者主要是指石墨烯首先与聚合物树脂复合，然后以复合材料制备功能涂料。石墨烯可显著提升聚合物的性能，因此石墨烯复合涂料成为石墨烯的重要应用研究领域。

石墨烯的共轭结构使之具有很高的电子迁移率和优异的电学性能，还具备优异的机械性能及热性能，是优良的导电涂料添加剂。石墨烯导电涂料也可通过旋涂工艺施工，涂膜表面电阻可低至 $10^2 \sim 10^3 \Omega/sq$，在 550nm 波长下透光率达 80%。利用石墨烯优异的电学性能可制得性能卓越的防腐涂料[37]。利用石墨烯优异的导热性能，可以用于建筑隔热涂料。利用石墨烯的高导电性、强力学性能等特点，可用于制备高性能、高强度的抗静电涂料。

3. 导电剂

导电剂主要在以下三个方面改善锂离子电池的性能：一是提高电子电导，改善活性材料颗粒之间及活性材料与集流体之间的接触；二是提高离子电导，在活性颗粒之间形成不同大小和形状的孔隙，使活性材料与电解质充分浸润；三是提高极片的可压缩性，改善极片的体积能量密度，并增加可弯折性、剥离强度等。目前在锂离子电池生产制造中正极常采用炭黑类如 Super-P 和石墨类如 KS-6 两类导电剂混合使用，以协同提高电池的电性能。石墨具有导电性好、密度小、结构稳定、化学性能稳定等特征，是在锂离子电池制造生产中普遍使用的导电剂。可以采用人造石墨、超细鳞片石墨等。石墨导电剂具有更好的可压缩性，可提高电池的体积能量密度和改善极片的工艺特性，一般配合炭黑使用。

六、我国发展趋势与对策

天然石墨作为重要的战略资源，尤其是晶质鳞片石墨，我国具有很大的资源优势，是国际石墨市场的最大供应国。天然石墨作为重要战略资源的价值，越来越受到产业界及国家相关部门的重视，在资源保护、产业整合及规划等方面，已经取得明显成效。随着我国市场经济的完善，资金、资源的引导将会使我国相关炭石墨材料的不同产业进一步整合，发展成为综合性的炭材料大产业。将出现一批涵盖炭材料科技多个领域，有强大产品和技术创新能力的综合性大型企业，这种大型企业很可能是技术领先的人工炭石墨材料企业与技术领先的天然石墨材料企业相融合的结果。

从技术角度看，近期的（天然石墨基）各向同性石墨、高导热材料是天然石墨产业与人工炭材料产业的融合；随着石墨烯应用技术的发展和成熟，石墨烯的制备和应用将成为一个快速成长的大市场，前景广阔。从目前的研发成果看，天然石墨是很好的制备石墨烯的原料。石墨烯材料的产业化将会是炭材料的又一个大进展。

参考文献

［1］传秀云. 天然石墨矿物与储能材料［J］. 中国非金属矿工业导刊，2013（3）：1-2.

［2］王星，胡立嵩，夏林，等. 石墨资源概况与提纯方法研究［J］. 化工时刊，2015，29（2）：19-22.

［3］彭伟军，张凌燕，白丽丽，等. 吉林地区隐晶质石墨矿浮选提纯试验研究［J］. 炭素技术，2015，34（3）：48-54.

［4］任瑞晨，庞鹤. 内蒙古某隐晶质石墨矿乳化浮选试验研究［J］. 非金属矿，2015（4）：46-48.

［5］王星. 从石煤中提取石墨的工艺研究［D］. 武汉：武汉工程大学，2015.

［6］何志伟，季海滨，赵增典. 压块法提纯中碳鳞片石墨研究［J］. 山东理工大学学报（自然科学版），2016（3）：37-41.

［7］梁刚，赵国刚，王振廷. 感应加热制取高纯石墨研究［J］. 炭素技术，2013，32（4）：32-34.

［8］王瑛玮，武鹏，徐长耀，等. 高温碱煅烧法提纯隐晶质石墨［J］. 炭素，2008（1）：26-29.

［9］何培勇，张凌燕，邓成才. 非洲某大鳞片石墨矿选择性磨浮试验研究［J］. 硅酸盐通报，2016，35（9）：

2826-2831.

［10］任瑞晨，张乾伟，石倩倩，等. 高变质无烟煤伴生微晶石墨鉴定与分析［J］. 煤炭学报，2016，41（5）：1294-1300.

［11］林胜. 我国超细粉碎设备的现状与展望［J］. 中国粉体技术，2016（2）：78-81.

［12］魏春光，张清岑，肖奇. 隐晶质石墨超细粉体制备研究［J］. 非金属矿，2005，28（1）：30-32.

［13］周文雅. 超细石墨粉的制备及其复合材料的力学性能研究［D］. 北京：中国地质科学院，2005.

［14］张广强，许大鹏，苏文辉. 高能机械球磨法制备高质量纳米β-SiC粉体［J］. 超硬材料工程，2009，（2）：16-18.

［15］王会丽，赵越，马乐宽，等. 复合改性膨胀石墨的制备及对酸性艳蓝染料的吸附［J］. 高等学校化学学报，2016，37（2）：335-341.

［16］孟庆刚，曹虎，周遵宁，等. 信息化作战环境下太空飞行器的无源光电对抗技术分析［C］// 全国含能材料发展与应用学术研讨会. 2004：659-662.

［17］Chung D D L. Exfoliation of graphite［J］. Journal of Materials Science，1987，22（12）：4190-4198.

［18］Marom R，Amalraj S F，Leifer N，et al. A review of advanced and practical lithium battery materials［J］. Journal of Materials Chemistry，2011，21（27）：9938-9954.

［19］王富祥，盖国胜. 石墨微粉球形化研究［J］. 中国粉体技术，2004，10（s1）：68-70.

［20］徐世江，康飞宇. 核工程中的炭和石墨材料［M］. 北京：清华大学出版社，2010.

［21］沈万慈，康飞宇，黄正宏，等. 石墨产业的现状与发展［J］. 中国非金属矿工业导刊，2013（2）：1-3.

［22］童曦，伍江涛，范德波. 隐晶质石墨的性能特点及其应用研究进展［J］. 中国非金属矿工业导刊，2015（5）：1-4.

［23］谢炜，匡加才，程海峰，等. 隐晶质石墨/LDPE复合材料的吸波性能［J］. 材料导报，2013，27（20）：67-70.

［24］谢炜，彭顺文，匡加才，等. 隐晶质石墨含量与粒径对复合材料导热性能的影响［J］. 功能材料，2014，45（19）：19040-19044.

［25］谢炜，唐维，匡加才，等. 球磨转速对隐晶质石墨复合材料吸波性能的影响［J］. 化工新型材料，2014（10）：131-133.

［26］Agubra V A，Fergus J W. The formation and stability of the solid electrolyte interface on the graphite anode［J］. Journal of Power Sources，2014，268（268）：153-162.

［27］Sivakkumar S R，Milev A S，Pandolfo A G. Effect of ball-milling on the rate and cycle-life performance of graphite as negative electrodes in lithium-ion capacitors［J］. Electrochimica Acta，2011，56（27）：9700-9706.

［28］Zou L，Kang F，Li X，et al. Investigations on the modified natural graphite as anode materials in lithium ion battery［J］. Journal of Physics and Chemistry of Solids，2008，69（5-6）：1265-1271.

［29］Ding F，Xu W，Choi D，et al. Enhanced performance of graphite anode materials by AlF$_3$ coating for lithium-ion batteries［J］. Journal of Materials Chemistry，2012，22（25）：12745.

［30］Zhou R，Fan R，Tian Z，et al. Preparation and characterization of core-shell structure Si/C composite with multiple carbon phases as anode materials for lithium ion batteries［J］. Journal of Alloys & Compounds，2016，658：91-97.

［31］王耀文. 聚苯胺与石墨烯在防腐涂料中的应用［D］. 哈尔滨：哈尔滨工程大学，2012.

［32］Yu Y，Lin Y，Lin C，et al. High-performance polystyrene/graphene-based nanocomposites with excellent anti-corrosion properties［J］. Polymer Chemistry，2014，5（2）：535-550.

［33］薛刚，梁金生，张学亮，等. 一种含石墨烯或氧化石墨烯的复合强化散热涂料及其制备方法［P］. 中国专利：CN 102964972 A，2013-03-13.

［34］吕生华，巨浩波，周庆芳. 氧化石墨烯改性聚合物水泥防水涂料的制备方法［P］. 中国专利：CN 103242007 A，2013-08-14.

［35］章勇. 石墨烯的制备与改性及在抗静电涂层中的应用［D］. 上海：华东理工大学，2013.

［36］Wen L，Song R，Shi Y，et al. Carbon materials for lithium-ion battery：Applications and prospects［J］. Chinese Science Bulletin（Chinese Version），2013，31（58）：3157.

［37］余兰. 新型石墨导电剂及其电化学性能［J］. 电子元件与材料，2013，32（8）：57-59.

［38］Wang Q，Su F Y，Tang Z Y，et al. Synergetic effect of conductive additives on the performance of high power lithium ion batteries［J］. New Carbon Materials，2012，27（6）：427-432.

撰稿人：黄正宏　李　珍　李彩霞　任瑞晨

黏土矿物材料研究进展与发展趋势

一、引言

黏土矿物是自然界分布最广泛、应用开发最早的一类非金属矿产资源。黏土矿物材料的制备和深加工技术及产品应用，特别是利用黏土矿物制备新型纳米材料，已成为国内外当今一个非常活跃的研究领域。黏土矿物种类繁多，主要包括高岭石族、伊利石族、蒙脱石族、蛭石族以及海泡石族等矿物。黏土矿物在我国应用历史十分悠久，随着经济发展和开采加工技术的提高，已在国民经济各部门（如建材、冶金、化工、石油、农业、医药、机械、轻工等）得到了广泛应用。近年来，随着新技术革命的兴起，黏土在新材料及相关领域的研究越来越活跃，在国内外备受重视。本文主要就近年来黏土矿物中研究较多的，高岭石、伊利石、膨润土、凹凸棒石黏土、海泡石黏土、埃洛石黏土等加工技术与产品应用的研究进展进行了综述，并对其发展趋势进行了展望。

二、高岭石矿物材料

（一）国内外主要研究进展

近十余年来，高岭石黏土的研究和应用方兴未艾。从驰名世界的景德镇瓷器，到如今的纳米矿物学新型纳米材料，工程师和科学家无时无刻不在带动高岭土产业紧跟时代发展的脚步。近年来，国内外科学家在高岭石插层复合物的制备和高岭土深加工技术与产品应用领域进行了一系列的研究工作，取得了一系列重要研究成果。

1. 高岭石插层

插层反应是高岭石纳米化的方法之一。高岭石硅氧四面体一侧带负电荷，铝氧八面体一侧带正电荷，而在端面则以正负相间电荷出现，这构成了插层作用的前提。高岭石的结

晶度和原始晶粒尺寸对插层效果有重要的影响，高有序度有利于插层作用的进行，而晶粒尺寸太大或太小都不利于插层作用的进行[1]。

研究者发现，高岭石的间接插层作用具有更加奇特的性质。间接插层是先将直接插层的高岭石用甲醇进行反复替换或者在较高温度下用较大极性分子进行置换，直至获得具有较大层间距的插层——嫁接复合物。在其本质上可以分为替代插层和嫁接－替代插层。所谓两步插层是指丙烯酰胺、丙烯酸、内酰胺、醋酸铵等通过置换二甲基亚砜的方式进入层间，这在聚合物——高岭石纳米复合材料中具有较大应用前景。这个过程可使高岭石的层间距达到更大，以至于直接产生剥片效果从而获得更为特异的粉体产物。日本学者 Komori 等[2]首先发明了一种嫁接－替代插层新方法，对高岭石直接插层复合物前驱体用甲醇进行反复洗涤多次，可以将层间的原插层分子置换，形成甲氧基接枝于高岭石内表面羟基上的高岭石－甲醇复合物。实验证明，高岭石－甲醇复合物具有和较大的极性分子进行嫁接的性质[3]，通常具有 1.11nm 的层间距，但是极易产生塌陷至 0.86nm。烷基胺、季铵盐、脂肪酸、有机盐等较大分子量化合物容易进入甲氧基嫁接的高岭石层间，将高岭石的层间距撑至 2.0 ~ 6.0nm 不等。

2. 高岭石剥片

近五年来，高岭石间接插层复合物的液相剥离有较大进展。经直接插层后，对高岭石进行修饰处理，将直接插层的小分子替换，将高岭石的铝羟基面做出改性，这样就能将高岭石物质转换为一种高效率的插层接受体，再使用烷基胺、季铵盐、硬脂酸等尺寸和质量相对大的分子对甲氧基嫁接改性之后的高岭石进行嫁接－替代插层，形成层间距较大的高岭石插层复合物，以期达到剥片的效果。值得注意的是，当高岭石单元片层脱离母体颗粒进入液相剥离介质时，由于硅氧四面体与铝氧八面体共用氧原子而形成的结构错位产生了使其单元层卷曲的驱动力，单元片层不再束缚于原氢键作用力，于是，片层发生弯折甚至剥离且自动卷曲为高岭石纳米卷。这个过程概括为三个阶段：

①制备高岭石－脲、高岭石－二甲基亚砜、高岭石－甲基甲酰胺等直接插层复合物作为前驱体；②醇、醚等液相环境下针对内表面的嫁接修饰；③烷基胺、季铵盐、脂肪酸类等较大分子的插层和高岭石片层在液相环境下的剥离。

在高岭石—聚合物纳米复合材料制备中，若未经由液相过程，其剥片则多为机械力而引起，固态或半固态环境中不含有类似液相环境下的自由空间，也就无法产生触发卷曲的有利条件，最终形成的剥片效果有限。

3. 高岭石层间域改性及功能化

一般说来，高岭石颗粒的硅氧面是疏水的，而铝羟基面是亲水的。因此当矿物粉体付诸使用时，需要改变其中一种暴露表面的性质从而更好地与基质相容，这就是高岭土的表面改性。

在高岭石／聚合物复合材料的结构中，经过表面处理的高岭石颗粒可以在聚合物基体中均匀分散。在起到填充作用的同时，可以限制聚合物的形变，从而具有良好的补强效果；因此，高岭石 / 聚合物复合材料的力学性能与高岭石的表面处理及其结构紧密相关。应用硅烷偶联剂对高岭石进行表面改性的研究较为普遍。硅烷偶联剂是一种水解后同时含有疏水基团和亲水基团的两性化合物，通式为 $RSiX_3$，其中 X 为可水解基团，如烷氧基（三甲氧基、三乙氧基等），R 为有机官能团（巯基、氨基、乙烯基、甲基丙烯酰氧基等）。水解后的硅烷偶联剂的通式为 $RSi-(OH)_3$，其中的羟基与高岭石表面活性基团反应形成氢键，进而缩合成共价键，使得硅烷偶联剂与高岭石稳固结合，氢键的相继产生并包覆在高岭石表面，使得处于偶联剂另一端外露的具有反应性的疏水基团 R 很容易与有机聚合物母体材料中的活性基团反应，形成强的化学键而稳定结合。

2012 年，Guerra[4] 制备了 γ－氨丙基三乙氧基硅烷嫁接高岭石，并用以吸附汞离子。2012 年杨淑勤等[5] 采用 γ－氨丙基三乙氧基硅烷对不同有序度高岭石的层间表面羟基进行嫁接反应，并阐述了嫁接反应机理。2015 年，Samuel 等[6] 将罗丹明与 γ－氨丙基三乙氧基硅烷化学接枝后，在二甲基亚砜插层高岭石复合物表面成功化学吸附，制备了可感光的高岭石复合物。这些工作均为对高岭石的表面特性进行改造，在降低高岭石粒度，增加片状结构的同时，对颗粒表面进行的有机化处理，其结果是显著增加高岭石填料与基体的相容性，同时促进分散性，从而提高目标复合材料物理机械性能。2015 年，Zhang 等[7] 在常温下实现了高岭石层间表面与氨丙基三乙氧基硅烷的原位嫁接。

4. 高岭石纳米卷制备

对高岭石插层复合物进行嫁接—替代液相剥离可获得纳米卷。2012 年，高莉等[8] 在酸性环境下将高岭石与烷基胺混合制备出高岭石 – 十二烷基胺插层复合物，但其层间距增加了 1.56nm。2015 年，刘钦甫等[9] 利用烷基胺插层甲氧基嫁接高岭石获得高产率纳米卷。获得的纳米卷外径为 15 ~ 90nm，长度 400 ~ 900nm，长径比 13∶1 ~ 30∶1。Yuan 等人[10] 测得纳米卷的内外半径分别为 22 ± 8nm、26 ± 8nm，其壁厚为 4 ± 2nm。

5. 高岭石表面特性及其插层复合物结构计算机模拟

高岭石的分子模拟表明，其主要晶体面铝氧层面携带局部正电荷，具有亲水性，而硅氧层面携带局部负电荷，表现为疏水性。高岭石铝氧面的羟基可同时作为质子给体与质子受体与插层剂和改性剂的官能团形成氢键，而硅氧面的氧原子六元环只能为质子受体与插层剂和改性剂形成氢键，从而驱使高岭石插层与改性过程。基于密度泛函理论（DFT）的量子化学模拟表明，高岭石铝氧面与插层剂小分子醋酸钾，二甲基亚砜和大分子葡萄糖单体之间的氢键作用和吸附能要强于硅氧面。与插层剂分子作用前后，高岭石铝氧面羟基的电子结构变化明显强于硅氧面的氧原子，因此高岭石铝氧面相比于硅氧面具有较高的反应活性。硅氧面上的复三方孔被携带负电荷的氧原子六元环包围，该区域是局部高能位点，可牢固吸附带正点荷的离子或官能团，其对带正电官能团插层剂的插层过程起决定性作用。

大分子表面活性剂例如季铵盐，烷基胺和硬脂酸钠在高岭石层间的结构随着其在层间域的载入量而变化，最初插入层间的表面活性剂成单层分布，平行分布于高岭石内表面。随着表面活性剂载入量的增加，导致层间距不断扩大，其在层间的结构逐渐过渡成双层平卧、假三层和倾斜双层分布[11]。分子动力学模拟对三种表面活性剂插层过程的自由能计算表明，具有带电官能团的季铵盐和硬脂酸根离子凭借其带电官能团 N（CH₃）³⁺ 和 COO–，与高岭石硅氧面和铝氧面较强的静电引力作用，更容易实现插层反应。表面活性剂碳链与高岭石内表面间的范德华能作用对其插层过程也有重要贡献。此外，高岭石层间的甲醇分子可通过与表面活性剂碳链之间的疏水作用，促进表面活性剂的插层过程。

6. 纳米高岭土在聚合物中的应用

20 世纪末，"nanocomposites"被引入黏土矿物的研究，用来描述有纳米特性的均一异质纳米结构的复合体。近二三十年，纳米复合物的研究空前繁荣，包括蒙脱石 – 尼龙为代表的黏土基等不同种类的纳米复合物被发明和应用。2015 年，Batistella 等[12]分别研究了高岭石在尼龙 –6 和聚丙烯等聚合物中作为填料带来的防火功能，证明了纳米高岭土填料可显著提升聚合物的机械性能、热稳定性、气密性等。

7. 纳米高岭土的吸附与缓释应用

当今，环境污染与核废料堆积成了人类社会发展的公敌，自然地层中的高岭石，表面结构中暴露的断键、基本结构的不对称性，天然的纳米粉体属性，是各类吸附质良好的驻留场所[13]，尤其是在水循环过程中起到了天然矿物层（体）净化水质的功能。高岭石等以黏土矿物为主要成分的稳定泥页岩地质体可作为储层存放放射性核废物，是未来人类开发放射性能源的重要保障空间。

纳米性、无毒性以及较强的反应惰性等，使高岭石等黏土矿物有条件成为药物负载的优选材料之一。Rodrigues 等人[14]系统研究了黏土矿物在药物负载及缓释中的应用情况。黏土聚合物的使用是一种较好的改善药物相容性的途径。蒙脱土和层状双氧化物纳米材料是研究较为广泛的，但因为层间离子交换会导致吸附质缓释不完全，造成驻留浪费。高岭土层间并无离子，可弥补此类不足，不过如同前文所述，高岭土层间域的改性较为复杂，限制了其应用。总体说来，高岭石的层间域改性仍有进步的空间。高岭石颗粒的分选与表面特征也是决定缓释性能的重要因素。

管状形貌的埃洛石黏土在吸附缓释应用领域有着独特的优势。中空的内腔和内表面是驻留的良好场所，外壁可起到保护作用。高岭石纳米卷具有类似的结构，且其形貌更为均一可控。在传递药物方面比天然埃洛石管有优势。第一，高岭石纳米卷是由平板状片层卷曲而来，在这个过程中可以选择性的改造其表面性质，使其对某种药物具备特异性，有利于药物的选择。第二，高岭石纳米卷的形貌可控，尤其是长度方面，可选择相应直径的高岭石颗粒来控制，制备形貌规整，长径比统一的纳米卷载体。第三，高岭石纳米卷的层间域是具有特殊构造的，已进行的实验证明，对有机物有绝佳的相容性。第四，高岭石纳米卷是卷轴状构造而非封闭的同心层状管，进驻和释放过程更顺畅。

（二）国内外研究对比

1. 国际重点研究领域

目前，国际上对于高岭石矿物的研究集中于高岭石的纳米属性相关的前沿探索方面，尤其是电、磁、光等方面的应用研究。高岭石的内表面修饰是一个研究热点，后续的大部分纳米性质的开发均以此为基础，高岭石纳米卷的制备也得益于此。之后，基于分子模拟方法、量子力学建模方法对高岭石矿物的表面性质的研究得到迅猛发展，高岭石－水、高岭石－有机质的表界面特性、分子结构特征对其吸附能力等性质的影响都可以得到良好的解释[15]，尤其是对于重金属、放射性核素的吸附。高岭石的矿物学研究也从地质赋存原理趋向于分子级别甚至原子级别的属性效应探索。高岭石－聚合物复合材料也在不断进步中体现出了优异的理化性质。火星的矿物学研究证明，其表面存在高岭石、蒙脱石黏土矿物，佐证了原始水环境的存在，这也对帮助人们了解地球的岩石圈演化过程甚至生命起源有重要作用。

2016 年 9 月，在土耳其召开的第五届地中海黏土会议主题集中于黏土矿物的研究方法、地质成因与开发应用、黏土矿物与健康、土壤与农业发展、纳米黏土与纳米复合物等研究领域。第 16 届国际黏土会议于 2017 年 6 月在西班牙召开，会议确立了包括矿物学、地球化学、纳米黏土材料、环境与土壤、黏土－有机质反应等在内的诸多传统性与前瞻性议题，标志着国际黏土研究的发展动向。

2. 国内重点研究领域

近年来，国内高岭石纳米卷的研究迎头赶上了国际水平，在高岭石纳米卷的制备、与类形管状矿物的对比与替代应用等方面都有了深入研究。特别是在高岭石的变形机制以及纳米卷片之间的形貌过渡阶段的研究，高岭石的内表面修饰方法及结构的分子模拟方面，取得了独创性的成果[16-17]。目前，国内对于高岭石的专门矿物学研究以及高岭石与其他黏土矿物的转化与联系，同族或类质同像、同质多像矿物的对比研究仍然不足。

现代纳米技术的发展推动了纳米地球科学的兴起。2014 年 10 月，黏土矿物绿色化工功能材料和催化剂国际专题研讨会在杭州召开，国内外学术专家以中国黏土矿物高效、可持续利用和绿色加工为主题，通过深入交流和专题研讨，共议国内黏土产业如何在新的历史条件下应对新的挑战和机遇。2016 年 1 月，国际应用黏土科学刊物 *Applied Clay Science* 以整期的形式报道展示了中国黏土矿物科学的研究，在矿物资源、地质、新型功能材料、生态、化工、能源等多个学科领域显示了中国的黏土科学研究的进步[18-19]。2016 年 11 月，第三届亚洲黏土会议在中国科学院广州地球化学研究所召开，这都将为国内黏土产业如何

在新的历史条件下应对新的挑战和机遇做出方向性的指引。

地质矿物学界也于 2015 年、2016 年连续召开了第一届、第二届全国纳米地球科学学术研讨会。会议认为，地球科学正在向更宏观和更微观的两极方向发展，即天体科学和纳米地球科学。可以说纳米矿物与岩石、纳米矿物基复合材料是未来的重要科技着力点，并可能在技术领域成为突破点。

总体看来，国内研究与国际水平存在的差距主要体现在研究领域的范围较窄、科研与生产的结合度低两个方面。近年来，国家不断出台政策促进高校科研成果的转化，相信在科研与生产并进的氛围中，纳米高岭土的研究和利用能上升至世界一流水平甚至成为中国引领发展方向的行业。

（三）我国发展趋势与对策

高岭石纳米卷是人工可获得的形貌与结构上最类似埃洛石的一种矿物型纳米管。相比之下，高岭石纳米卷的壁结构较薄，因此比表面积更大，平均孔径更大，且内孔具有独特的亲物质特性，可作为良好的缓释器、催化剂或有害物质载体、纳米反应器等，有望以其形貌规整、径厚比高、管壁细薄等特征替代天然埃洛石管的应用。

但在目前的制备方法中，纳米卷的产率仍是最需要解决的问题，产物中普遍存在纳米卷之间的黏附、未卷曲片的黏附、半卷起的片层与母体颗粒或纳米卷之间的黏附以及半卷曲管的黏附与掺杂，若取得较为纯净且分散性良好的高岭石纳米卷，势必大有助于其应用性能的发挥。值得注意的是，高岭石的层间域与外表面同时具有较高的活性和良好规范性的特征，非常适合作为化学反应的微场所。以往的高岭石表面改性仅停留于改造颗粒表面和边缘破键位置的表面性质，而忽略了每个高岭石颗粒内部仍包含的数百层硅氧四面体—铝氧八面体结合形成的层间域。层间域恰好被两类不同性质的内表面所围，最大限度发挥其功能化对于某些特异性化学反应提供场所与环境，是值得发展与研究的方向。

如今，以密度泛函理论为基础的量子化学模拟和以经验力场为基础的分子动力学模拟已对高岭石主要结晶面的物化性能，以及高岭石表面与气液介质的界面作用做了系统研究。虽然经典分子动力学模拟可有效模拟高岭石 / 气液复合体系的界面作用，但经验力场不能描述体系中原子的电子行为。因此，开发新一代包含电子结构参数的力场，实现界面结构电子行为以及化学键断裂与生成的可视化对高岭石层间域特性的设计与应用具有重要意义。粗粒度分子动力学模拟可模拟微米甚至毫米级尺寸模型，从而直接计算和预测具有实际尺寸模型的宏观特性。因此，粗粒度分子动力学模拟可计算不同径厚比高岭石、改性高岭石在聚合物基质中的分散性，与聚合物表面的亲和性以及聚合物单体在高岭石层间域的自组装过程；还可实现对高岭石纳米复合材料机械力学、气密性等宏观特性的直接预测，为功能性高岭石 / 聚合物复合材料的开发提供理论指导。

三、伊利石矿物材料

（一）国内外主要研究进展

随着计算机科学的不断完善，伊利石黏土微结构的研究进入到一个新的时代，有关伊利石分子模拟的研究成果不断涌现。有学者对伊利石的结构进行了量子力学的建模，如Geather（2014）利用伊利石单胞进行掺杂，进而进行了密度泛函的计算[20]。此外，在伊利石应用领域近年来在国内外也取得了一系列重要进展，展现出新的发展态势。

1. 伊利石在油气成藏年代学的应用

20世纪以来，随着同位素定年技术的发展与成熟，一些学者开始利用储层自生伊利石的 K-Ar（或40Ar-39Ar）年龄来确定油气成藏时间，其理论依据在于：在含钾的水介质条件下，砂岩矿物颗粒间发育自生伊利石。油气注入储集层达到较高的油气饱和度后，自生伊利石便终止生长。因此，可以利用储集层中自生伊利石的最小年龄限定油气充注的最大年龄。

2. 伊利石在环境保护中的应用

随着工业的迅速发展，水、土壤污染越来越严重，尤其是由核工业排放的放射性同位素等重金属污染日益突出，直接威胁到了人类生存。为了有效的保护和改善人类生存环境，需要开发高效、经济的水污染处理剂。

近些年来，有很多关于具有耐热性好、耐腐蚀的新型无机膜的研究。伊利石黏土是一种很好的天然无机材料，除了好的吸附性，还具有好的流变性和热性能。

3. 铵伊利石研究进展

铵伊利石属2:1层状硅酸盐矿物，为二八面体云母类黏土矿物。铵伊利石首先由人工实验合成，之后才在自然界中被发现。目前，关于铵伊利石的研究集中在铵伊利石的成因产状、鉴定标志、层间离子性能、热稳定性以及人工实验合成等方面。自2005年，国内外众多学者针对铵伊利石的人工合成、成因产状、鉴定标志、层间离子性状、伊利石热稳定性进行了系统的研究，对铵伊利石的矿物学特征进行了详细的表征。中国矿业大学（北京）刘钦甫研究团队开展了铵伊利石在煤层气地质学、大气环境效应、水体污染、土壤酸化等方面的系统研究，取得了丰硕的成果。

4. 伊利石的加工及应用新技术

目前，国内外对低品位伊利石原矿的提纯还没有成熟工艺，参照硅藻土等矿物的提纯方法，伊利石选矿提纯工艺应包括：分级、高梯度磁选法、酸浸法、焙烧法、干法重力层析分离法、热浮选矿、化学漂白法等。

经过纯化加工的伊利石黏土，可根据其矿物硬度、白度、化学成分中 Al_2O_3、K_2O 的含量、伊利石粉纯度、粒径大小等指标的不同，而应用于不同工业领域。我国伊利石专利中主要应用领域是用作填料、涂料、水泥、陶瓷等的原料，其次是用于制钾肥及水污染处理方面。伊利石具有较好的化学惰性、电绝缘性、绝热性等特性，因此还用来制备阻燃无纺布，应用于阻燃电力电缆、阻燃橡胶电缆等方面。此外，由于天然伊利石粉末放射的远红外线能够分解或除去各种食物释放的臭味，同时能够活化食物中的水分子，使食物保鲜，防止氧化，因此可以避免食物的变质。

（二）国内外研究对比

1. 资源分布及产业现状

伊利石是一种富含钾、铝等矿物质的云母类黏土矿物。我国伊利石黏土矿主要分布在浙江、四川、江西、河北、河南、甘肃、新疆、内蒙古、吉林、辽宁等地，其中浙江、河南、河北、吉林等的主要伊利石矿区的远景储量均在亿吨以上。我国对伊利石的开发与利用起步比较晚，始于 20 世纪 80 年代。2008 年以来，我国伊利石行业产能呈持续增长趋势，2015 年产能约为 650 万吨。随着伊利石行业下游应用的不断扩展，未来几年我国伊利石产能还将继续扩大。预计到 2020 年，伊利石产能将达到 1200 万吨。目前国内从事伊利石矿产资源开发与加工利用的企业数量接近 100 家。

2. 国内外相关文章和专利数量比较分析

2005 年以来，国内涉及伊利石的文章累计 29985 篇，国外涉及伊利石的文章累计 10824 篇。自 2005 年，国内外有关伊利石的文献呈逐年上升的趋势，且国内文章数目较国外文章数目偏多。各类文献的研究内容涉及黏土矿物开发与应用、矿物学、岩石学、石油地质学、煤田地质学、环境科学、材料科学等领域。

自 2005 年以来，国内外与伊利石相关的公开的专利共有 124 项，其中韩国申请伊利石产品的专利数量居世界首位，总量达 59 项。我国有关伊利石的专利申请量 2014 年开始明显增多，目前专利总数已接近韩国，居世界第二。从各国有关伊利石的公开专利内容来看，主要涉及伊利石在工程地质、造纸、化妆品、污水处理、土壤调节剂、建筑材料、纺织品添加剂、无机盐复合材料（阻燃、防辐射等）、陶瓷、食品等行业领域内的应用。

（三）我国发展趋势与对策

伊利石和其他各类黏土矿物新材料类似，有着广阔应用前景和市场潜力。但是伊利石在应用中仍然存在一些问题，有待解决：①由于伊利石成分多变，应该深入研究伊利石的提纯工艺，充分提高伊利石原矿利用率；②进一步的研究伊利石的独特物理化学性质，完善提纯工艺条件下，积极开发新产品；③伊利石为原料制备功能性纳米填料，将在新型陶瓷、高级纸张、塑料、橡胶、化妆品方面发挥重要作用；④伊利石粉体表面改性方法、工艺、设备、表面改性剂及其配方等研发；⑤伊利石具有抗菌等作用，应进一步开发其在药物方面的应用。

伊利石是一种有着广阔应用前景和市场潜力的黏土矿物资源，在化肥、橡塑、造纸、陶瓷等行业都占用重要的位置，随着合理选矿流程的选择、深加工改性、除铁、增白、超微粉加工等多方面技术的改善和提高，不同品质的伊利石资源必将得到最科学、最合理的综合开发与利用。我国的伊利石资源比较丰富，伊利石功能矿物材料具有良好的开发前景。

四、膨润土矿物材料

（一）国内外主要研究进展

天然膨润土受蒙脱石含量、属型、属性等影响，不同产地性能差别很大。通过加工可以提高天然膨润土的品质，改变膨润土的物理、化学性能，扩大膨润土的应用领域。膨润土的加工包括提纯、改型、改性、复合化等过程[21]。近些年，国内外在膨润土加工技术及应用技术都取得了一系列重要进展，无论是基础研究还是应用研究，均有非常大的进步。

提纯是提高膨润土的工业应用价值的重要途径。膨润土的提纯方法包括拣选、干法提纯、湿法提纯以及化学提纯。干法提纯主要采用风选，适用于脉石矿物硬度高、粒度较粗的膨润土。湿法提纯依靠在水中自然沉降、絮凝、离心等方法使膨润土中蒙脱石与碎屑矿物分离。近年来，在湿法提纯的基础上利用超声波、电泳等技术促使蒙脱石与杂质分离，可以强化湿法提纯的效果。化学提纯用于制备高纯度的膨润土。王志明[22]对山东莱阳蒙脱石含量37%的低品位膨润土采用卧式螺旋离心机一段粗选、三段扫选工艺提纯，获得品位93.88%、产率9.05%、回收率22.96%的膨润土精矿。李泓锐[23]以焦磷酸钠为分散剂，采用超声波辅助自然沉降处理辽宁阜新膨润土，提纯后膨润土中蒙脱石含量从59%提高至99%。

钠基膨润土在遇水膨胀性、可塑性、胶体分散性等方面要优于钙基膨润土。因此，在天然钠基膨润土短缺的情况下，一般将钙基膨润土通过人工钠化后使用。改型工艺有干法和湿法两种。湿法改型工艺常与提纯工艺相结合，可强化膨润土的工艺性能。锂基膨润土既有钠基膨润土的特性，又有有机膨润土的功能，具有独特的性能优势和较高的价值与发展前景。王弘[24]在湿法钠化改型膨润土时发现pH值为9～10时，钠化效果较好。宋天阳[25]利用微波辐射法在半干条件下制备钠基膨润土，克服了湿法后续处理的缺点，消除了内扩散效应对人工钠化改型的影响。林涛[26]对建平天然膨润土进行了钠化和锂化试验，锂化膨润土比钠化膨润土的膨胀容、胶质价等基本性能要好得多。

根据膨润土的应用需求不同，需要通过有目的地改变矿物表面的物理化学性质，从而提高膨润土的性能和利用价值，目前国内外常用的膨润土改性措施包括膨润土活化改性、有机改性、交联改性、复合化改性。

膨润土的活化改性包括焙烧活化、酸活化、微波活化等。天然膨润土在不同温度下焙烧，先后失去表面水、水化水和结构骨架中的结合水，使膨润土的吸附性能发生变化，称为焙烧活化。此法可增加膨润土的孔隙率和比表面积，增大膨润土的吸附容量。膨润土酸活化是利用各种酸以不同浓度对膨润土进行活化处理。酸处理不仅能够提高膨润土的活性，还可以提高膨润土的白度，工业上把酸活化膨润土称为活性白土。处理后的膨润土与原土相比，孔道和孔隙结构有所改善，孔容积增大，并减弱了原来层间的键力，层间距增大，提高了吸附性能和阳离子交换能力。膨润土微波活化是将膨润土置于微波场中进行快速加热将水分和有机质挥发分解从而增加比表面积，达到改性的目的。

膨润土有机改性主要是利用蒙脱石层间的阳离子和有机分子进行交换，有机分子通过化学键力与蒙脱石结合在一起形成有机膨润土。根据使用改性剂的性质，可得到阳离子有机膨润土、阴离子有机膨润土、非离子有机膨润土。膨润土的有机改性现在已伸展到多离子复合，无机—有机复合等。交联改性即利用蒙脱石的阳离子交换性，将具有催化活性的金属阳离子以水合阳离子的形式引入蒙脱石层间，然后通过缓慢脱水使这些阳离子与蒙脱石结合，形成稳定的柱子结构。

膨润土在废水处理中主要作为吸附剂和絮凝剂使用。近年来，国内外利用有机膨润土处理废水中有机物的研究报道很多，其中有关单阳离子（如季铵盐阳离子）有机膨润土的应用研究最多，交联膨润土应用于废水处理也是近年才开始的。在固废处理方面，膨润土主要作为土地填埋防渗材料使用。有机膨润土添加到膨润土防渗层后可以吸附截流渗漏液中的有机污染物，降低渗漏液的穿透能力。因此，有机膨润土可作为垃圾填埋场和石油储运场所的防渗垫层材料。

在高危害性废物处理工程中，由于膨润土具有很强的吸湿膨胀性和较大的阳离子交换容量，对放射性核素起到机械屏障和化学屏障的双重作用，常作为高放射性废物填埋处置的缓冲防渗材料，在放射性核素的处理处置中有巨大的应用潜力。

蒙脱石可作软膏、糊剂的增稠剂或直接用于软膏基质以及乳剂的乳化剂。蒙脱石是具有纳米级结构的矿物材料，可用作驱虫药、中枢神经系统药物、抗癌药物载体。膨润土的主要成分蒙脱石具有层纹状结构及非均匀性电性分布，对消化道的一些病毒、细菌及毒素产生较强的选择性吸附作用。高纯度膨润土或蒙脱石可广泛用于治疗腹泻、食管炎、肠易激综合征等。

膨润土经简单机械加工后可作为肥料、土壤改良剂和添加剂等使用。膨润土施入土壤后能吸水膨胀，使土壤保水、保肥又不污染环境。

膨润土在造纸工业中作为助留助滤剂、填料、颜料等。在抄纸中膨润土有两个主要用途：第一是助留剂系统，在打浆机或碎浆机中加入膨润土，可增加颜料在纸料中的留着及提高纸页中颜料分布的均匀性；第二种用途是在抄纸之前吸附木浆中的杂质。膨润土有时也用于废纸脱墨，使从纤维上除去油墨的效率得到改善。

膨润土在食品中作食品添加剂及乳化剂，因其具有高膨胀性，食用后产生饱腹感，从而减少其他食物的摄入量，可用作减肥食品；也可使饮料、酒类（葡萄酒、白酒、黄酒、啤酒等）澄清；在动植物油的精炼中可用于脱色、除臭、除杂；在酱油、陈醋、味精等调味品生产中除了澄清、脱色作用外，还能提高其营养价值。膨润土在白酒的澄清中，能吸附白酒中的浑浊物质（高级酯类及醇类）。

（二）我国发展趋势与对策

随着科技进步，传统用途膨润土的消耗比例降低，技术指标在提高，甚至出现了新的代用品；另一方面，膨润土每年都有许多新用途被开发出来，用量比例逐年提高，形成新的增长点。总体看来，膨润土矿物材料的主要发展趋势与对策如下。

1. 高纯化、纳米化、功能化

膨润土中蒙脱石的层状黏土结构为制备纳米化二维材料提供了可能性，纳米膨润土在复合材料中具有增强、阻燃、耐候等特性。插层剥离型膨润土纳米复合材料已有近30年开发历史，但加工方法和应用领域还需进一步拓宽。膨润土的离子交换能力和特殊层状结构为开发功能性材料提供了良好的载体，在宠物垫料、污染治理、水土保持、日用化工和医药助剂，以及核废料处置、养殖业圈料和叶面肥等领域前景广阔，需进一步加强应用研究和推广。

2. 生产低能耗、绿色环保和高技术化

传统的加工方法在膨润土提纯、活性白土等技术上存在耗水多、污染严重等问题，低能耗、无污染的加工方法是今后膨润土加工的趋势。微波、超声波、超重力、超临界等高技术方法，连续化、大型化、自动化加工装备逐渐应用到膨润土加工上。

3. 产品多样化、系列化、精细化

相对于国外膨润土在24个领域、100多个部门得到广泛应用，我国膨润土产品在充分体现不同禀赋资源的自身价值、应用领域细分、产品颗粒形貌及组分精细控制等方面还需进一步发展。

五、凹凸棒石黏土矿物材料

（一）国内外主要研究进展

1. 局地形成凹凸棒石黏土开发特色产业

安徽省明光市、江苏盱眙县是我国凹凸棒石黏土的主要聚集地，在全国凹凸棒石黏土开发占有非常重要的地位。两县、市聚集了全国主要的凹凸棒石采矿、加工企业100多家，产品包括干燥剂、脱色吸附剂、高粘剂、增稠触变剂、农用添加剂、环保材料等若干系列100多个品种，凹凸棒石黏土成为两县、市的支柱产业和着力打造的新型高科技产

业。甘肃张掖、内蒙古杭锦旗、河南镇平县凹凸棒石黏土资源的开发正在蓬勃发展之中。基于凹凸棒石黏土开采和加工企业聚集、产业发展，凹凸棒石黏土资源开发都已经被纳入相关省市县的优先发展产业，在凹凸棒石黏土资源聚集地形成了政产学研紧密的联盟，在各级政府支持下成立了江苏省凹凸棒石黏土重点实验室、江苏省凹凸棒石黏土应用工程中心、中国科学院盱眙凹土应用技术研发与产业化中心、甘肃省黏土矿物应用研究重点实验室，重点开展凹凸棒石黏土资源应用技术研究。

2. 凹凸棒石黏土研发取得丰富成果

据中国知网检索自 2005 年以来中文期刊发表有关凹凸棒石黏土研究论文 1986 篇（凹凸棒石或坡缕石出现在标题中）。专门研究凹凸棒石黏土的博士学位论文 23 篇，累计下载 17811 次。硕士学位论文 249 篇。有关凹凸棒石黏土应用技术专利 1472 项。

据 Web of Science 检索，自 2005 年以来，SCI 期刊发表凹凸棒石黏土研究论文 428 篇（palygorsikite 或 atuppalgite 出现在标题中）。其中中国学者发表 343 篇，占总量的 80% 以上，足以表明我国学者在凹凸棒石黏土研究领域已经占据的主导地位。同时，也表明凹凸棒石黏土研究得到各级部门高度重视。

在国家基金委、科技部、江苏省、安徽省、甘肃省、内蒙古自治区政府的支持下，聚集了一大批科研人员和青年学生从事凹凸棒石黏土研究开发工作，经过 10 年的积累，比较全面认识了凹凸棒石的矿物学特性，透彻地理解了凹凸棒石黏土矿床地质特征、形成机制，以及矿石类型、分布、物理化学特性，指导了凹凸棒石黏土资源开发利用。

3. 揭示凹凸棒石形成机制和凹凸棒石黏土微观结构特征

纳米矿物学研究表明沉积成因的凹凸棒石有两种形成方式，其一是凹凸棒石从富镁硅铝弱碱性水溶液中直接结晶形成；其二是蒙脱石与富镁孔隙液的反应，镁离子进入蒙脱石结构，逐步从层状结构硅酸盐转变为链层状结构硅酸盐。凹凸棒石黏土有四种矿石类型，其中高品位凹凸棒石黏土、蛋白石凹凸棒石黏土、白云石凹凸棒石黏土中的凹凸棒石主要通过水溶液直接结晶形成；蒙脱石凹凸棒石黏土主要通过蒙脱石向凹凸棒石的转化形成。

由两种机制形成的凹凸棒石黏土具有不同的微观结构。水溶液直接结晶形成的高品位凹凸棒石黏土中，纳米棒状凹凸棒石晶体平行或近平行生长，形成束状集合体，称为晶束。蒙脱石转化形成的蒙脱石凹凸棒石黏土保留了蒙脱石片状假象，成为棒状凹凸棒石与蒙脱石转化残余（崩解为更细小的纳米颗粒）构成凹凸棒石与蒙脱石复合体。蛋白石凹凸棒石黏土、白云石凹凸棒石黏土两种矿石中微观结构特征分别是蛋白石、白云石与凹凸棒石嵌生。依据与凹凸棒石共生的主要矿物不同，把凹凸棒石黏土矿石划分为凹凸棒石矿石、蒙脱石凹凸棒石矿石、白云石凹凸棒石矿石、蛋白石凹凸棒石矿石、蒙脱石矿石。不同类型的矿石因矿物组成、微观结构的巨大差别，表现出各自不同的理化性质。

4. 深入认识凹凸棒石理化性质

凹凸棒石属于纳米棒状晶体，沉积型凹凸棒石单个晶体直径为 30 ~ 50nm，属于纳米矿物,凹凸棒石黏土属于纳米矿物资源。凹凸棒石具有发育的蜂窝状晶体内孔孔道,孔道直径为 $0.38nm \times 0.63nm$,氮气分子难以进入凹凸棒石晶体孔道内部,因此通常 BET-N_2 吸附测得的比表面积是凹凸棒石的外表面积。用 BET-N_2 吸附法测得的沉积型纯凹凸棒石外表面积表面积为 $210 \sim 250m^2/g$。凹凸棒石内孔孔道选择性吸附水蒸汽、氨气等极性水分子,具有分子筛的特性。由于凹凸棒石孔道较小,除了水、氨气等极性小分子外,很多分子、离子,尤其是有机污染物都难以进入凹凸棒石晶体孔道。因此,包括油脂脱色、糖液中色素净化、水中有机污染物净化等,都是凹凸棒石晶体外表面吸附发挥了重要作用,是凹凸棒石纳米效应的体现[27]。

由于凹凸棒石晶体结构硅氧四面体位置铝替代硅的量很少,八面体片中既有二价离子(Mg),又有三价离子(Al、Fe),属于二八面体和三八面体之间的过渡类型,通过八面体片中的离子空位平衡电荷,因此,凹凸棒石晶体结构电荷很低,具有较低的离子交换容量,这与蒙皂石族矿物有巨大的差别,这使凹凸棒石黏土泥浆具有蒙皂石泥浆无法比拟的抗盐性质。高度分散的纳米棒状凹凸棒石晶体在水悬浮液中在静置条件下构成端—面接触、晶体交织的胶体体系,提高悬浮液黏度;在搅动剪切力作用下打破端—面接触、改变交织状态,降低悬浮体系黏度。凹凸棒石棒状晶体排列方式受温度、盐度影响较小,这是凹凸棒石在水悬浮体系中具有增稠触变的本质原因。凹凸棒石胶体性能的认识为凹凸棒石在增稠触变胶体体系的应用奠定了理论基础。

根据理论计算和电位滴定实验测定,凹凸棒石等电点 pH 值为 $4.5 \sim 5.0$,通常地表环境的中性水溶液中凹凸棒石表现为带负电荷。凹凸棒石具有较高的表面积,表面沟槽和表面断键在水中水化形成丰富的表面基团,包括 Si-OH、Mg-OH、Al-OH、Fe-OH;Si-O^-、Mg-O^-、Al-O^-、Fe-O^-;Si-OH_2^+、Mg-OH_2^+、Al-OH_2^+、Fe-OH_2^+。这些表面基团与水中的各类离子、有机物发生广泛复杂的界面作用。^{29}Si 核磁共振分析结果显示凹凸棒石表面存在丰富的 Q^2(SiOH)基团。认识凹凸棒石表面基团及其反应活性对理解凹凸棒石表面吸附、表面酸碱性质至关重要,指导凹凸棒石表面改性、纳米复合材料开发研究。

酸活化是凹凸棒石加工的重要方法。从纳米尺度对凹凸棒石与酸反应过程的研究揭示了凹凸棒石与酸反应的机制,为凹凸棒石黏土酸活化和精细产品开发奠定了理论基础。酸活化过程中质子与凹凸棒石八面体片阳离子镁、铝、铁交换反应,八面体片中镁、铝、铁阳离子部分溶解进入溶液,并且由于镁、铝、铁在八面体片中的分布不同和化学键强不同,镁离子优先溶解。八面体片中阳离子溶解程度取决于酸浓度、反应温度和时间。随着八面体片镁、铝、铁溶解增加,固体中硅富集。凹凸棒石的比表面积随着酸活化表现为先增加后降低的趋势,八面体阳离子的部分溶蚀,凹凸棒石出现大量孔道之间的贯穿孔隙,提高了晶体孔道开放度,从而增大比表面积,同时增加了 SiOH 基团的数量和比例,改变了凹凸棒石的表面性质。完全溶解掉八面体片后残余的固体物质为非晶态 SiO_2,保留凹凸棒石假象形貌,称之为纳米棒状活性二氧化硅。

基于凹凸棒石物理化学特性的认识和理解，提出了凹凸棒石黏土的开发和应用研究要充分利用凹凸棒石的吸附性质、胶体性质、补强性质和载体性质四大特性。补强性质是基于凹凸棒石纳米棒状形态，具有较大的长径比，高度分散的纳米凹凸棒石在橡胶和塑料制品中具有纤维材料的增强作用。少量凹凸棒石纳米晶体加入到塑料母料中可以调控高分子熔融体结晶度和冷却速率的作用，改善热熔型塑料制品的微观结构和成型效率。载体性质是基于凹凸棒石具有较大的比表面积、带负电荷的特性和表面微弱的碱性以及共生的碱性物质白云石，具有诱导金属盐类水解的作用，由于带正电荷的金属氢氧化物纳米团簇与带负电荷的凹凸棒石纳米棒胶体颗粒的互相作用，水解形成的金属氢氧化物纳米团簇极易在凹凸棒石晶体表面均匀分散负载，并抑制衍生金属氧化物活性组分生长。凹凸棒石作为活性组分的载体在传质和反应活性协同方面具有巨大的空间。

5. 理解凹凸棒石热处理结构和性质演化

凹凸棒石中含有外表面吸附水、孔道内沸石水、结晶水、结构水。外表面吸附水和沸石水脱除温度有重叠，峰值温度在110℃左右，而结晶水在250℃～650℃区间分两阶段脱水。第一阶段大约在250℃～400℃脱出二分之一结晶水，可以称之为半水凹凸棒石。凹凸棒石脱出一半结晶水后结构发生折叠，XRD衍射图谱上的突出特征是在（110）衍射峰显著减弱，并在其右侧临近位置出现一个弱的新衍射峰。半水凹凸棒石遇水后失去的结晶水可以重新恢复，表现出结构记忆效应，XRD衍射图谱上的突出特征是在（110）衍射峰强度比原始凹凸棒石增强，折叠峰消失。第二部分结晶水脱除温度与结构水脱除温度有重叠，温度区间在400℃～650℃，完全脱水的凹凸棒石可以称之为凹凸棒石酐。完全脱水后结构转变为无序的非晶状态，但是凹凸棒石中的硅氧链仍然保持，保持凹凸棒石假象形貌。温度高于800℃凹凸棒石假象形貌才开始出现收缩，棒状形貌逐步转变为球形聚集体，非晶态结构逐步转化为顽火辉石和方石英的聚集体。由于700℃以下凹凸棒石的形貌没有显著的变化，比表面积基本维持不变。

凹凸棒石结构中铝主要以六配位形态存在，存在少量四配位形态。热处理温度在500℃以下时，凹凸棒石铝配位没有发生明显地变化。当热处理温度达到500℃时，^{27}Al核磁共振谱峰发生了明显变化，在化学位移23.25ppm处出现一个新的峰，属于五配位铝的谱峰。表明凹凸棒石经过500℃煅烧，开始出现五配位铝形态。经过500℃热处理的凹凸棒石，四次配位铝明显增加，并且尚存在两种不同的位置，表明虽然凹凸棒石结构在向非晶化转变，但是结构有序性并没有完全破坏。热处理温度高于800℃时铝的六配位和五配位全部消失，铝仅以四配位形式存在。

热处理凹凸棒石对NH_3和SO_2的吸附主要有两种：物理吸附和表面酸碱吸附位的化学吸附。50℃～150℃热处理凹凸棒石对NH_3的吸附量高于同等条件下对SO_2吸附量，鉴于NH_3和SO_2都是可以进入凹凸棒石内孔道的小分子，因而考虑这种吸附差异应该归因于其吸附机理。假设NH_3分子进入凹凸棒石内孔道，占据了在150℃完全脱出的沸石水的位置，此时的 NH_3 可以通过与结晶水形成的 H– 键而吸附，而 SO_2 则不可能通过 H– 键吸附；此外凹凸棒石晶体内存在大量的羟基集团使得凹凸棒石表面的酸性吸附位多于碱性吸附位。凹凸棒石对 NH_3 的吸附既有弱酸性位的吸附，又有强酸性位的吸附。当煅烧温度达到 200℃时，热处理凹凸棒石脱附曲线上的 NH_3 弱酸性吸附位都基本消失，由此可见凹凸棒石表面的酸性吸附位与其孔道结晶水有很大的关系。

凹凸棒石中各类水脱除、结构和形貌、物理化学性质变化为凹凸棒石热活化处理、各类产品加工热工过程设计提供了理论支撑。

6. 凹凸棒石黏土加工技术取得突破

虽然凹凸棒石属于纳米晶体，但是天然凹凸棒石黏土一方面存在石英、长石、蛋白石、白云石等各种矿物杂质，杂质存在影响凹凸棒石特性的发挥，在一些方面的应用剔除少量的非黏土矿物杂质是必须的操作。天然沉积凹凸棒石多呈现晶束聚集态，一方面晶体聚集影响到凹凸棒石纳米特性的体现，解聚分散可以大幅度提高凹凸棒石黏土的应用性能；另一方面凹凸棒石晶束没有解聚，就不能形成稳定的悬浮液，很难通过重力或者离心力促使凹凸棒石与非黏土矿物颗粒分离。因此为了凹凸棒石黏土的提纯目标，必须首先实现凹凸棒石晶束解聚、分散，然后再进行离心分离提纯。

围绕凹凸棒石黏土晶束解聚分散，很多单位开展了长期的探索研究。盱眙博图凹凸棒石科技有限公司李晓棠高级工程师首先采用了从高速搅拌到超声的预处理方法，发现解聚分散效果不理想。合肥工业大学陈天虎课题组提出了强碱溶液处理，一方面提高无定形 SiO_2 的溶解度降低胶结作用力；另一方面强碱性溶液中浸泡、陈化凹凸棒石黏土提高凹凸棒石晶束晶体表面负电荷密度，增加晶体之间的静电排斥了，而后通过高速搅拌提高晶束解聚分散效果。淮阴工学院金叶玲、陈静课题组采用冻融处理和喷爆来解决凹凸棒石晶束解聚问题。中国科学院兰州化学物理研究所王爱勤研究员课题组通过高压均质处理、溶剂热处理来提高凹凸棒石晶束解聚分散效果取得了较大进展，在江苏省产业化项目支持下完成凹凸棒石黏土解聚分散提纯中试实验，并集成研究成果在科学出版社出版了《凹凸棒石棒晶束解离及其纳米功能复合材料》。

凹凸棒石黏土用于生产油脂脱色剂是其主导产品之一。在对凹凸棒石微观结构、物理化学性质等理论研究成果的指导下，发明了低酸半干法活化生产活性白土新工艺，解决了湿法生产活性白土物料脱水干燥困难、耗水量大、能耗高、环境污染严重的问题，该项活性白土生产技术在凹凸棒石黏土加工企业得到普及应用，也于 2014 年度获得国家发明二等奖。

7. 凹凸棒石黏土应用研究广泛拓展

以凹凸棒石酸活化和凹凸棒石油脂脱色理论成果为支撑，发展完善了凹凸棒石黏土低酸半干法制备活性白土技术，以形成与之配套的油脂脱色技术与装备，在国内完成活性白土生产与油脂脱色技术升级；以凹凸棒石热处理脱水过程和吸附理论研究为依据，在优化造粒成型工艺、热工制度的基础上，形成完善的中空玻璃干燥剂生产技术和装备，已经逐步替代中空玻璃干燥剂传统材料 3A 分子筛，在未来倡导节能、低碳、环保的社会环境中，基于凹凸棒石黏土的中空玻璃干燥剂存在巨大的市场空间[28]。通过差动对辊剪切挤压、氧化镁等添加剂增粘技术，用凹凸棒石黏土制备高粘剂产品，用于沸石分子筛造粒、控失肥添加剂已经占据较大的市场。

在探索凹凸棒石新领用的应用方面也获得大量研究成果，杨华明课题组在凹凸棒石与金属（氧化物）纳米复合材料制备及其催化活性方面开展深入工作；王爱勤课题组研究凹凸棒石黏土及其改性后的吸附作用，制备了系列基于凹凸棒石的类玛雅蓝颜料；常州大学姚超课题组研究了半导体氧化物、聚吡咯等包覆凹凸棒石方法及其催化、导电性能，开发了系列导电涂料。陈天虎课题组开发了系列凹凸棒石 – 氧化物纳米复合技术，探讨了复合材料在光催化、催化氧化 VOCs、催化选择性氨还原 NO、催化裂解生物质焦油等方面的效能。另外，利用低品位凹凸棒石矿石开发重金属污染土壤修复剂、废水除磷吸附剂、化肥抗结块添加剂、农药分散剂、饲料抗霉菌毒素吸附剂、造纸助留剂、电焊条药品等领域得到广泛应用。

（二）我国发展趋势与对策

1. 高品质凹凸棒石黏土加工和新领域应用

原料特征：凹凸棒石含量大于 85%，主要杂质为微米级碎屑石英、长石，以及少量自生蛋白石和白云石。加工产品：系列凹凸棒石纳米材料及衍生材料。技术关键：凹凸棒石平行连生呈现晶束结构，关键是促使晶束解聚。技术路线：湿法解聚分散、提纯、改性、纳米复合。未来凹凸棒石纳米材料有潜力的应用主要在以下几个方面：

1）塑料注塑成型结晶促进剂。凹凸棒石与塑料粒子复合（含量 5% ~ 10%）的塑料母粒，凹凸棒石在最终塑料制品中添加量 0.2% ~ 0.3%。其功效是促进塑料注塑成型过程中结晶速度，调制塑料晶体结构，提高热塑性塑料强度，提高成型效率 200% ~ 300%，对于我国每年 7000 万吨的塑料制品而言，凹凸棒石塑料注塑成型结晶促进剂应用前景巨大。

2）锂离子电池阳极隔膜用纳米棒状活性二氧化硅。盐酸溶蚀掉凹凸棒石晶体结构八面体中的镁、铝、铁后，保留凹凸棒石的晶体假象形态。在锂离子电池阳极隔膜材料中添加凹凸棒石制备的纳米棒状活性二氧化硅电池性能优良，在应用于锂离子电池隔膜材料中已获重要进展。

3）高级润滑脂添加剂。解聚分散提纯制得的凹凸棒石纳米材料，经过有机改性获得亲有机的材料，添加到固体润滑中。其功能是：具有触变作用，纳米颗粒润滑减磨作用，纳米富镁矿物对气缸磨损的自修复功能。

4）高分子材料导电添加剂。解聚分散提纯制得的凹凸棒石纳米材料，经过包覆导电增强纳米粒子，获得导电增强材料，凹凸棒石棒状晶体包覆导电增强纳米粒子后，在塑料等聚合物中构成三维导电网络，降低材料的电阻率，消除静电危害[32]。

5）类玛雅蓝颜料。凹凸棒石与靛蓝及其相近的有机染料分子复合形成的一类颜料。有机染料分子与凹凸棒石发生强化学结合，类玛雅蓝颜料具有耐酸碱、耐老化的优点。可用于艺术作品颜料、古建筑修复、建筑装修等。

2. 蛋白石凹凸棒石黏土干法选矿与综合利用

干法选矿工艺：依据凹凸棒石与蛋白石水理性质不同，人工强化干湿交替风化，通过自破碎、选择性破碎、筛分把物料分成两部分——富凹凸棒石物料和富蛋白石物料。

富凹凸棒石物料加工产品和应用：①催化剂净化VOC—甲醛吸附剂。凹凸棒石纳米复合钙钛矿等活性组分，具有对VOC强吸附、催化氧化作用。可用于高温烟气中VOCs深度净化，也可用于室内环境甲醛等VOCs净化。②泡沫驱采油泡沫稳定剂。泡沫驱是新的采油技术，正在各大油田推广应用。在地下深层较高温度、压力下泡沫具有较高的稳定性，是泡沫驱采油的关键。由于凹凸棒石属于纳米棒状晶体、具有较高的热稳定性，耐盐、耐热的独特胶体性能，凹凸棒石纳米材料在泡沫驱采油泡沫稳定剂领域具有很大应用前景。③中空玻璃干燥剂、油脂脱色吸附剂。凹凸棒石的突出特性是既有巨大的内表面，又有很大的外比表面积。吸附性是凹凸棒石的突出特性之一。中空玻璃干燥剂、油脂脱色吸附剂产品是凹凸棒石最主要的两大主导产品。

富蛋白石物料加工产品和应用：①液体水玻璃。富蛋白石物料中主要组分是蛋白石，少量的凹凸棒石。蛋白石主要是Opal-CT，少量的OpalA。Opal-CT呈现叶片状，具有较高的碱反应活性，可以通过氢氧化钠水热溶解。研究已经证明富蛋白石物料生产水玻璃的可行性，并优化出最佳工艺参数。②合成沸石分子筛。富蛋白石物料氢氧化钠水热碱溶生产的液体水玻璃，再按照比例加入富铝原料，混合液水热合成沸石分子筛。

3. 白云石凹凸棒石黏土加工和新领域应用

白云石凹凸棒石黏土应用：①颗粒化除磷吸附剂，富营养化水处理；②颗粒化重金属固定剂，处理含重金属废水[29-30]；③土壤修复剂，土壤Cd、Pb原位钝化[31]；④酸泄漏应急处理剂和酸性气体处理剂，主要是加工系列环保材料，关键技术是颗粒粒径与热活化温度、时间耦合，实现目标物相组合和纳米结构化。

4. 蒙脱石凹凸棒石黏土加工和新领域应用

主要加工产品是吸附剂、黏结剂系列产品。关键技术是提高复合体分散度，实现凹凸棒石棒与蒙脱石篇层形成卡房式纳米结构[33]。

蒙脱石凹凸棒石黏土应用：①催化石油脱烯烃。复合纳米活性组分，提高催化剂脱烯烃性能和催化剂[34]寿命，替代现有的膨润土制备的颗粒白土用于石化行业。②饲料中玉米烯酮毒素吸附剂：饲料中玉米烯酮毒素存在不仅会影响养殖动物食欲、健康发育、养殖效益，而且影响食品安全。降低饲料霉变毒素危害的措施是添加玉米烯酮毒素吸附剂。蒙

脱石凹凸棒石黏土具有属于凹凸棒石蒙脱石天然混合矿石，加工后形成复合材料，兼具两种矿物的特性，具有很强的吸水膨胀性，在动物胃部可以迅速崩解分散，适于饲料添加剂使用。

六、海泡石黏土矿物材料

（一）国内外主要研究进展

环保吸附剂、建筑材料、催化剂载体、海泡石/聚合物复合材料、增稠剂、造纸添加剂应用研究是当前海泡石黏土矿物材料的主要研究前沿，近年来在国内外都取得了一系列重要进展。

1. 环保吸附剂

土壤重金属污染治理：研究表明，海泡石能抑制空心菜对镉的吸收，降低空心菜植株体内镉的浓度，显著促进空心菜的生长，同时，由于海泡石具有很大的表面积和较大的吸附量，可降低土壤镉的有效性。但海泡石吸附量有限，单独使用效果不理想。海泡石作与磷肥、生物炭和硅肥复配对镉污染酸性水稻田进行原位修复，结果表明海泡石及其复配处理降低了土壤中镉的生物有效性，明显降低了糙米中镉含量，能不同程度增加土壤中碱解氮及有效磷含量，对于作物生长有益。海泡石与碳酸钙复合作为改良剂对重金属污染稻田土壤进行修复，结水稻糙米中 Pb 和 Cd 含量分别降低 26.7% ~ 66.7%、59.1% ~ 80.3%，降低效果随改良剂的添加而增大。随着时间的延长，改良剂对土壤中的重金属具有更稳定的钝化效果。

大气污染治理：海泡石作为吸附剂用于去除有害气体中的氨气、甲醛、硫化物等污染物表现出较好的效果。海泡石作为载体复合 CuO 催化 CO 还原 NO_x，用于汽车尾气中 NO_x 净化。海泡石作为催化剂载体与等离子体协同作用对柴油机尾气炭黑颗粒物进行吸附净化[35]。

2. 建筑材料

海泡石自调湿材料：海泡石具有发育的内孔孔道和极强的吸水性能，吸附水量可以随空气湿度变化。当室内环境湿度低时，海泡石孔道内的水释放出来增加空气湿度；当室内环境湿度高时，环境中的水气分子进入海泡石孔道内而降低室内空气湿度。

海泡石保温隔热材料：以海泡石为主要原料辅以助剂，经发泡复合面而成。其显著特点是导热系数小，温度使用范围广，抗老化、耐酸碱，轻质、隔音、阻燃等。用海泡石、膨胀珍珠岩和氧化铝纤维制得墙体保温材料，导热系数为 0.055W/（M·K），抗压强度为 2.1MPa，容重为 200.9kg/m³，吸水率为 2.03%，满足保温材料对导热系数、抗压强度等指数的要求。

海泡石防火涂料：海泡石因其良好的耐高温性被广泛应用防火阻燃涂料中。将 2.5% 的海泡石添加到水性防火涂料中，涂层受热形成了致密的膨胀炭层，耐火时间为 2490s，比不含黏土的防火涂料的耐火时间长 670s。水性膨胀防火涂料的膨胀炭层强度、防火性能得到了很大改善[36]。

3. 催化剂载体

海泡石具有纤维状形貌、巨大的比表面积、表面反应活性，是理想的催化剂载体[37]，并发挥协同催化作用。海泡石纤维负载催化剂的制备方法主要有四种：

水热（晶化）–还原法：在高温高压下沉积金属盐类、高温下盐类分解及在氢气气氛中金属氧化物还原等一系列过程制备金属/海泡石催化剂的一种方法。不溶或难溶于水的金属盐在高温高压下通过溶解或反应生成该物质的易溶产物并在达到一定过饱和度时开始结晶、生长，这就是金属盐的水热晶化。随后再将海泡石负载晶体在高温下热分解为相应的金属氧化物，再通入氢气进行高温还原，便得到了附着有金属晶体颗粒的金属/海泡石催化剂。

微乳液—海泡石浸润法：微乳液通常是由表面活性剂、助表面活性剂、油、水组成的透明的各种相同性质的热力学稳定体系。将海泡石载体加入到已有超微粒子的微乳液体系中，强力搅拌一段时间使得浸渍吸附均匀、完全，然后真空干燥去除溶剂，再经高温煅烧除表面活性剂，最后用氢气还原金属氧化物制得超微金属/海泡石催化剂。

溶胶法：溶胶又称分散胶体，是粒径为 1～100nm 分散相细小粒子分散在介质中形成的分散物系。该方法是将制备的金属单只胶体在超声分散的条件下，分散于改性海泡石上，可得到分布均匀的超微细金属/海泡石复合催化剂。

浸渍还原法：金属盐类溶液浸渍于海泡石后，在高温煅烧条件下生成氧化物，再在氢气气氛中高温还原，就制备成了金属/海泡石催化剂。此方法的优点是金属负载量大、颗粒小、分布均匀，催化剂活性较高。缺点是抗毒化及耐老化能力较差。浸渍方法及顺序的选择有时可能对催化性能产生较大的影响。

4. 海泡石/聚合物复合材料

聚合物基纳米复合材料是以聚合物为基体，填充颗粒以纳米尺度（小于 100nm）分散于基体中的新型复合材料[38]。海泡石作为一种增强配合剂，其具有针状晶体形貌，表面含有极性官能团和 Lewis 酸，可广泛用于制备多功能无机/有机复合材料。常用的无机/有机复合材料制备方法有五种：

层间聚合法：该法包括三种具体实施方法。溶液插层法，用于水溶性聚合物黏土插层。原位插层聚合法，用来制备多种聚合物复合材料。熔融插层法，将黏土矿物与聚合物熔融共混形成纳米复合材料。

层间化学法：利用层间化学法制备柱撑黏土，是实现天然黏土矿物材料作为催化剂应用的主要途径之一。

共混法：可分为溶液共混法、乳液共混法、机械共混法、熔融共混法等。无机纳米粒子作为填料，可以更好地改善高分子材料的综合性能，但由于纳米粒子具有非常强的团聚

趋势而难以在聚合物中分散，故需通过无机纳米粒子表面改性以解决其在聚合物中的均匀分散。

纳米孔复合体新材料的合成：利用天然非金属矿物的纳米孔径结构特性，把具有不同功能特性的纳米物质组装到其孔洞之中，形成物理化学性能独特的纳米孔复合体新材料，其既不同于纳米孔固体的基体材料，也不同于被组装的纳米物质性能。制备方法是离子交换法、吸附法以及其他方法。

5. 增稠剂

海泡石良好的流变性可作为增稠剂、悬浮剂和触变剂应用于化妆品、肥皂、油漆、牙膏、涂料等行业。把海泡石加入到化妆品中作增稠剂和触变剂，可使乳膏状化妆品具有适中的黏度及良好的保水性能。López-Galindo A[39-41]对海泡石等天然矿物作为添加物制备护肤品制定了最佳用量等商业标准。

6. 造纸添加剂

海泡石具有较好的耐高温性能，与玻璃纤维混合抄造耐高温纸时，耐高温纸各项强度性能指标良好。在承受600℃左右的高温后，纸页内部结构及外观颜色无任何变化[42]。海泡石同时具有较强的阻燃性能，在制作阻燃纸中作为添加物，既可以降低成本又能提高纸的阻燃性能。海泡石内、外比表面积都很大，具有很强的吸附能力。针叶木纤维或者棉纤维中添加一定量的海泡石，可用来生产高吸附性能的滤纸[43]。海泡石的平行纤维隧道孔隙使其能吸收相当于本身质量200%～250%的水，这种强大的吸水能力可以用于生产卫生巾纸、纸尿片等吸水性能要求较高的纸种，并且海泡石无任何毒害作用，不会引起皮肤过敏。此外，海泡石还可用于鞭炮纸、香烟过滤纸、无碳复写纸、保鲜纸、精密仪器包装纸、绝缘纸、防腐包装纸等的生产[44]。

（二）我国发展趋势与对策

目前，国内外对于海泡石的应用主要局限于水处理、作为环保建材的原料这两个方面，海泡石的吸附性能已经得到充分的研究和应用。未来海泡石的发展方向应着眼于纳米复合材料的制备、生物医学和环境保护领域的应用。

1. 海泡石纳米复合材料

海泡石作为具有纳米孔道的天然矿物，经加工制得的纳米纤维不仅保留了原有的性能，还展现了其他优异性能。复合材料具有复杂多样的性能，局限性小，能够灵活应用在各个领域中。为了提高复合材料的性能，制备过程添加的物质多为有机物，成本高，环境负荷大。未来复合材料的发展不应仅局限于性能的多样化，更要符合环境协调原则。海泡石纳米纤维无环境压力，它的引入在保证材料原始性能不改变的同时，还具有提高性能或引入新的性能的特点，丰富了复合材料的应用。目前研究的海泡石复合材料多集中于有机复合材料，海泡石无机复合材料具有很大的发展潜力。而海泡石纳米纤维的制备以及纳米复合材料的合成则是海泡石纳米复合材料的研究重点^[45]。

2. 生物医药载体

由于海泡石的特殊孔道结构和巨大的比表面积，是良好的载体材料。目前，海泡石作为载体的研究主要集中于负载催化、水处理、制备复合材料等几个方面。海泡石对生物无毒无副作用的特点，可以被应用于生物医药的载体。在海泡石孔道内负载药物，通过改性使海泡石具有磁性，通过靶向作用将药物送达靶细胞，提高药物疗效。它的吸附作用还可以用作特殊医药的缓释剂，既可以减少药性剧烈药品的副作用，也有利于在较长时间内维持体内有效的药品浓度。在制药工业中，海泡石还可以作为离子交换剂、净化剂、发亮剂使用。

3. 海泡石复合催化剂

海泡石优异的吸附性和价廉等特点可被应用于污染治理，海泡石作为吸附剂对水污染、土壤污染和大气污染的治理都有显著的效果，应该更多的开发海泡石作为环保材料的功能。海泡石可以作为载体负载有机物的降解剂，可应用于被污染的水体、土壤中^[46]。海泡石的缓释作用可以长时间释放降解剂，使降解剂与污染物充分作用，将污染物转变为无污染物；吸附作用可将无法被降解的重金属污染物吸附。海泡石还可以尝试作为燃烧原料添加物，如添加至汽油或柴油中，利用吸附性能将燃烧原料中的有毒物质或可经燃烧产生有毒物质的原料进行吸附，将污染防治控制在原料而非产物^[47]。海泡石复合催化剂的研发，以及在环境保护方面的应用具有较大潜力。

七、埃洛石黏土矿物材料

（一）国内外主要研究进展

机械分散解聚、表面改性、化学刻蚀与利用、管状特性应用、纤维特性应用是当前埃洛石黏土矿物材料的主要研究方向，近年来在国内外都取得了一系列重要进展。

1. 机械分散、解聚

机械分散解聚主要是将一定固液比的埃洛石浆液转动呈环状流至产生强漩涡，分散盘边缘部位形成湍流区，使埃洛石浆液中的颗粒承受强烈的剪切力及冲击力，最终完成分散、润湿、解聚，并从上层液中得到形貌均匀和单分散的埃洛石纳米管。

2. 表面改性

利用硅烷偶联剂水解后的两亲性来实现对埃洛石改性目的。硅烷改性后的埃洛石能够更好地分散在环氧树脂中，有效提高复合材料的尺寸稳定性、弯曲性能和热分解残炭率，尤其是能大幅提高环氧树脂的储能模量。通过向埃洛石和天然橡胶的混合物中加入双—（三乙氧基硅丙基）四硫醚（Si-69）偶联剂改性埃洛石，可以对天然橡胶起明显的增强作用，其热稳定性也明显提高^[48]。

通过在埃洛石浆液中加入十二烷基硫酸钠（SDS）进行改性，SDS可在埃洛石的表面形成分子层，使得埃洛石表面具有极强的亲水性，基于大量DS离子的负电荷与埃洛石表面本身所带负电荷间的相互排斥作用，增强了埃洛石在水中的分散作用。在改性后的埃洛石水溶液中加入苯乙烯，并进行乳液聚合反应，可制备聚苯乙烯纳米球与少量埃洛石的复合物。利用阳离子表面活性剂十八烷基三甲基溴化铵对埃洛石黏土改性，可使其具有吸附利谷隆、草不绿、莠去津等农药的能力[49]。

3. 化学刻蚀与利用

先将埃洛石于高温下焙烧，再与碱溶液水热反应。焙烧使埃洛石转变成无定型结构，在碱溶液水热处理时，其中的 Si-O-Al 与 Na^+ 和 OH^- 发生反应，断裂的 Si-O 和 Al-O 组分与水和 Na^+ 反应，原位形成一种保持原有管状形貌的非晶相物质。最后通过酸浸过程，选择性地溶解 Al-O 和 Na-O 组分，使得产物的比表面积、孔体积以及孔径明显增大。通过该方法可获得比表面积高达 608 m^2/g 介孔 SiO_2 纳米管。

在熔盐体系中通过碱刻蚀埃洛石外壁的硅层，可制备表面粗糙且有缺陷的埃洛石纳米管。为避免 NaOH 的过量刻蚀，选择弱碱 Na_2CO_3 作为刻蚀剂与 $NaNO_3$（熔盐剂）相结合，固态刻蚀剂 Na_2CO_3 分散在 $NaNO_3$ 熔盐体系中均匀的与埃洛石纳米管反应，在其表面原位形成可溶的钠盐。反应后用去离子水洗涤去除可溶盐，获得表面粗糙的埃洛石纳米管。如将 Pt 纳米粒子负载在这种纳米管上，对选择性催化加氢反应表现出优异的催化性能。

4. 管状特性应用

埃洛石作为组装腔体：由于 HNTs 表面富含的羟基，在特定环境下可以作为酸性活性位点进行选择性负载，因此，HNTs 可以直接被用作组装腔体。利用 HNTs 的孔道结构，把催化活性材料负载或组装于 HNTs 管外层或管内腔，可获得具有很好的活性以及选择性能的催化剂。埃洛石本身化学性质稳定，不会对负载后的催化剂产生明显的影响，其管状形貌又将提供反应的内、外表面和扩散的通道，因此可知 HNTs 作为催化剂载体具有相当大的发展潜力[50-51]。

埃洛石作为气体通道：天然埃洛石的纳米管状结构和高长径比的优势，可能在气相催化复合材料提供气体通道。利用埃洛石的高结构稳定性和刚性管壁，可以阻止催化材料在高温下的烧结、失活等，降低复合材料在高温烧结下的结构形变，借以维持材料的高温使用性能稳定性。通过向气相催化材料中加入埃洛石形成杂化材料，天然纳米管起到气体通道的作用，将会明显增强催化剂的高温稳定性，并提高其催化能力，延长催化寿命。

埃洛石作为选择性负载基体：利用埃洛石管外带微弱负电荷、管内带正电荷的特性，在埃洛石管内、外负载纳米粒子，可制备各种复合功能材料。如通过简单的浸渍技术，将 Ag 纳米颗粒负载在埃洛石纳米管内腔或外表面[52]。

5. 纤维状特性应用

埃洛石具有一定长径比，在陶瓷领域具有纤维增强功能，与填充剂、流平剂混合后具有骨架支撑结构,从而可以显著提高坯体强度;在烧结后形成的棒状晶体也能提高产品在不同温度下的力学性能,是制备超薄精细陶瓷的优质原料[53]。

HNTs 能够在橡胶中比较均匀分散,具有显著的补强效应,还能提高橡胶材料的热分解稳定性,改善橡胶的耐热氧老化性能和耐磨耗性能。埃洛石在环氧树脂微裂隙处起到桥梁的作用,增强复合材料的强度。但是,在橡胶中不能与橡胶分子链发生大量有效缠结,限制了其补强效果。通过硅烷偶联剂、离子液体等改性能够在一定程度上促进 HNTs 在聚合物基体中的分散,获得更好的界面黏结,改善复合材料的加工性能和综合性能。经过硅烷表面处理的 HNTs 可以用于制备高性能聚合物 /HNTs 复合材料,通过氢键作用在聚合物基体中构筑无机 / 有机杂化网络也能够促进 HNTs 在聚合物基体中分散,当添加一定的改性剂,可促进 HNTs 在橡胶基体中的取向,进而大幅度提高复合材料的拉伸和弯曲性能[54]。

在塑料产品中加入 HNTs,能显著提高产品的机械强度、热性能和阻燃性能。将 HNTs 加入到 PP 中,大大提高了复合材料的力学强度,而延展性并没有明显降低。在 PA6 中添加质量分数为 2% 的 HNTs 就能明显增加 PA6 的杨氏模量;当 HNTs 的质量分数为 30% 时,PA6 的杨氏模量增加 90%。HNTs 还能与多种具有共轭结构的有机分子发生电子转移相互作用,含有特殊团聚体的 PP/HNTs/EPB 复合材料表现出比 PP/HNTs 复合材料更高的力学性能。HNTs 表面羟基在树脂固化过程中与固化剂的氰酸酯基团发生化学键合反应,这种界面反应能使 HNTs 均匀分散在树脂基体中,杂化材料的机械性能和尺寸稳定性明显高于纯的树脂。HNTs 的加入使得 PVA 的玻璃化转变温度稍降低,还能抑制 PVA 主链的降解,对 PVA 具有很好的补强效应[55]。

在高分子凝胶中,HNTs 可作为各种聚合物材料的改性助剂。多糖在应用过程中力学强度差,耐水性差等缺陷,埃洛石纳米管的加入可以增加可塑性多糖复合材料的密度,降低其水蒸气透过率;还可以提高复合材料的抗拉伸强度、降低断裂伸长率、提高热稳定性等。将埃洛石引入胺化壳聚糖 / 藻朊酸盐体系中,可提高复合材料的抗压强度。埃洛石作为辅料添加到微丸制剂中,可以改善凝胶的网络结构、提高微丸的稳定性、溶胀性及药物释放速率[56]。

(二)我国发展趋势与对策

以埃洛石为典型进行矿物基复合功能材料的研究不仅能推动埃洛石在复合功能中的应用,也能在一定程度上提高埃洛石的附加值,进而提升我国黏土矿物资源的整体经济价值。基于埃洛石矿物特性的复合功能材料的研究,实现埃洛石矿物资源的多元化、高值化和功能化利用,有望为非金属矿物功能材料的重要研发方向之一。矿物功能材料的研究都离不开结构、形貌、表面三者间的关系,因为埃洛石是同时在以上三种因素中都有特殊性质的矿物,以它为典型进行研究具有一定的代表性。未来的研究可从以下方面展开[57-60]:

(1)如何将埃洛石矿物中的杂质通过有效手段转变成有用的促进成分,这将是今后以

埃洛石作为原料直接合成功能材料的重要方向。

（2）埃洛石作为一种重要的资源，传统的陶瓷、橡胶领域依然是埃洛石基复合材料的研究重点，另外，埃洛石在生物医药、能源、生态环境等领域的研究是目前的热点。

（3）拓展埃洛石对具有不同功能特性的纳米粒子的组装研究，分析纳米颗粒的种类、尺寸和形貌特征对矿物复合材料的性能的影响，开展特殊光、电、磁、声、热、化学性质等的纳米颗粒/埃洛石复合功能材料制备及其作用机理的研究。

（4）研究埃洛石基复合功能材料的组装特性与界面效应，揭示复合功能材料的界面特性，从而为矿物功能材料设计与开发的提供理论依据。

（5）加强埃洛石复合功能材料的应用开发，深化研究材料的稳定性及结构—性能的关系和产品的应用特性，实现矿物材料新产品的研究—开发—应用的完整研发，实现产业化生产和应用。

参考文献

［1］ J M Delgado-Saborit. Natural Environment Research Council［J］. Nature, 2009, 206（10）: 320–321.

［2］ Komori Y, Sugahara Y, Kuroda K. A kaolinite–NMF–methanol intercalation compound as a versatile intermediate for further intercalation reaction of kaolinite［J］. Journal of Materials Research, 1998, 13（4）: 930–934.

［3］ 刘钦甫, 左小超, 张士龙, 等. 置换插层制备高岭石——甲醇复合物的机理［J］. 硅酸盐学报, 2014, 42（11）: 1428–1434.

［4］ Guerra D L, Oliveira S P, Silva R A S, et al. Dielectric properties of organofunctionalized kaolinite clay and application in adsorption mercury cation［J］. Ceramics International, 2012, 38（2）: 1687–1696.

［5］ Yang S Q, Yuan P, He H P, et al. Effect of reaction temperature on grafting of γ–aminopropyl triethoxysilane（APTES）onto kaolinite［J］. Applied Clay Science, 2012（s62–63）: 8–14.

［6］ Sas S, Danko M, Lang K, et al. Photoactive hybrid material based on kaolinite intercalated with a reactive fluorescent silane［J］. Applied Clay Science, 2015（108）: 208–214.

［7］ S Zhang, Q Liu, H Cheng, et al. Intercalation of γ–aminopropyl triethoxysilane（APTES）into kaolinite interlayer with methanol–grafted kaolinite as intermediate［J］. Applied Clay Science, 2015（114）: 484–490.

［8］ 高莉, 谷宁杰, 姬万滨, 等. 十二烷基胺/高岭石插层复合物的合成及其表征［J］. 青海大学学报, 2012, 30（5）: 6–9.

［9］ 刘钦甫, 李晓光, 郭鹏, 等. 高岭石–烷基胺插层复合物的制备与纳米卷的形成［J］. 硅酸盐学报, 2014, 42（8）: 1064–1069.

［10］ Yuan P, Tan D, Annabi-Bergaya F, et al. From platy kaolinite to aluminosilicate nanoroll via one–step delamination of kaolinite: Effect of the temperature of intercalation［J］. Applied Clay Science, 2013, 83–84（10）: 68–76.

［11］ 刘钦甫, 王定, 郭鹏, 等. 季铵盐–高岭石系列插层复合物的制备及结构表征［J］. 硅酸盐学报, 2015（2）: 222–230.

［12］ Batistella M, Caro-Bretelle A S, Otazaghine B, et al. The influence of dispersion and distribution of ultrafine kaolinite in polyamide–6 on the mechanical properties and fire retardancy［J］. Applied Clay Science, 2015（116–117）: 8–15.

［13］ Stoyanov S R. Adsorption of Bitumen Model Compounds on Kaolinite in Liquid and Supercritical Carbon Dioxide

Solvent：A Study by Periodic DFT and 3D-RISM-KH Molecular Theory of Solvation ［J］. Energy Fuels, 2014.

［14］ Rodrigues L A, Figueiras A, Veiga F, et al. The systems containing clays and clay minerals from modified drug release：a review［J］. Colloids & Surfaces B Biointerfaces, 2013, 103（2）：642-651.

［15］ Cygan R T, Tazaki K. Interactions of Kaolin Minerals in the Environment ［J］. Elements, 2014, 10（3）：195-200.

［16］ Niu J, Qiang Y, Li X, et al. Morphology and orientation of curling of kaolinite layer in hydrate ［J］. Applied Clay Science, 2014（101）：215-222.

［17］ Li X, Liu Q, Cheng H, et al. Mechanism of kaolinite sheets curling via the intercalation and delamination process ［J］. Journal of Colloid & Interface Science, 2015（444）：74-80.

［18］ Zhou C H. Clay Minerals Research in China—A Special Issue as an Extension to The Workshop on Green Chemical Technology for Clay Minerals-derived Functional Materials and Catalysts［J］. Applied Clay Science, 2016（119）：1-2.

［19］ Zhang Z H, Zhu H J, Zhou C H, et al. Geopolymer from kaolin in China：An overview ［J］. Applied Clay Science, 2015（119）：31-41.

［20］ Geatches G L, Jennifer W. Ab initio investigations of dioctahedral interlayer-deficientmica：modelling polymorphs of illite found within gas shale ［J］. Eur Mineral, 2014（26）：127-144.

［21］ 吴小缓，袁鹏，彭春艳. 我国膨润土行业的发展现状、主要问题及合理建议［J］. 建材世界,2016,37（3）：27-30.

［22］ 王志明. 低品位膨润土矿离心机提纯工艺研究［J］. 中国矿业, 2013, 22（11）：88-91.

［23］ 李泓锐，董宪姝，樊玉萍，等. 膨润土的超声自然沉降提纯方法研究［J］. 中国粉体技术, 2016, 22（2）：68-77.

［24］ 王弘，黄丽，郭金溢，等. 膨润土的湿法钠化改型方法研究［J］. 黄金科学技术, 2012, 20（1）：89-93.

［25］ 宋天阳，年中锋，张金路，等. 微波辐射法钠化改型贫杂钙基膨润土的工艺研究 ［J］. 化学工程师, 2013, 213（6）：8-11.

［26］ 林涛，任建晓，殷学风，等. 建平钠化与锂化膨润土的性能对比［J］. 铸造技术, 2013, 34（6）：729-731.

［27］ Li J, Xu C, Zhang Y, et al. Robust superhydrophobic attapulgite coated polyurethane sponge for efficient immiscible oil/water mixture and emulsion separation ［J］. Journal of Materials Chemistry A, 2016, 4（40）.

［28］ Zhao X, Su Y, Liu Y, et al. Free-Standing Graphene Oxide-Palygorskite Nanohybrid Membrane for Oil/Water Separation ［J］. Acs Applied Materials & Interfaces, 2016, 8（12）：8247.

［29］ Yang F, Sun S, Chen X, et al. Mg-Al layered double hydroxides modified clay adsorbents for efficient removal of Pb^{2+}, Cu^{2+}, and Ni^{2+}, from water ［J］. Applied Clay Science, 2016（123）：134-140.

［30］ Wang X, Wang C. Chitosan-poly（vinyl alcohol）/attapulgite nanocomposites for copper（II）ions removal：pH dependence and adsorption mechanisms ［J］. Colloids & Surfaces A Physicochemical & Engineering Aspects, 2016（500）：186-194.

［31］ Yin H, Zhu J. In situ remediation of metal contaminated lake sediment using naturally occurring, calcium-rich clay mineral-based low-cost amendment ［J］. Chemical Engineering Journal, 2016, 285（C）：112-120.

［32］ Shen Z, Gao W, Li P, et al. Highly sensitive nonenzymatic glucose sensor based on nickel nanoparticle-attapulgite-reduced graphene oxide-modified glassy carbon electrode. ［J］. Talanta, 2016（159）：194.

［33］ Li X J, Yan C J, Luo W J, et al. Exceptional cerium（Ⅲ）adsorption performance of poly（acrylic acid）brushes-decorated attapulgite with abundant and highly accessible binding sites ［J］. Chemical Engineering Journal, 2016（284）：333-342.

［34］ Xiazhang, Chao, Shixiang, et al. $La_{1-x}Ce_xMnO_3$/attapulgite nanocomposites as catalysts for NO reduction with NH_3 at low temperature ［J］. PARTICUOLOGY, 2016, 26（3）：66-72.

［35］ Ying M, Zhang G. Sepiolite nanofiber-supported platinum nanoparticle catalysts toward the catalytic oxidation of formaldehyde at ambient temperature: Efficient and stable performance and mechanism［J］. Chemical Engineering Journal, 2016（288）: 70-78.

［36］ Pappalardo S, Russo P, Acierno D, et al. The synergistic effect of organically modified sepiolite in intumescent flame retardant polypropylene［J］. European Polymer Journal, 2016（76）: 196-207.

［37］ Ma Y, Wu X, Zhang G. Core-shell Ag@Pt nanoparticles supported on sepiolite nanofibers for the catalytic reduction of nitrophenols in water: Enhanced catalytic performance and DFT study［J］. Applied Catalysis B Environmental, 2016（205）.

［38］ Marrakchi F, Khanday W A, Asif M, et al. Cross-linked chitosan/sepiolite composite for the adsorption of methylene blue and reactive orange 16［J］. International Journal of Biological Macromolecules, 2016, 93（Pt A）: 1231-1239.

［39］ He X, Fu L, Yang H. Insight into the nature of Au-Au2O3, functionalized palygorskite［J］. Applied Clay Science, 2014, 100（2）: 118-122.

［40］ Wang W, Wang A. Recent progress in dispersion of palygorskite crystal bundles for nanocomposites［J］. Applied Clay Science, 2016（119）: 18-30.

［41］ Xie J J, Chen T, Xing B, et al. The thermochemical activity of dolomite occurred in dolomite-palygorskite［J］. Applied Clay Science, 2016（119）: 42-48.

［42］ Zhang Y, Zhang J, Wang A. From Maya blue to biomimetic pigments: durable biomimetic pigments with self-cleaning property［J］. Journal of Materials Chemistry A, 2016, 4（3）: 901-907.

［43］ Zou X H, Chen T H, Liu H B, et al. The performance of Fe_3Ni_8/palygorskite on catalytic cracking of toluene: Effect of preparation and reaction parameters［J］. Fuel, 2016.

［44］ Yuan P, Thill A, Bergaya F. Nanosized Tubular Clay Minerals: Halloysite and Imogolite［J］. Developments in Clay Science, 2016（7）.

［45］ Olivato J B, Marini J, Yamashita F, et al. Sepiolite as a promising nanoclay for nano-biocomposites based on starch and biodegradable polyester.［J］. Materials Science & Engineering C Materials for Biological Applications, 2017, 70（Pt 1）: 296-302.

［46］ Sturini M, Speltini A, Maraschi F, et al. Removal of fluoroquinolone contaminants from environmental waters on sepiolite and its photo-induced regeneration［J］. Chemosphere, 2016（150）: 686-693.

［47］ Sun Y, Xu Y, Xu Y, et al. Reliability and stability of immobilization remediation of Cd polluted soils using sepiolite under pot and field trials［J］. Environmental Pollution, 2016, 208（Pt B）: 739-746.

［48］ 范利丹, 张冰冰, 贺超峰, 等. 埃洛石的结构特性、表面改性及应用研究进展［J］. 材料导报, 2016, 30（3）: 96-100.

［49］ Zhang Y, Tang A, Yang H, et al. Applications and interfaces of halloysite nanocomposites［J］. Applied Clay Science, 2015（119）: 8-17.

［50］ Lvov Y, Wang W, Zhang L, et al. Halloysite Clay Nanotubes for Loading and Sustained Release of Functional Compounds［J］. Advanced Materials, 2016, 28（6）: 1227.

［51］ Tully J, Yendluri R, Lvov Y. Halloysite Clay Nanotubes for Enzyme Immobilization［J］. Biomacromolecules, 2016, 17（2）: 615.

［52］ Ghanbari M, Emadzadeh D, Lau W J, et al. Minimizing structural parameter of thin film composite forward osmosis membranes using polysulfone/halloysite nanotubes as membrane substrates［J］. Desalination, 2016, 377（3）: 152-162.

［53］ Biddeci G, Cavallaro G, Di B F, et al. Halloysite nanotubes loaded with peppermint essential oil as filler for functional biopolymer film［J］. Carbohydrate Polymers, 2016（152）: 548-557.

［54］丁勇，罗远芳，薛锋，等. 改性埃洛石复配聚磷酸铵对硅橡胶阻燃性能和力学性能的影响［J］. 高分子材料科学与工程，2017（10）.

［55］Aloui H, Khwaldia K, Hamdi M, et al. Synergistic Effect of Halloysite and Cellulose Nanocrystals on the Functional Properties of PVA Based Nanocomposites［J］. Acs Sustainable Chemistry & Engineering, 2016, 4（3）.

［56］Luo C, Zou Z, Luo B, et al. Enhanced mechanical properties and cytocompatibility of electrospun poly（1-lactide）composite fiber membranes assisted by polydopamine-coated halloysite nanotubes［J］. Applied Surface Science, 2016（369）：82-91.

［57］祝可成，查向浩，古丽戈娜，等. 硅烷偶联剂改性埃洛石/Fe_3O_4复合材料的制备及对$Sb \sim （5+）$的去除［J］. 水处理技术，2017（7）：65-70.

［58］吕灏，管俊芳，程飞飞，等. 埃洛石与绢云母协同增强丁苯橡胶［J］. 合成橡胶工业，2017，40（4）：286-290.

［59］马智，李英乾，丁彤，等. 埃洛石纳米管在生物医学应用中的研究进展［J］. 化工进展，2017，36（8）：3032-3039.

［60］姜鑫，张淑平. 埃洛石纳米管/壳聚糖复合材料的研究进展［J］. 应用化工，2017，46（3）：542-545.

撰稿人：刘钦甫　陈天虎　张　然　王　菲　欧阳静　梁金生
　　　　程宏飞　刘海波　谭秀民　徐博会　吴照洋　李晓光
　　　　张士龙　汤庆国　张　卉　张跃丹　谢晶晶

多孔矿物材料研究进展与发展趋势

一、引言

多孔矿物材料具有多孔材料属性。多孔材料一直备受国际物理学、化学与材料学界的高度重视，并迅速发展成为跨学科的研究热点之一。特殊的孔道结构决定了多孔材料具有孔道效应和表面荷电效应，被广泛应用于医药、化工、环保等领域。

多孔矿物材料是天然具有微纳米孔或热膨胀形成多孔的矿物统称。多孔矿物材料是根据天然矿物（岩石）的物理化学性质，进行提纯、改性等工艺，制备的一类具有多孔结构的材料。我国已知多孔非金属矿种有沸石、硅藻土、海泡石、硅藻岩、蛋白石、多孔硅质岩、多孔凝灰岩、浮石、火山渣等。其中，孔径在 0.1 ~ 100μm 范围内的微米级多孔非金属矿主要有硅藻土、轻质蛋白石、多孔硅质岩、多孔凝灰岩等。多孔材料化学稳定性好；孔结构相对稳定；耐热性好；具有高度开口、内连的气孔；几何表面积与体积比高；孔道分布较均匀，气孔尺寸可控。而多孔矿物材料内部孔结构的形态多种多样，有沸石、硅藻土和某些膨胀矿物（岩石）材料的三维孔道结构，蒙脱石、蛭石、石墨等的二维层状孔结构，也有凹凸棒石、海泡石、石棉等的一维柱状孔结构。

近年来，国内外多孔矿物材料的开发利用主要集中在以下几个方面。

（1）多孔矿物材料的吸附与过滤功能：天然多孔矿物特有的结构孔隙发育、比表面积大，在工业上得到大规模利用，如微孔的沸石、中孔的硅藻土、大孔的浮石等。多孔矿物表面有吸附气体或从溶液中吸附溶质的特性，如沸石、硅藻土、磷灰石等矿物晶体内有大量的孔道，能去除水中的有机物和油类物质，实现水环境的净化。沸石、凹凸棒石、海泡石、蛭石和蒙脱石等矿物是离子交换量最大的天然矿物，在脱色、去除重金属、制备抗菌材料等方面有独特功效。

（2）多孔矿物材料的载体功能：天然一维多孔海泡石族矿物，如海泡石和坡缕石等，可作为催化剂载体。此外，天然多孔矿物材料以其特殊的结构特征对 TiO_2 光催化性能具有促进作用。

（3）多孔矿物材料的健康环保功能：健康环保功能多孔矿物材料主要有调湿功能材料、防噪音功能材料、自调温节能建筑材料、废水处理与室内空气净化多孔矿物材料等。

（4）多孔矿物材料的保温节能和储能功能：保温节能功能多孔矿物材料主要有膨胀珍珠岩和膨胀蛭石保温隔热制品、硅藻土保温隔热制品、火山灰和凝灰岩保温隔热制品等。储能功能多孔矿物材料可以是某一种晶质材料，例如石墨，也可以是非晶态多孔的非晶态碳材料、不规则的多孔碳材料及规则孔径多孔分子筛材料。

本专题重点分析了应用领域广、开发前景大的多孔矿物材料，包括硅藻土、沸石、膨胀珍珠岩、膨胀蛭石以及蛋白土等，总结了多孔矿物材料近年来最新的研究进展，探讨多孔矿物材料研究的发展趋势与对策。

二、硅藻土矿物材料

硅藻土属于生物成因的硅质沉积岩，主要由古代地质时期硅藻、海绵及放射虫的遗骸经长期的地质作用所形成，其主要化学成分为 SiO_2，矿物相为蛋白石及其变种。具有松散、质轻、多孔、比表面积较大、孔道贯通且呈有规律分布、孔径分布以介孔为主、化学性质稳定等特性，是目前人工尚不能合成的天然非晶质硅质矿物[1]。

（一）国内外研究进展与对比分析

近年来，我国科研人员在硅藻土矿物材料领域进行了大量研究工作，在硅藻土加工利用产业已形成了仅次于美国的规模。产品包括助滤剂、隔热保温材料、吸附环保材料、功能填料、化工载体与农药载体、室内空气净化材料、沥青改性材料等十多个品种、近百种规格。这些产品广泛应用于啤酒、饮料、食品、药品、化工、环保、建筑、建材、路面材料、牙膏、涂料、橡胶、塑料等领域。世界硅藻土消费量超过 200 万吨 / 年，主要消费领域为助滤剂、保温隔热、功能填料和吸附（环保）等方面。我国近年硅藻土消费量约为 45 万吨，主要消费领域是助滤剂、隔热保温、功能填料和环保材料。

近十年来，我国硅藻矿物材料产业在中低品位硅藻土选矿与综合利用、硅藻土—纳米 TiO_2 复合光催化环保功能材料、硅藻功能板材、硅藻泥等科学研究与技术开发方面取得了显著进步[2-5]。

国家"十二五"科技支撑计划重点项目"低品位硅藻土资源高效利用与深加工关键技术研究（2011—2014）"攻克了中低品位硅藻土物理选矿提纯产业化关键技术，用硅藻精土为原料的医药化工高浓度含盐废水，油田采油污水处理的污水处理剂和纳米 TiO_2/ 硅藻土复合光催化材料产业化关键技术。并以该技术为支撑建成了年产 12000 吨硅藻精土的示范生产线、6000 吨 / 年污水处理剂示范生产线和 1000 吨纳米 TiO_2/ 硅藻土复合光催化材料示范生产线。其中，硅藻土负载纳米 TiO_2 复合光催化材料制备和应用技术及产业化，是目前国内外该研究领域唯一转化为工业化生产的原创性技术成果，示范生产线产品已在木质百叶窗、硅藻土壁材、内墙涂料等室内建筑装饰装修材料中推广应用，具有可持续高效吸附和分解室内甲醛等有毒害气体的功能，而且使用方便和安全。该项技术成果对我国硅藻土资源的高值利用和硅藻土产业的可持续发展具有重要支撑作用。

经检索，2006—2015 年国外硅藻土矿物材料领域发表论文 1349 篇（包括材料结构与性能、材料加工及材料品种与应用），申请发明专利 608 件。国内，2006—2015 年期间硅藻土矿物材料结构与性能、材料品种与应用、材料加工方面的论文呈现逐年增长的趋势，累计 3022 篇，申请发明专利 997 件。基于发表英文论文的统计，中国科学院、中国地质大学、同济大学、中国矿业大学、东北大学、中国地质大学（北京）、吉林大学名列全球前 15 名。其中，中国科学院、中国地质大学、同济大学、中国矿业大学等科研机构名列前 5 名之列。说明近十年我国硅藻土矿物材料的科学研究十分活跃。

但是，我国硅藻土产业与发达国家之间还存在一定的差距：一是企业生产规模小，产业集约化程度低，我国硅藻土助滤剂生产企业的平均产能只有约 2 万吨 / 年，美国则达到约 30 万吨；二是我国硅藻土助滤剂产品档次较低，缺乏低水溶性铁的啤酒助滤剂和生化医药制剂用的高档助滤剂产品；三是硅藻土功能填料的品质不如美国，原因除了我国硅藻土资源禀赋（主要是天然纯度和白度）不如美国外，还有加工技术和品质控制技术相对落后。另外，在清洁生产方面我国与美国也存在差距。

（二）我国发展趋势与对策

我国已探明的硅藻土资源中，优质硅藻土所占的比例很小。因此，科学合理、分级分类综合利用中低低品位硅藻土是开发利用硅藻土资源的必然要求和发展趋势。

1. 硅藻土选矿提纯的发展趋势

中国硅藻土储量虽居世界第二位，但 80% 以上是含有大量黏土的低品位资源，不能直接用来生产助滤剂、吸附剂、功能填料等高附加值硅藻土制品或材料。因此，选矿对其高效开发利用至关重要。

中低品位硅藻土选矿的关键技术是硅藻与微细黏土的分离和纳米孔道的疏通。面临的挑战是高效分离硅藻土孔道中的黏土颗粒，进一步疏通硅藻纳米孔道、提高硅藻土比表面积和孔体积。虽然"十二五"期间物理选矿技术取得了突破性进展，但是，仅靠物理选矿技术目前还难以完全分离硅藻孔道内淤塞的纳米级黏土，对纯度要求特别高的硅藻精土还需要采用化学方法。因此，今后将深入研究优化化学提纯工艺方法，以及循环利用化学处理剂和废液综合利用的方法和路径。

2. 硅藻土矿物材料开发利用趋势

加强硅藻土的矿物工艺学研究，充分利用其独特的孔结构和化学稳定性，最大限度发挥或挖掘其天然禀赋，制备功能材料或制品，如食品、饮品与生物医药用的助滤/过滤剂、环保与节能材料、生态与健康材料以及复合材料的功能填料与催化剂载体等，是硅藻土矿物材料的主要趋势和方向。采用现代高新技术提升或优化硅藻矿物材料的天然功能，发展具有高效可持续分解功能的高性能环保材料，具有相变储能、调温功能的复合节能材料是硅藻土功能材料研发的重点领域。

（1）硅藻土助滤剂的发展

随着对饮品质量标准的不断提高和产量的不断增加，对硅藻土类助滤剂和吸附剂的需求量也将不断增加。此外，硅藻土的吸附和微过滤功能还可用于液态生化制剂和药剂的选择性过滤和分离，发展前景好。主要发展趋势和方向：①采用现代信息和控制技术优化生产工艺，稳定产品质量，降低能耗和生产成本；②开发专用高性能助滤剂，特别是现代生物医药制剂选择性微过滤助滤剂，如血浆过滤用硅藻土助滤剂。

（2）硅藻土功能填料的发展

填料的应用领域较多，不同用途对其物理化学性能的要求，如纯度、粒度、比表面积、白度、吸油值、堆积密度、表面羟基及其他官能团等特性的要求不同。我国高性能硅藻土填料生产技术与美国相比还存在一定差距，目前市场使用的高档硅藻土填料大多需要进口。主要发展趋势和方向：根据不同用途和技术要求开发专门的加工技术，特别是选矿提纯、焙/煅烧、精细分级、改性与复合等集成技术，以提高填料与基料的相容性、分散性、结合力及填充材料的功能性和综合性能。

（3）硅藻土吸附材料的发展

硅藻土吸附材料主要用于工业废水和生活污水的处理以及室内有毒有害气体的吸附和湿度调节。主要发展趋势和方向：采用孔结构优化、表（界）面改性与复合、分级与造粒等技术，发展既能吸附又能分解或降解污染物、可持续除去污染物的多功能、重复使用性好、使用中和使用后对环境友好的环境污染治理材料，如高性能和适用性好的污水处理材料，以及高效可持续去除室内有机污染物甲醛的纳米 TiO_2／硅藻土复合光催化材料。

（4）硅藻泥或硅藻壁材的发展

硅藻泥具有调湿、抗菌防霉、吸附有毒害气体以及保温、防火等功能，是近十年发展最快的室内环保健康装饰装修材料。主要发展趋势和方向：①优化配方、调整结构、增加品种、强化功能，特别是通过调整配方，添加具有高效光催化功能的纳米 TiO_2 复合材料，在吸附功能的基础上增加可持续降解室内甲醛等有毒有害气体的功能；②针对中国地域广阔、东西南北中湿度不同的特点设计合适的配方。

（5）硅藻功能板的发展

目前两种方法生产的硅藻土板材。一是蒸汽养护法，二是烧结法。蒸汽氧化法板材的发展趋势和方向：通过配方和工艺创新优化其性能和功能，发展兼有吸附环保、调湿、相变调温、隔热、隔音、抗菌等的多功能硅藻土板材。这种新型多功能板不仅可以应用于传

统的保温隔热用品，而且可以用于家具、内墙装饰装修、家居生活用品和宠物用品，市场空间巨大。发展趋势和方向主要是功能优化，特别是健康环保功能，通过配方、成型和烧制工艺优化及后期表面处理以满足不同领域应用的环保技术性能要求和美感。

三、沸石矿物材料

自然界已发现的沸石有80多种，较常见的有方沸石、菱沸石、钙沸石、片沸石、钠沸石、丝光沸石、辉沸石等，都以含钙、钠为主，含水量的多少随外界温度和湿度的变化而变化。所属晶系以单斜晶系和正交晶系（斜方晶系）为主。沸石具有吸附性、离子交换性、催化和耐酸耐热等性能，因此被广泛用作吸附剂、离子交换剂和催化剂以及气体干燥、净化和污水处理等[4-5]。

（一）国内外研究进展与对比分析

近年来，沸石矿物材料在国内外取得了长足的研究进展。主要有沸石矿物材料在不同应用领域的开发利用和人工合成沸石的研发。

1. 沸石矿物材料的开发利用进展

围绕天然沸石价廉、易得，但孔径小、孔道易堵塞、相互连通程度差等缺陷，处理废水的效果稍差。对天然沸石改性，提高其离子交换和吸附等性能。

沸石的本征缺陷限制了它在更大范围内的应用。首先，沸石的微孔孔径通常只有几个埃，所以大分子无法进入沸石狭窄的孔道进行吸附或发生催化反应。其次，传统沸石材料的晶体尺寸一般都在微米级，相对狭长的孔道对于可以进入微孔的反应物和产物分子也会造成扩散限制（diffusion limitation），并且在催化反应中容易发生"积炭"现象导致催化剂失活[72]。

沸石的疏水性能。炭模板的疏水性及其与无机前驱体较弱的作用力，致使合成全晶化介孔沸石仍然比较困难，研究开发具有一定亲水性能且与前驱体具有较好亲和力的模板材料具有重要意义。

2. 沸石人工合成技术研究的进展

沸石材料的研究主要集中在绿色合成、生物沸石脱氨氮技术和固定化沸石微生物技术等领域[6]。利用硅酸钠、铝酸钠等化工原料合成沸石分子筛的技术已成熟，但此方法需要大量的化工原料，制备的沸石分子筛生产成本较高，同时伴随着巨大的能耗和环境污染等问题，所以寻找更为经济有效的绿色原料成为人们关注的焦点。通过对传统的沸石进行改性，拓宽在传统的微污染水、景观用水等低氨氮浓度废水处理应用范围具有重大意义。

沸石的合成、表征及应用等相关研究取得了长足进展，但在沸石改性、沸石疏水性能、沸石本证缺陷等方面依然纯在一些技术瓶颈，需要广大科研工作者进行更深入研究。

（二）我国发展趋势和对策分析

沸石的合成、表征及应用等相关研究取得了长足进展，但在沸石改性、沸石疏水性能、沸石本证缺陷等方面依然纯在一些技术瓶颈，需要广大科研工作者进行更深入研究。

纳米沸石的合成与功能化。尽管各种主要类型的沸石对应的纳米沸石都已经被成功合成，但是常用的纳米沸石的合成体系都必须含有高浓度的季铵碱结构导向剂，而这些结构导向剂的价格一般都非常昂贵，阻碍了纳米沸石的大规模应用。所以，开发低成本合成纳米沸石的新方法可以帮助纳米沸石尽快地从实验室走向实用。另外，纳米沸石的功能化研究已经取得了一些进展，特别是在生物技术中的应用成果尤为引人注目。如何充分利用纳米沸石均一可调的表面性质更深入地开发其在生物领域中更高级的应用将成为一个研究热点。

具有双重孔道规整性的"中孔沸石"材料的合成。具有沸石和中孔氧化硅材料作为两种典型的无机多孔材料，具有各自的优点和缺点。沸石材料的优势在于它高的热稳定性和水热稳定性，以及较强的固体酸性质，但是较小的微孔孔径会造成对客体分子的扩散限制。而中孔氧化硅则具有相对较大的孔径，有利于客体分子的扩散，然而它的孔壁是无定形氧化硅，热稳定性和水热稳定性较差，限制了它在苛刻条件下的应用。所以，研究人员都希望能通过各种方法制备出沸石和中孔氧化硅的统一体，即"中孔沸石"，因为它可以同时发挥两种材料的优势并克服两者的缺陷。通过中孔材料路线得到的多级孔道沸石材料一般具有规整的中孔结构，但是微孔的规整性较差。而通过化学处理和碳模板法得到的多级孔道沸石材料则通常具有比较规整的微孔结构，但是它的中孔都呈现无序状态。合成具有双重孔道规整性的完美"中孔沸石"材料将是对无机合成研究人员的一个重大挑战。

四、珍珠岩与膨胀珍珠岩矿物材料

珍珠岩是一种火山喷发的酸性熔岩，主要由酸性火山玻璃组成，95% 是玻璃相。镜下观察，基质部分有极明显的圆弧形裂开，构成珍珠结构，并具有流纹构造。膨胀珍珠岩是珍珠岩矿砂经预热，瞬时高温焙烧膨胀后制成的一种内部为蜂窝状结构的白色颗粒状的材料。孔形态主要为开放孔、闭孔、中空孔。膨胀珍珠岩具有化学稳定好，质轻、吸声性能好，隔热保温，使用温度范围广，吸湿性小防水，防火无毒无味，老化好等性能。

（一）国内外研究进展与对比分析

近年来，我国膨胀珍珠岩矿物材料在建筑、化工、轻工、冶金、农林、环保等领域取得了诸多研究成果。

1. 膨胀珍珠岩应用领域研究进展

珍珠岩主要用途是制备膨胀珍珠岩。因膨胀珍珠岩具有容重轻、导热系数小、孔隙细微、化学性能稳定、无毒无味、耐火性强和隔音性能好等特性，广泛用于建筑、化工、轻工、冶金、农林、环保等领域。

膨胀珍珠岩在建筑领域的应用：膨胀珍珠岩在建筑领域的传统应用主要有：①做墙体、屋面、吊顶等围护结构的散填隔热材料；②配制轻骨料混凝土，预制各种轻质混凝土构建；③以膨胀珍珠岩为骨料，添加各种有机或无机黏结剂，制成膨胀珍珠岩隔热保温制品。随着技术的进步和使用要求的提高，膨胀珍珠岩在建筑领域也有了新的用途：①无机保温隔热砂浆；②轻质、保温、隔热吸音板；③防火涂料；④防火门芯板；⑤珍珠岩相变储能材料。

膨胀珍珠岩在耐火材料中的应用：随着球形闭孔膨胀珍珠岩产品的开发成功，珍珠岩在耐火材料行业有了大量使用。工业窑炉使用的轻质耐火材料主要采用耐火土和粉煤灰中分选出来的漂珠进行生产，随着电厂排灰方式的改变，漂珠采集受到极大限制，市场供应近于枯竭。球形闭孔膨胀珍珠岩与漂珠具有同等的性能和作用，在耐火材料行业完全可取代漂珠生产轻质耐火材料。目前，国内珍珠岩在耐火材料行业的应用已成为建筑行业外的第二大应用领域。

膨胀珍珠岩在轻工、化工、石油、环保领域的应用：经过工艺处理加工成具有微孔结构和吸附性能的膨胀珍珠岩是一种无机过滤材料，用以制作分子筛、去污剂、过滤剂等，净化各种液体。容重小于 $60kg/m^3$ 的膨胀珍珠岩又叫珠光砂。珠光砂因具有质轻、成本低、阻燃、无毒无放射性、导热系数低等优点而成为有着巨大推广前景的低温绝热材料。

膨胀珍珠岩在农林园艺方面的应用：珍珠岩在农业和园艺领域的应用主要包括：土壤改良，调节土壤板结，防止农作物倒伏；用作肥料载体，使速效肥变成缓释肥，控制肥效和肥度；作为杀虫剂和除草剂的稀释剂和载体。

膨胀珍珠岩除了上述应用外，还可以用于铁水保温集渣覆盖剂、熔制玻璃制品、乳化炸药密度调节剂、精致物品及污染物品的包装材料，宝石、彩石、玻璃制品的磨料等。

2. 膨胀珍珠岩主要技术研究进展

信阳科美新型材料有限公司以珍珠岩、炉渣等无机材料经 1200℃高温烧结膨胀成轻质石材保温板，达 A1 级防火，极低的吸水率（0.5% 以下），保温板材与建筑物同寿命，实用导热系数可达 0.07W/m·K，密度为 $270kg/m^3$，抗压强度 3.5MPa。该板材改变了传统保温层与装饰层分别制备分别施工的工序，采用水泥基聚合物黏结砂浆湿贴即可。

利用珍珠岩来制备高附加值的微晶玻璃用于微电子技术领域，具有良好的发展前景。以珍珠岩为主要原料制备单晶相堇青石微晶玻璃，产品具有低介电常数（5.6 ~ 6.1）和低介电损耗（0.0019 ~ 0.02）、抗折强度高（112 ~ 117 MPa）及与硅相匹配的热膨胀系数（2.56 ~ 2.91 × 10^{-6} K^{-1}），可用作低温共烧陶瓷基板材料[7]。

利用膨胀珍珠岩的多孔性作为吸附剂，可以吸附溶液中重金属离子 [Cu(Ⅱ)、Cd(Ⅱ)、Pd(Ⅱ)、Co(Ⅱ)、Ni(Ⅱ)、Sb(Ⅱ)、As(Ⅱ)][8]、去除水面浮油。膨胀珍珠岩负载纳米 TiO_2 可以有效解决纳米 TiO_2 颗粒在实际应用中的团聚问题，其在液—固体系中可回收再利用。负载的纳米 TiO_2 半导体光催化剂是一种新型绿色的环境污染物处理技术，具有处理能耗低、降解污染物彻底、无二次污染等优势，在环保领域具有极大的应用前景，是 TiO_2 光催化领域中的一个重要研究方向[9]。另外，膨胀珍珠岩负载 Fe^{3+}/TiO_2 可以很好地降解水和土壤中苯酚，在农林园艺领域对改良土壤、环境保护有很好的发展前景[10]。

助滤剂方面，我国目前在饮料、酒类、医药、化工等行业中所使用的助滤剂均为低强度助滤剂，用途的范围及性能都有所限制，需要开拓新型的过滤介质；新莱特公司研发的改性助滤剂，一剂多用，在污水的处理、食用油中的五脱等方面有着明显的特效，可替代活性碳、活性白土，制备工艺简单，生产成本较低。

膨胀珍珠岩因其多孔蜂窝结构是天然的保温材料和储能相变载体，目前针对膨胀珍珠岩保温节能材料的研究主要有两个方向：一是对膨胀珍珠岩进行改性来改善膨胀珍珠岩的保温性，减少能量的损失；二是以膨胀珍珠岩为载体将相变材料真空吸附于膨胀珍珠岩孔道中制备膨胀珍珠岩复合相变储能材料。因相变材料在一定温度范围内物理状态或分子结构发生转变，同时吸收或放出大量热量，进而对温度进行调控；为了防止相变材料泄漏，用超细粉末堵塞膨胀珍珠岩的开孔孔道[11]，提高能量的利用效率。

膨胀珍珠岩的多孔结构使珍珠岩内部和表面具有吸附能力，若孔隙含水会增加导热率，从而失去保温隔热性能。因此，如何防止膨胀珍珠岩制品的吸水，是提高其保温效果的重要因素。近年来，为降低膨胀珍珠岩的吸水率，提高膨胀珍珠岩的保温特性，对其进行了憎水处理、玻化闭孔处理、有机包膜处理及无机包膜处理等研究。这些措施都可以阻碍膨胀珍珠岩吸水，且增加其强度及韧性，在运输过程中起到保护作用不易破碎。

3. 国内外研究对比

膨胀珍珠岩行业国外发展完善，行业结构及企业布局合理，产能集中度较高，生产企业本身注重环保问题。目前，国外珍珠岩矿开采及膨胀珍珠岩生产大多集中于几家大型公司，如美国的哈鲍莱特和迪卡波尔公司，希腊的银与重晶石采矿公司和奥他维海拉斯矿业公司，土耳其的埃蒂邦可和埃奇珍珠岩公司等。市场营销有序竞争，企业注重产品质量和品牌意识。

我国膨胀珍珠岩行业经过"十二五"期间的发展得到了较大进步，整体生产技术水平有了大幅提升，部分领军企业的装备和生产技术已经达到国际先进水平。如珍珠岩膨胀设备、床土出口国外；助滤剂产品保持稳定生产和供给；膨胀珍珠岩潜在的价值逐步显现。

国内外珍珠岩矿占主导地位的用途是生产膨胀珍珠岩及其制品。膨胀珍珠岩具有轻质、多孔、保温、隔热、耐火等特性，在建筑工业、助滤剂、填料及农林园艺等领域广泛应用。2014 年和 2015 年世界珍珠岩产量（除中国）分别为 253 万吨和 268 万吨。美国

和土耳其的珍珠岩消费领域主要是建筑工业（约占 50%），其次是用于助滤剂和农林园艺（35% 左右）。2015 年中国珍珠岩产量为 100 万吨，其中 70% 用于建筑工业，其次是助滤剂（约占 10%）。

近十年来，随着我国墙体材料改革，发展新型轻质材料和建筑工程绝热的要求，在我国江南地区建设了一批珍珠岩生产企业，产量有了较大的增长。在应用技术上，开始把膨胀珍珠岩散料直接应用在建筑上，后发展为应用膨胀珍珠岩制品，现每年大约用 80% 的散料生产 400 万立方米制品用在各种工程上，提高了应用水平。

珍珠岩建筑保温制品从单一的玻化微珠保温砂浆到玻化微珠混凝土胶结制品、膨胀珍珠岩石膏胶结制品、膨胀珍珠岩无机胶结制品、玻化微珠憎水板材、玻化微珠复合板材以及玻化微珠沥青胶结制品等。玻化微珠在承重型保温隔热混凝土领域、非承重型隔音隔热混凝土预制件、防火门芯、活动板房隔热彩钢板填充材料、外墙保温预制板、外墙保温装饰一体板领域有了不少突破，部分实现了标准化、工业化、工程化和市场化。

（二）我国发展趋势与对策

目前我国膨胀珍珠岩的年产量已超过 400 万立方米，主要用于建筑节能和设备及管道保温，产品附加值较低。其他应用领域，如用作灰浆和建筑领域的隔热材料，过滤材料、填料、吸附剂、土壤改良等，膨胀珍珠岩也面临其他矿物材料，如膨胀蛭石、浮石、膨胀黏土、页岩和火山灰、泡沫水泥以及矿棉、硅藻土、石棉等的竞争。因此，发展新技术，拓展新用途是珍珠岩行业急需解决的问题。

为了提高膨胀珍珠岩的制品性能，应尽快开发球形非多孔膨胀珍珠岩的研制。首先入炉珍珠岩矿要尽可能地按近球形而不是以前的粒度适宜的不规则状；其次是改善窑炉的结构，提高膨胀珍珠岩的强度。将珍珠岩原矿经细粉碎，超细粉碎和表面化学处理而成为具一定功能的矿物填料，用于橡胶、塑料、电缆、油漆、油墨等行业，实现综合无废化利用。拓展珍珠岩在动物饲料和种植农作物中应用面和利用量。在提高膨胀珍珠岩保温及强度特性方面，研究提高对膨胀珍珠岩憎水技术和玻化闭孔膨胀珍珠岩运输途中的易破碎性是其应用中的瓶颈。在膨胀珍珠岩表面包覆一层有机和无机膜来同时改善其吸水率和易破碎性问题是将来研究膨胀珍珠岩保温材料的发展趋势。在改善膨胀珍珠岩储能特性方面，将相变材料融入膨胀珍珠岩是一种新思想，在建材的保温节能是很有研究必要的。研究出更适合人类居住的相变储能材料是其发展趋势。促进滤纸和助滤剂，园艺和填料的进一步利用，将使我国珍珠岩工业跃上新的台阶。

五、膨胀蛭石

蛭石是一种层状结构的含镁的水铝硅酸盐次生变质矿物，外形似云母，通常由黑

（金）云母经热液蚀变作用或风化而成。蛭石在 800℃ ~ 1000℃下焙烧 0.5 ~ 1.0min，体积可迅速增大 8 ~ 15 倍，最高达 30 倍。颜色变为金黄或银白色，生成一种质地疏松的膨胀蛭石，但不耐酸，其介电特性也较差，密度降低到 0.6 ~ 0.9 g/cm³。膨胀蛭石具有隔热、耐冻、抗菌、防火、吸水、吸声等优异性能，广泛用于建筑、冶金、化工、农业、石油、环保及交通运输等领域。

（一）国内外研究进展

1. 制备与应用研究进展

目前，蛭石膨胀工艺主要有热膨胀法、化学膨胀法及微波膨胀法。膨胀蛭石优越的性能使膨胀蛭石广泛用于建筑、冶金、化工、农业、石油、环保及交通运输等领域。

膨胀蛭石在建筑工业的应用：吸音隔热是膨胀蛭石的一大优良性能，由膨胀蛭石制备的保温隔热板能对房间进行隔热、隔音、保温，受热无有害气体排除也不易老化；膨胀蛭石的防火性能使其与液体黏结剂水玻璃和磷硅酸钠混合成型的防火蛭石板广泛用于防火保护；用混凝土和蛭石生产出的蛭石混凝土能提高建筑物的热绝缘性能。

膨胀蛭石在复合材料学的应用：近年来，聚合物／蛭石复合材料是目前的研究热点。聚合物／蛭石复合材料分为塑料基蛭石纳米复合材料、橡胶基蛭石纳米复合材料和高吸水性蛭石复合材料。

膨胀蛭石在农业园艺的应用：蛭石良好的阳离子交换性能和吸附性能使其可用作营养释放剂和土壤调节剂，在蔬菜和果树栽培时蛭石可以作为化肥载体，缓慢释放营养，提高营养物质传输效果。除此之外，蛭石还用于无土栽培、作物育秧、保存种子等方向。

膨胀蛭石在环境保护的应用：目前蛭石以其吸附能力强、储量丰富、可再生和本身具有絮凝性等优点，在废水处理中的应用研究主要集中在去除氨氮、重金属离子、磷酸盐、稀土离子、有机污染物等方面。

膨胀蛭石在其他行业的应用：酸处理焙烧的蛭石呈现多孔的特征，用于重石油的分解产生较少的焦炭，生成更多的汽油，而且使重石油得到更高的转化。在冶金工业中浇铸钢锭时使用膨胀蛭石对钢水进行液面保温，使钢水冷却减缓并起到除杂的作用。

2. 膨胀蛭石功能材料研究进展

（1）复合相变储热材料

蛭石或膨胀蛭石具有多孔道结构，其空间可以装载相变材料（功能体），并通过表面张力和毛细管作用防止相变材料从孔道中漏出。一般采用表面包覆方式将蛭石与功能体复合，制备复合相变储热材料。在此研究方向主要有：通过表面包覆的方式与石蜡复合，制备了复合相变储热材料，石蜡的装载量为 67%，储热容量高达 135.5 J/g，导热系数为 0.545 W/（m·K），石蜡的导热系数提升了 121%，并提出了蛭石结构修饰增强储热性能的机理[12]。通过真空浸渍法将低共熔物装载至蛭石的层间孔道中，制备的复合相变储热材料在31.4℃冷却时潜热为75.8 J/g以及在30.3℃熔化时潜热值为73.2 J/g[13]。用真空浸渍法在膨胀蛭石内掺入正十八烷制备的复合储热材料，26.1℃冷却时潜热为142 J/g以及在24.9℃熔化时潜热值为126.5 J/g，工作温度范围内具有良好的热稳定性[14]。利用膨胀蛭石（800℃焙烧）复合石蜡（paraffin，37.5%）合成石蜡/膨胀蛭石储热材料，该储热材料的熔化相变温度为27.0℃对应的储热容量为77.6 J/g，进而将储热材料与水泥等混合制备了轻质水泥基复合材料（1500 kg/m³），复合材料在建筑节能墙体具有良好的应用前景[15]。

（2）吸附材料

蛭石具有大量可供交换的亲水性无机阳离子，使蛭石表面存在一层薄的水膜，因而能有效地吸附环境中的有机污染物。主要研究进展有：蛭石可以吸附地下水中NH4+，蛭石粒径为0.025～0.075mm，吸附量为18 mg/g[16]。蛭石可以吸附低浓度腐殖酸和NH4+，对NH4+的去除率大于55%[17]。蛭石粒径大小对吸附Cs+有影响，蛭石粒径为500μm左右时，吸附Cs+的能力最佳[18]。膨胀蛭石吸附去除电镀废水中的Cu2+，除率达到最高值96.87%[19]。

（3）制氢材料与光催化降解材料

蛭石负载贵金属Pt制备的蛭石纳米复合催化材料，有利于光催化制氢[20]。

盐酸或硫酸处理蛭石负载TiO2制备的光催化材料可以降解亚甲基蓝[21]。球磨剥离硅酸盐纳米片表面负载TiO2颗粒，可以提高材料的光催化性能[22]。

（4）复合聚合物凝胶电解质

将CTAB改性后的有机蛭石添加至聚合物凝胶电解质，制备复合聚合物凝胶电解质。添加有机蛭石后，由于有机蛭石将聚合物结合的更紧密、更难挥发，所以复合材料具有更好的稳定性[23]。

（二）我国发展趋势与对策

膨胀蛭石具有良好的吸附性、离子交换性能等，在工业、农业、园艺、饲养业等方面都有广阔的应用前景。但是，蛭石极高的层间库仑力使得无机物片层间作用力过大，不利于大分子链的插入，离子交换较难进行。因此，主要是利用各种化学物理方法对其进行改性，改变或部分改变原料的成分或者结构，以降低层间电荷。

充分发挥蛭石高热稳定性和高吸附能力，深入探究蛭石应用于超级电容器等电化学能源设备的可行性，克服电化学能源设备高温操作的局限性；根据重金属污染土壤的个异性，调控蛭石吸附并络合相应的重金属离子，推动蛭石修复重金属污染土壤的基础和工程应用研究；对蛭石资源进行精细化加工制备新能源材料和生态环境材料，将是蛭石矿物材料的发展趋势功能化应用的重点研究方向。

六、蛋白土

蛋白土由细粒蛋白石组成，无硅藻，密度 2.0 g/cm³，质地较硬，莫氏硬度一般为 5 ~ 5.5。一般把 SiO_2 纳米微粒构成的土状粉体称为蛋白土，把 SiO_2 纳米微粒黏结在一起构成的块体或介孔状块体称为蛋白石。蛋白石（opal）是一种具有虹彩效应的宝石[24]。蛋白土经粉碎后，颗粒可达微米级，具有较发达的纳米级微孔，并且随着其粒度的减小，比表面积增大，可有效提高其吸附性能。主要应用为助滤剂和脱色吸附剂、纸浆漂白的稳定剂、建筑行业中硅酸盐水泥的熟料、无机填料、制取水玻璃和白炭黑及负离子添加剂。

（一）国内外研究进展

世界上蛋白石的主要产出国有澳大利亚、中国、美国等国家。其中澳大利亚和中国主要将蛋白石用于助滤剂、吸附剂、填料、建筑行业等领域。

蛋白石作为一种新型的纳米级矿物环保材料，已经取得了许多有意义的应用成果。近年在蛋白土负载型复合相变材料的制备[25]。蛋白土在吸附领域的应用进行了更进一步的研究，吸附重金属和环境治理，改性提高其吸附性和吸附机理进行研究[26-27]，对具有反蛋白石结构的聚苯胺[28]研究进一步地扩大了蛋白石的研究范畴，为蛋白土的研究提供了更多的方向和可能。

（二）我国发展趋势与对策

致密块状蛋白石主要作为宝石资源已广泛开发利用。但蛋白土作为多孔矿物材料，对其开发利用不深入，主要集中于改性填料，缺乏深入应用基础研究，制约了充分利用其微纳米孔的功能优势。

未来应加强蛋白土在修复重金属污染土壤的应用、新能源材料、生态环境材料中的开发利用。如根据重金属污染土壤的特异性，调控蛋白土吸附并络合相应的重金属离子的性能，推动蛋白土修复重金属污染土壤的基础和工程应用研究；对蛋白土资源进行精细化加工制备新能源材料和生态环境材料，将是使其功能化应用的重点研究方向。

七、结语

多孔矿物材料产业的迅速发展为我国国民经济和社会发展提供了物质基础，它是经济社会发展不可或缺的基础原材料和产品，同时又是高新技术产业发展的重要支撑材料。但由于技术和研究的局限，使得多孔矿物材料行业仍具有很大的发展空间。为了满足经济发展的需要，我们应加快推进产业结构调整、加快产业创新技术能力提升。目前，多孔物材料的结构特点、环境功能属性以及应用前景正逐渐成为研究的热点。多孔矿物材料的发展是国民经济新的增长点，其研究、应用、开发状况是体现一个国家国民经济综合实力的重要标志之一。由于多孔矿物材料各种功能的不断发现，其在生态修复、环境保护、空气净化、污水处理、建筑节能等领域作为支撑材料的地位将日益明显，其市场容量将不断提升。

参考文献

［1］ 郑水林，孙志明，胡志波，等. 中国硅藻土资源及加工利用现状与发展趋势［J］. 地学前缘，2014，21（5）：274-280.

［2］ Sun Z, Hu Z, Yan Y, et al. Effect of preparation conditions on the characteristics and photocatalytic activity of TiO_2/ purified diatomite composite photocatalysts［J］. Applied Surface Science, 2014, 314（10）：251-259.

［3］ Sun Z, Yang X, Zheng S, et al. A novel method for purification of low grade diatomite powders incentrifugal fields［J］. International Journal of Mineral Processing, 2013, 125（125）：18-26.

［4］ 张广心，董雄波，郑水林. 纳米 TiO_2/硅藻土复合材料光催化降解作用研究［J］. 无机材料学报，2016，31（4）：407-412.

［5］ 蒋运运，张玉忠，郑水林. 复合相变材料的制备与应用研究进展［J］. 中国非金属矿工业导刊，2011（3）：4-7.

［6］ 王泽红，陶士杰，于福家，等. 天然沸石的改性及其吸附 Pb^{2+}，Cu^{2+} 的研究［J］. 东北大学学报（自然科学版），2012，33（11）：1637-1640.

［7］ Yu Y, Hao X, Song L, et al. Synthesis and characterization of single phase and low temperature co-fired cordierite glass-ceramics from perlite［J］. Journal of Non-Crystalline Solids, 2016（448）：36-42.

［8］ Mostafa M, Chen Y, Jean J, et al. Kinetics and mechanism of arsenate removal by nanosized ironoxide-coated perlite［J］. Journal of Hazardous Materials, 2011, 187（1-3）：89-95.

［9］ 徐春宏，郑水林，张广心，等. 均匀沉淀法制备纳米 TiO_2/膨胀珍珠岩复合材料［J］. 人工晶体学报，2014，43（8）：1991-1997.

［10］ 薛红波，吴继阳，刘姝彤，等. Fe^{3+}/TiO_2 负载膨胀珍珠岩降解水和土壤中苯酚的研究［J］. 环境工程，2016，34（7）：71-75.

［11］ 于永生. 珍珠岩复合相变储能材料制备与应用研究［D］. 信阳：信阳师范学院，2011.

［12］ 李传常. 矿物基复合储热材料的制备与性能调控［D］. 长沙：中南大学，2013：1-135.

［13］ Zhang N, Yuan Y, Li T, et al. Study on thermal property of lauric-palmitic-stearic acid/vermiculite composite as form-stable phase change material for energy storage［J］. Advances in Mechanical Engineering, 2015, 7（9）：1-8.

［14］ Chung O, Jeong S G, Kim S. Preparation of energy efficient paraffinic PCMs/expanded vermiculite and perlite composites for energy saving in buildings［J］. Solar Energy Materials & Solar Cells, 2015（137）：107-112.

［15］ Xu B, Ma H, Lu Z, et al. Paraffin/expanded vermiculite composite phase change material as aggregate for developing lightweight thermal energy storage cement-based composites［J］. Applied Energy, 2015（160）：358-367.

［16］ Zhang J, Liu T, Chen R, et al. Vermiculite as a natural silicate crystal for hydrogen generation from photocatalytic splitting of water under visible light［J］. RSC Advances, 2014, 4（1）：406-408.

［17］ He P, Chen B, Wang Y, et al. Preparation and characterization of a novel organophilic vermiculite/poly（methyl methacrylate）/1-butyl-3-methylimidazolium hexafluorophosphate composite gel polymer electrolyte［J］.

Electrochimica Acta, 2013, 111（1）：108–113.

［18］ Wang M, Liao L, Zhang X, et al. Adsorption of low–concentration ammonium onto vermiculite from Hebei province, China［J］. Clays and Clay Minerals, 2011, 59（5）：459–465.

［19］ Lv G, Wang X, Liao L, et al. Simultaneous removal of low concentrations of ammonium and humic acid from simulated groundwater by vermiculite/palygorskite columns［J］. Applied Clay Science, 2013（86）：119–124.

［20］ Suzuki N, Ozawa S, Ochi K, et al. Approaches for cesium uptake by vermiculite［J］. Journal of Chemical Technology and Biotechnology, 2013, 88（9）：1603–1605.

［21］ Turan N G, Ozgonenel O. Optimizing copper ions removal from industrial leachate by explored vermiculite–a comparative analysis［J］. Journal of the Taiwan Institute of Chemical Engineers, 2013, 44（6）：895–903.

［22］ Jin L, Dai B. TiO_2 activation using acid–treated vermiculite as a support：characteristics and photoreactivity［J］. Applied Surface Science, 2012, 258（8）：3386–3392.

［23］ Wang L, Wang X, Cui S, et al. TiO_2 supported on silica nanolayers derived from vermiculite for efficient photocatalysis［J］. Catalysis Today, 2013（216）：95–103.

［24］ Dutkiewicz A, Landgrebe T C W, Rey P F. Origin of silica and fingerprinting of Australian sedimentary opals［J］. Gondwana Research, 2015, 27（2）：786–795.

［25］ 张殿潮, 孔维安, 郑水林, 等. 蛋白土负载型复合相变材料的制备与表征［C］. 全国非金属矿加工利用技术交流会, 2012：59–60.

［26］ 宋小燕. 修饰蛋白石次序吸附染料及重金属特性研究［D］. 大连：大连理工大学, 2013：1–67.

［27］ 于文彬. 孔结构改型及硅烷化改性对硅藻蛋白石的苯吸附性的影响及其机理研究［D］. 广州：中国科学院研究生院（广州地球化学研究所）, 2015：1–118.

［28］ 阎成强. 反蛋白石结构聚苯胺的制备及性能研究［D］. 重庆：重庆大学, 2015：1–57.

撰稿人：李　珍　王永钱　孙志明　于永生　郑水林　高鹏程

镁质矿物材料研究进展与发展趋势

一、引言

镁（Mg）在元素周期表上排行 12，原子量为 24.31。镁为银白色金属；熔点 648.8℃，沸点 1107℃，密度 1.74g/cm³，为碱土金属中最轻的结构金属。镁是地球上储量最丰富的轻金属元素之一，地壳丰度为 2%，我国是镁资源大国，拥有大量的镁矿及海湖镁盐。镁在自然界分布广泛，主要以固体矿和液体矿的形式存在。固体矿主要有菱镁矿、白云石等。虽然，逾 60 种矿物中均蕴含镁，但全球所利用的镁资源主要是白云石、菱镁矿、水镁石、滑石、光卤石和橄榄石。其中，菱镁矿、白云石、水镁石和滑石是生产镁质矿物材料的主要原料。

以白云石、菱镁矿、水镁石、滑石等含镁矿产资源为原料，经粉碎、提纯、改性等技术加工获得的含镁材料称之为镁质矿物材料。镁质矿物材料因其优良的性能广泛应用于冶金、化工、建材、农业等行业。近年来，国内外含镁矿物材料在加工和应用等方面取得了长足发展。本报告详细分析了菱镁矿、水镁石、白云石和滑石四种镁质矿物材料的国内外研究进展及对比，指出了镁质矿物材料的发展趋势及对策[1-6]。

二、镁质矿物国内外开发利用现状

（一）国外镁质矿物开发利用现状

镁质材料通常包括镁质耐火材料，金属镁及其合金材料和镁质化工材料三大类。在镁质化工材料中主要包括轻烧氧化镁、氢氧化镁和以碱式硫酸镁晶须为代表的增强材料。前两者由于其所具有的缓冲性、吸附性、性价比高以及作业安全等优势，在环境领域获得了广泛的应用且在不断地扩展与延伸[7]。

根据美国地质调查局（USGS）2017 年矿物产品摘要[8]，世界各国菱镁矿产量及储量情况如下表所示。与 2015 年同期相比，2016 年 1—8 月全球重烧镁和电熔镁砂消耗量逐渐降低，应用于玻璃和有色金属行业的镁质耐火材料消耗量也有所下降，但镁质产品市场的整体需求影响不大。同时由于电熔镁砂具有镁含量高、密度高、结晶粒度大等特点，有利于耐火材料加工生产。近些年来，国外一些冶炼厂逐渐采用电熔镁砂取代重烧镁作为耐火材料，而且随着电熔镁砂的市场份额越来越大，这种趋势将持续保持。

世界各国菱镁矿产量及储量情况

国家	工业产量 / 万吨		储量 / 万吨
	2015 年	2016 年	
美国	380	390	35000
澳大利亚	420	440	330000
奥地利	760	750	50000
巴西	550	500	300000
中国	19000	19000	1700000
希腊	400	410	270000
印度	230	240	90000
朝鲜	250	250	1500000
俄罗斯	1300	1350	2300000
斯洛伐克	650	620	120000
西班牙	640	620	35000
土耳其	2800	2800	390000
其他	670	680	1400000
总计	28080	28090	8500000

世界各国滑石产量及储量情况

国家	工业产量 / 万吨		储量 / 万吨
	2015 年	2016 年	
美国	687	660	140000
巴西	845	850	52000
中国	2200	2200	/
法国	450	450	/
印度	922	925	110000
日本	365	370	110000
韩国	605	610	120000
墨西哥	750	750	11000
总计	6810	6800	/

（二）我国镁质矿物开发利用现状

我国菱镁矿储量、产品产量、出口量均居世界首位，镁砂产品（电熔镁砂、轻烧氧化镁、重烧氧化镁）出口亚洲、北美和欧洲45个国家和地区。其中重烧镁主要出口日本（占40%）、中国香港（占14.2%）、德国（占12.31%）、美国（占10.38%）等国家和地区；轻烧镁主要出口日本（占26.15%）、德国（占18.36%）、荷兰（占15%）、中国香港（占9%）等国家和地区。

白云石是地球上重要的钙镁资源。目前白云石主要是用来生产氧化镁和钙盐，特别是生产出来的轻质氧化镁广泛用于橡胶、塑料、玻璃、陶瓷、染料、油漆及食品、医药等领域。目前国内氧化镁需求量约11万～13万吨/年，2010年国内轻质氧化镁的需求为20万～25万吨/年。国外市场需求量也较大，预计将分别从我国进口5万～6万吨/年。

水镁石矿广泛应用于防火涂层、造纸工业、制取氧化镁、制取氯化镁、环保等领域。超细粉碎和表面改性后的水镁石粉体可以用作高分子材料的低烟无卤阻燃填料；此外，经电熔炼可制取极致密的具有高热导性和电绝缘性的方镁石集合体，其使用期要比熔炼菱镁矿长2～3倍；水镁石和白云石煅烧用于钢可除P、S等杂质和处理炉渣；水镁石和碳酸钙混合在800℃～1150℃煅烧的产物，作为脱色剂用于制糖工业上处理甜菜糖汁[9]。

我国滑石加工企业超过200余家，但60%以上规模较小。主要的生产企业近30家，其产量总和占中国总产量的80%。我国滑石近年来的产量和十几年前相比下降幅度很大[10]。

三、镁质矿物材料国内外研究进展及比较分析

（一）水镁石

水镁石主要成分为$Mg(OH)_2$，是自然界中含镁量最高的矿物之一，其理论化学组成为MgO 69.12%、H_2O 30.88%，莫氏硬度2.5，密度2.35g/cm³，由于Fe^{2+}、Mn^{2+}、Zn^{2+}等能替代Mg^{2+}形成类质同象，如铁水镁石、锰水镁石、锌水镁石以及锰锌水镁石等。质地较纯的水镁石呈白色、灰白色，有Mn、Fe混入时呈绿色、黄色或褐红色。水镁石常呈片状、球状、纤维状集合体赋存于自然界中。

近年来，水镁石超细粉体作为高分子聚合物阻燃剂的表面改性技术研究最为活跃。科研人员采用不同的表面改性剂（表面活性剂、硅烷偶联剂、钛酸酯偶联剂、铝酸酯偶联剂、硼酸酯偶联剂等）对水镁石超细粉体进行干法、湿法以及粉碎改性一体化表面改性，并将所得到改性粉体填充到高聚物基体中制得阻燃复合材料，并对阻燃复合材料的力学性能及阻燃性能进行系统研究。主要研究进展包括以下几个方面：① $Mg(OH)_2$比表面积大，具有较强的吸附能力，可以对废水中的重金属离子和磷产生吸附作用，且$Mg(OH)_2$可与其他金属离子反应生成溶解度更小的难溶物，起到净化水体的作用。在臭氧化技术去

除水中苯酚及其衍生物的过程中，水镁石粉体可作为多相催化剂，促进苯酚的氧化并与其氧化物反应生成难溶物。②考查了 Mg（OH）$_2$ 用量，吸附时间，废水初始 pH 及温度对废水中磷的去除率的影响，利用氢氧化镁处理磷含量为 4mg/L 的废水时，Mg（OH）$_2$ 的最佳用量为 0.6g/L，吸附时间为 5min 时，即可去除废水中 95% 的磷。此外，使用后氢氧化镁的焙烧产物氧化镁可循环使用，可使废水中磷的去除率达到 95%[11]。③相关研究人员以水镁石作为原料，探究了煅烧温度及时间对其煅烧后产物 MgO 失重率、柠檬酸活性（CAA 值）、碘吸附值和水化率的影响。在煅烧温度 550℃ ~ 650℃、煅烧时间 1.0 ~ 2.2h 条件下，所得 MgO 活性最强[12]。宋书冬[13] 以水镁石为原料，采用诱导剂诱导直接转化的方法一步制备出品质较高的 Mg（OH）$_2$ 产品，研究结果表明，乳酸镁可诱导水镁石 /MgO 直接转化制备氢氧化镁，在氧化镁含量 30%、水热时间 36h、反应温度 200℃条件下制备出了六方片状排列的 Mg（OH）$_2$。

由于氢氧化镁具有显著的抗菌活性、无毒和热稳定性，常常被用作新型阻燃剂。氧化镁常用作添加剂，可以提高物质的阻燃性、绝缘性和机械性能。近年来国外对氢氧化镁研究热点主要集中在其催化和吸附特性，这主要是因为其微观结构具有多孔、比表面积大和晶格缺陷等性质，致使其表面活性显著增加。主要研究内容包括：①纳米级氢氧化镁是一种廉价而且无毒的抗菌添加剂，可以有效抵抗大肠杆菌和伯克霍尔德菌的感染。其作用机理主要有两方面：一是它可以直接渗透到细菌细胞内，破坏其蛋白质结构；二是纳米氢氧化镁粒子表面吸附形成水分子层，在与细菌接触时，破坏其细胞膜进而杀死细菌。②利用 Mg（OH）$_2$ 吸附特性和凝聚特性去除污水中的污染物质。Mg（OH）$_2$ 具有较高的表面面积，可以吸附污染物质，当增加镁离子浓度或者调解 pH 值可以使 Mg（OH）$_2$ 生成沉淀进而完成净化。③氢氧化镁用于纸张防腐。当纸张中添加纳米级氢氧化镁后，氢氧化镁颗粒可以渗透到纤维素中，中和酸性物质，使纸张呈中性或者弱碱性。④氢氧化镁可以作为细胞膜的成分，在药品、化学传感器方面具有重要作用，未来在医药和生物科技领域将有越来越多的应用[14-23]。

（二）菱镁矿

菱镁矿是一种含镁的碳酸盐矿物，又称为碱菱镁苦土或菱镁石，主要化学成分为碳酸镁（MgCO$_3$），常呈显晶粒状或隐晶质致密块体。白色或浅黄白、灰白色，有时带淡红色。含铁者呈黄至褐色、棕色，具有玻璃光泽，莫氏硬度 3.5 ~ 4.5，性脆，比重 2.9 ~ 3.1，是耐火材料的最主要天然矿物原料[24]。

由于菱镁矿资源的粗放经营，导致优质资源相对短缺，而占我国菱镁矿储量 1/3 的低品位菱镁矿（氧化镁含量 35% ~ 42%）资源却被闲置或废弃堆放，造成资源极大浪费，也导致生态破坏和环境污染。目前，国内对菱镁矿的研究进展主要包括以下几个方面：①在选矿加工方面。众多研究人员针对不同产地的低品位菱镁矿设计了选矿工艺，研发了行的药剂，获得了良好的选别指标[25-27]。其中，对辽宁海城低品位菱镁矿进行了水化试验，得到了水化率达到92.0%的试验结果[28]。②在菱镁矿应用方面。相关研究人员进行了低品位菱镁矿合成氢氧化镁的工业化研究[29]，并进行了低品位菱镁矿制备纳米氧化镁的工艺优化的研究[30]，还包括利用低品位菱镁矿合成镁橄榄石和镁铝尖晶石等耐火材料的研究[31]。③在菱镁矿尾矿的利用方面，国内外科技工作者已进行了大量研究工作。其中包括利用菱镁矿尾矿制备了具备耐火性能的镁硅酸盐水泥[32]；利用菱镁矿尾矿制备了高活性氧化镁，并对其性能进行表征[33]；研究了氧化铁以及氧化硼对菱镁矿尾矿合成橄榄石晶体结构以及性能的影响[34]。

轻烧镁和镁砂都是重要的工业原料，主要通过煅烧水镁石和菱镁矿产生。但是由于不同的生产工艺及条件，使得它们具有独特的物理化学性质。近年来国外相关科研单位对煅烧条件进行了大量研究[35-36]，研究发现：①其中镁砂煅烧温度在1500℃以上，具有结晶粒度大、微观孔隙率低的特点；而轻烧镁煅烧温度为600℃~900℃，具有较高的比表面积、孔隙率和活性。同时羟基行为和粒度特性对其与水反应作用效果影响显著。②煅烧温度对氧化镁活性影响较大，当煅烧温度为500℃~800℃时，有利于合成高温耐火材料和轻烧镁胶结料。③研究了天然菱镁矿、水镁石矿物和人工合成镁化合物热分解过程，分析了煅烧过程中热物理性质（包括温度和加热速率）对焙烧产物物相组成的影响。

（三）白云石

白云石是由$CaCO_3$和$MgCO_3$构成的一种碳酸盐矿物，化学分子式为$CaMg(CO_3)_2$。其集合体通常呈粒状，颜色为浅褐、粉红、浅绿、灰黄或灰白色，玻璃光泽，解离完全，相对密度为2.8~2.9g·cm^{-3}，莫氏硬度为3.4~4。白云石由于含杂质，其具备的化学和物理性能也存在一定的差异。白云石加热到700℃~900℃时分解为二氧化碳和氧化钙、氧化镁的混合物，称苛性镁云石，易与水发生反应。当白云石经1500℃煅烧时，氧化镁成为方镁石，氧化钙转变为结晶α-CaO，结构致密，抗水性强，耐火度高达2300℃[37-38]。

天然白云石的纯度较高，白云石的选矿提纯研究及应用较少，其主要研究进展包括设备、药剂、工艺及煅烧等综合利用研究。

国内选矿方面的最新研究主要是设备、药剂、工艺及尾矿综合利用方面。发明了一种滑石和白云石分选方法及装置，利用密度不同将滑石中杂石清除，提高了矿产资源的利用率[39]。发明了白云石与石英的浮选分离的新方法。在浮选过程中，将矿石磨矿至矿物单体解离后，首先用硫酸调整矿浆pH值为5~6，然后加入水玻璃与六偏磷酸钠抑制石英矿物，再加羟肟酸活化白云石矿物，最后加油酸对白云石矿物进行捕收得到白云石精矿产品[40]。采用同样思路，在酸性条件下抑制杂质及白云石实现萤石与白云石的浮选分离采用硫酸作pH值调整剂、酸性品红与柠檬酸铁作为白云石及其他杂质矿物的抑制剂、用植物油酸作萤石矿物的捕收剂，能够使萤石矿物与白云石及其他杂质矿物浮选分离[41]。采用碳酸钠作 pH 值调整剂、水玻璃与羟甲基纤维素作为锰白云石矿物的抑制剂、硫化钠作硅酸锌矿物的活化剂、用氧化石蜡皂作硅酸锌矿物的捕收剂，实现了将硅酸锌与锰白云石矿物浮选分离[42-43]。

白云石煅烧等综合利用方面。发明了一种由白云石制备高性能硅钢用氧化镁的方法，涉及取向硅钢片制造领域，具体为一种由白云石制备高性能硅钢用氧化镁的方法，解决了现有取向硅钢片制造中因使用盐卤法制备硅钢用氧化镁存在的附着性差、磁通密度低、绝缘膜层底层让步高等问题[44]。利用白云石黏土制备出了一种卫生用白云石黏土复合吸收树脂，本发明合理利用白云石黏土的组成及其反应活性，通过破碎、复合反应，后处理工艺得到吸液速度快、吸液量大、容重适中、原料成本低的白云石黏土复合吸收树脂成品[45]。研发了一种白云石耐火砖的制备方法，涉及耐火材料制造技术领域，白云石经过锻烧粉碎，通过配料、混料、制坯、干燥、烧成白云石耐火砖[46]。利用高钙陶土和白云石生产陶瓷砖，使低品质陶土和白云石得到了有效且高值的利用，同时采用低温快速烧成，减少能源消耗便于工业化生产[47]。采用轻烧白云石、木屑研制出了一种复合地板，由外层、防水层、主体层、粗糙层、防虫层、弹性颗粒层和凸块构成[48]。

国外相关学者最新研究结果包括以下几个方面[49-51]：①以白云石为原料生产 MgO 基膨胀剂。根据白云石分解的特点，其分解过程中释放的 CaO 与二氧化硅矿物结合形成硅酸盐，MgO 基膨胀剂的主要物质是 MgO、C_2S 和少量的 CaO。②研究氧化铁添加对煅烧白云石的耐水化性和容积密度的影响。研究了烧结镁钙砂的堆积密度和表观孔隙度，发现烧结温度、浸泡时间和增加轧制量都会增加散料的密度，从而降低表观孔隙度。③研究了煅烧白云石—坡缕石（DP）反应过程中白云石的热化学活性。结果表明，DPC 中发生的白云石分解反应开始于 500℃，在 780℃结束，在 745℃时反应速度最快。④研究了由工业废品合成镁铬耐火材料过程中黏结剂和其他参数的影响。结果表明，$MgSO_4 \cdot 7H_2O$ 作为黏结剂最适宜的用量为 8%，压力为 250MPa。⑤研究了 $MgO/CaZrO_3$ 耐火材料的腐蚀特性。

（四）滑石

滑石是一种含水的硅酸镁矿物。滑石质地非常软，具有滑腻感。由于色白、质软、无臭无味、化学性质稳定、热稳定性高，低导电性等特性，并具片状结构，滑石被应用于陶瓷、造纸、涂料、塑料、橡胶、医药、化妆品等行业[52]。

滑石除了应用于高分子复合材料、功能涂料、润滑油改性、造纸等领域，在污水处理吸附、医药、金属冶炼、建筑用材改性等领域中也有部分应用探索。滑石这一优质镁质硅酸盐的研发正处于由中低产品向精细化过渡的阶段。今后滑石行业发展的重点主要集中在：滑石的改性与复合功能材料。研究有关改性、复合的新方法，提高滑石的应用价值，拓展滑石的应用范围；开发高性能、低成本、环境友好的滑石复合产品（如滑石复合 PLA、滑石复合 PP、滑石复合陶瓷、滑石复合润滑剂等）；加强滑石在污水处理、润滑等新领域的基础研究工作，为滑石在这些行业中的应用提供理论支撑[53-54]。

国外相关学者对滑石研究领域与国内相近，但在侧重点方面有所不同，其中包括以下两个方面。①国内学者在滑石复合 PLA 材料应用方面研究较多，而国外对滑石复合 PLA 材料性能及机理的研究较为深入。研究结果表明，滑石对 PLA 结晶温度产生影响，滑石会作为结晶核有利于提高复合材料的结晶温度。同时滑石对 PLA 的热学性质、机械性能和流变性行为会产生影响。②滑石涂料改良剂的应用研究。有国外学者用硅烷与铈溶胶对锌/滑石复合涂料进行处理，制得功能涂料。结果表明，处理后锌/滑石复合涂料涂层均匀、平整，粗糙度降低；锌/滑石复合涂料经硅烷与铈溶胶处理后生成了硅烷防腐膜、氧化铈或氢氧化铈防腐膜，复合涂料的防腐性能提高。

四、我国发展趋势与对策

目前镁质矿物材料的主要发展趋势是开发高附加值镁盐系列产品及高纯超细和纳米氧化镁等高附加值产品。

纵观近五年的文献报道，目前主要的镁质产品和研发领域是氧化镁、氢氧化镁、碳酸镁、氯化镁、硫酸镁、金属镁等产品。我国在含镁矿加工和综合利用上，仍有改进的空间和需求。除围绕降耗来改进生产工艺外，还需要通过工艺革新提高产品的品质，其中需考虑开发和应用职业安全和环境友好的新工艺。此外，开采和利用水氯镁石、水菱镁石、水镁石等矿物，发展先进材料也是值得关注的发展方向之一，特别是特殊晶体结构、纳米化等高附加值产品的绿色生产技术以及应用技术。同时，镁质矿物材料开发应用的基础是镁质矿物材料的成分、结构及各种物化性能。未来需要加强镁质矿物材料的应用基础研究，深化矿物成分—结构—性能—加工工艺关系，建立镁质矿物材料数据库建设，开展和加强矿物材料设计研究。

参考文献

[1] 闫平科，赵永帅，高玉娟，等. 低品位菱镁矿水化试验研究 [J]. 硅酸盐通报，2016，35（4）：1096.

[2] 张永奎. 我国菱镁矿的开发利用现状及前景分析 [J]. 矿业论坛，2013（5）：424.

[3] 秦雅静，朱德山. 我国水镁石资源利用现状及展望 [J]. 中国非金属矿工业导刊，2014（6）：1-2.

[4] 郭如新. 镁资源、镁质化工材料现状与前景 [J]. 无机盐工业，2012，44（10）：1-2.

[5] 姚金. 含镁矿物浮选体系中矿物的交互影响研究 [D]. 沈阳：东北大学，2014.

[6] 王新星. 中国滑石资源特点及其开发现状 [J]. 技术探究，2015，5（36）：1-2.

[7] 郭如新. 国外镁质化工材料应用研究近期进展 [J]. 硫磷设计与粉体工程，2013（2）：14-19.

[8] U. S. Geological Survey, Mineral commodity summaries 2017 [M], Washington, 2017：102-106.

[9] 秦雅静，朱德山. 我国水镁石资源利用现状及展望 [J]. 中国非金属矿工业导刊，2014（6）：1-3.

［10］陈从喜，贾岫庄. 我国滑石工业的现状与挑战［J］. 中国非金属矿工业导刊，2012（5）：1-3.

［11］金士威，赵淑荣，周威. 氢氧化镁处理含磷废水［J］. 武汉工程大学学报，2012，34（8）：19-23.

［12］翟俊，黄春晖，张琴，等. 水镁石制备高活性氧化镁的探索［J］. 盐业与化工，2015，44（9）：18-22.

［13］宋冬书. 直接转化法氢氧化镁合成新方法的研究［D］. 沈阳：沈阳工业大学，2016.

［14］Pilarska A A, Klapiszewski Ł, Jesionowski T. Recent development in the synthesis, modification and application of Mg（OH）₂ and MgO: A review［J］. Powder Technology, 2017（319）: 373-407.

［15］Ohira T, Yamamoto O. Correlation between antibacterial activity and crystallite size on ceramics［J］. Chemical engineering science, 2012, 68（1）: 355-361.

［16］Cubukcuoglu B, Ouki S K. Solidification/stabilisation of electric arc furnace waste using low grade MgO［J］. Chemosphere, 2012, 86（8）: 789-796.

［17］Lee S, Maçon A L B, Kasuga T. Structure and dissolution behavior of orthophosphate MgO–CaO–P₂O₅–Nb₂O₅ glass and glass–ceramic［J］. Materials Letters, 2016（175）: 135-138.

［18］Pilarska A, Bula K, Myszka K, et al. Functional polypropylene composites filled with ultra–fine magnesium hydroxide［J］. Open Chemistry, 2015, 13（1）: 1-5.

［19］Dong C, Cairney J, Sun Q, et al. Investigation of Mg（OH）₂ nanoparticles as an antibacterial agent［J］. Journal of Nanoparticle Research, 2010, 12（6）: 2101-2109.

［20］Jung W K, Koo H C, Kim K W, et al. Antibacterial activity and mechanism of action of the silver ion in Staphylococcus aureus and Escherichia coli［J］. Applied and environmental microbiology, 2008, 74（7）: 2171-2178.

［21］A P Black. Split–Treatment Water Softening at Dayton［J］. Journal（American Water Works Association）, 1966, 58（1）: 97-106.

［22］Pilarska A, Paukszta D, Ciesielczyk F, et al. Physico–chemical and dispersive characterisation of magnesium oxides precipitated from the Mg（NO3）2 and MgSO4 solutions［J］. Polish Journal of Chemical Technology, 2010, 12（2）: 52-56.

［23］Rodorico Giorgi, Claudio Bozzi, Luigi Dei, et al. Nanoparticles of Mg（OH）₂: Synthesis and Application to Paper Conservation［J］. Langmuir the Acs Journal of Surfaces & Colloids, 2005, 21（18）: 8495.

［24］黄翀. 中国菱镁矿供需格局及产业发展研究［D］. 北京：中国地质大学（北京），2015.

［25］李彩霞，庞鹤，满东，等. 低品位菱镁矿选矿工艺研究［J］. 硅酸盐通报，2014，33（5）：1189-1192.

［26］陈可可. 低品位菱镁矿制备纳米氧化镁的工艺优化研究［J］. 新乡学院学报，2013（5）：342-345.

［27］代淑娟，于连涛，张孟. 辽宁吉美地区某低品位菱镁矿浮选提纯实验研究［J］. 矿冶工程，2014，34（4）：52-54.

［28］闫平科，卢智强，赵永帅，等. 低品位菱镁矿加压碳酸化法提纯试验研究［J］. 硅酸盐通报，2015，34（11）：3372-3376.

［29］李治涛，刘云义. 利用低品位菱镁矿合成氢氧化镁的工业化研究［C］// 中国无机盐工业协会镁化合物分会年会，2015.

［30］陈可可. 低品位菱镁矿制备纳米氧化镁的工艺优化研究［J］. 新乡学院学报，2013（5）：342-345.

［31］王闯，罗旭东，曲殿利，等. 低品位菱镁矿与硅石制备镁橄榄石的研究［J］. 无机盐工业，2012，44（9）：48.

［32］刘永杰，孙杰璟，孟庆凤. 利用菱镁矿尾矿制备镁硅酸盐水泥的研究［J］. 硅酸盐通报，2013，32（6）：1126-1130.

［33］黄明喜，薛建军，高培伟，等. 菱镁矿尾矿制备高活性 MgO 的性能表征［J］. 环境工程学报，2012，6（4）：1315-1319.

［34］郭玉香，曲殿利，李振. Fe₂O₃ 对菱镁矿尾矿合成镁橄榄石材料晶体结构与性能的影响［J］. 人工晶体学报，2016，45（2）：412-416.

[35] Salomão R, Arruda C C, Kawamura M A. A systemic investigation on the hydroxylation behavior of caustic magnesia and magnesia sinter [J]. Ceramics International, 2015, 41（10）：13998-14007.

[36] Kashcheev I D, Zemlyanoi K G, Ust'Yantsev V M, et al. Study of Thermal Decomposition of Natural and Synthetic Magnesium Compounds [J]. Refractories & Industrial Ceramics, 2016, 56（5）：522-529.

[37] 王冲, 刘勇兵, 曹占义, 等. 白云石煅烧组织的转变过程 [J]. 材料热处理学报, 2013, 34（2）：23-26.

[38] 邓海波, 徐轲, 缪亚兵, 等. 沉积型含白云石复杂难选重晶石矿的选矿工艺研究 [J]. 化工矿物与加工, 2015（6）：9-12.

[39] 刘兴良, 李香美, 吕超, 等. 一种滑石和白云石分选方法及装置 [P]. 中国专利：CN105233956A：2016-01-13.

[40] 魏宗武, 穆枭, 周德炎, 等. 一种白云石与石英的浮选分离方法 [P]. 中国专利：CN104624381B：2017-02-22.

[41] 魏宗武. 一种在酸性条件下萤石与白云石的浮选分离方法 [P]. 中国专利：CN103691567B：2015-09-02.

[42] 陈建华, 魏宗武, 穆枭, 等. 一种硅酸锌与锰白云石的浮选分离方法 [P]. 中国专利：CN102671771A：2012-09-19.

[43] 魏宗武. 一种白云石抑制剂的制备方法及其应用 [P]. 中国专利：CN103691574B：2015-09-09.

[44] 白锋, 张忠慧, 郁建强, 等. 一种由白云石制备高性能硅钢用氧化镁的方法 [P]. 中国专利：CN105271845A：2016-01-27.

[45] 余丽秀, 张然, 宋广毅, 等. 一种卫生用白云石黏土复合吸收树脂及其制备方法 [P]. 中国专利：CN105348430A：2016-01-13.

[46] 姚根稳. 白云石耐火砖的制备方法 [P]. 中国专利：105233956A：2016-02-24.

[47] 李宇, 陈军刚, 杨太林, 等. 一种利用高钙陶土和白云石生产陶瓷砖的方法 [P]. 中国专利：CN105541282A：2016-05-04. .

[48] 尹家波. 一种轻烧白云石：木屑复合地板砖 [P]. 中国专利：CN205296719U：2016-06-08.

[49] Sadik C, Moudden O, Bouari A E, et al. Review on the elaboration and characterization of ceramics refractories based on magnesite and dolomite [J]. Journal of Asian Ceramic Societies, 2016, 4（3）：219-233.

[50] Xu L, Deng M. Dolomite used as raw material to produce MgO-based expansive agent [J]. Cement & Concrete Research, 2005, 35（8）：1480-1485.

[51] Xie J J, Chen T, Xing B, et al. The thermochemical activity of dolomite occurred in dolomite-palygorskite [J]. Applied Clay Science, 2016, 119：42-48.

[52] 雷焕玲, 蒋少涌, 孙岩, 等. 江西广丰杨村超大型滑石矿床成因探讨 [J]. 矿床地质, 2012, 31（2）：241-254.

[53] 李萍, 刘文磊, 杨双春, 等. 国内外滑石的应用研究进展 [J]. 硅酸盐通报, 2013, 32（4）：138-141.

[54] 李小丹, 宁继鹏, 吴海艳, 等. 滑石在部分工业中的应用研究进展 [J]. 当代化工, 2016, 45（2）：376-377.

撰稿人：韩跃新　孙永升　郑水林　孙志明

钙质矿物材料研究进展与发展趋势

一、引言

按照矿物材料的定义[1]，钙质矿物材料是指以含钙矿物或含钙矿物的岩石为基本原料，通过深加工或精细加工而制得的功能材料。从矿物组分的分类上讲，钙质矿物应包括以钙为主要组分的碳酸盐、硫酸盐和硅酸盐等各类别矿物，其中，含钙的碳酸盐矿物主要有方解石（$CaCO_3$）、文石（$CaCO_3$）和白云石[$(Ca，Mg)CO_3$]，硫酸盐矿物主要有石膏（$CaSO_4 \cdot 2H_2O$）、硬石膏（$CaSO_4$）和半水石膏（$CaSO_4 \cdot 1/2H_2O$），硅酸盐矿物主要有硅灰石（$CaSiO_3$）等。由于在传统上石膏等被列为建筑材料，硅灰石一般按形态归于"纤维矿物材料"，所以本报告中的钙质矿物材料主要涉及含钙碳酸盐矿物和岩石，主要包括碳酸钙矿物，其次以白云石、大理石等原料加工和以其为成分的无机材料[2]。

本报告主要综述了钙质矿物填充材料、钙质矿物基体复合功能材料、钙质矿物建筑材料和钙质矿物生物材料的制备、结构、性能与应用研究现状及进展，并阐述了未来发展趋势和前沿研究方向。

二、钙质矿物填充材料研究进展

矿物填充材料又称矿物填料，是矿物材料中使用量最大的品种之一。钙质矿物材料广泛用于高分子聚合物、涂料、造纸、橡胶、胶粘剂（含密封胶）、油墨、杀虫剂、蜡制品、搪瓷制品及化妆品等制品中，起增加尺寸稳定性、刚性、硬度和降低成本的作用，某些经过深加工的矿物填充材料还能赋予所填充制品特殊的物理性能。

在钙质矿物填充材料中，以碳酸钙矿物加工制备和通过化学方法合成的以碳酸钙为成分的钙质矿物填充材料具有重要地位，包括利用方解石、大理石和石灰石等天然矿物与岩石加工的重质碳酸钙（重钙，GCC）、由化学沉淀反应制备的轻质碳酸钙（轻钙，PCC）和纳米碳酸钙（nano-CaCO₃）[3]。在西方发达国家，主要使用的碳酸钙矿物填充材料是 GCC 和 nano-CaCO₃，并且产量仍在不断增长，而 PCC 基本被淘汰。我国则存在 GCC、PCC 和 nano-CaCO₃ 并用的局面，其中 GCC 和 nano-CaCO₃ 用量呈增长趋势。

（一）加工技术进展

加工普通粒度的 GCC 钙质矿物填充材料一般为干法作业，采用的设备主要有球磨机、雷蒙磨、辊磨机、立式磨、离心磨、旋磨机、蜗轮式粉碎机和冲击式粉碎机等[5-7]，并配套使用分级设备或装置。一般而言，生产 5 ~ 10μm 细度的超细粉体采用干法工艺，粉碎设备包括高速气流粉碎机、振动磨与干式搅拌磨等[8]。生产粒度小于 5μm、2μm 甚至 1μm（亚微米）的超细粉体大多为湿法作业，设备有立式磨、砂磨机、卧式磨和珠磨机等类型搅拌磨。

在使用搅拌磨超细研磨制备钙质矿物填充材料方面，TORAMAN 等分别考察了搅拌磨干法[9]和湿法超细研磨碳酸钙过程各工艺因素的影响，表明研磨时间、研磨介质比例、搅拌磨速度对碳酸钙的表面性质及颗粒粒度对干法超细研磨的影响较大，加药量及研磨球的尺寸分布对湿法超细研磨的影响较大。物料进料粒度、矿浆浓度和矿浆黏度等条件对研磨效果的影响是其依据各自作用机制改变和影响物料行为的结果。在使用立式磨粉磨方面，崔啸宇等[10]分析了 HRM 高细立式磨粉磨重质碳酸钙的工艺原理和影响立磨稳定操作、运行的因素，陈德炜等[11]研究了立式磨机研磨碳酸钙产物的分形维数，建立了分形维数和超细粉碎研磨时间的关系。Kinnarinen 等[12]考察了在碳酸钙颗粒产物对其加压过滤性能的影响。

表面改性是包括钙质矿物填充材料在内非金属矿物最重要的深加工技术之一[13-14]。根据改性途径和改性后赋予产物的功能，可将表面改性分为颗粒表面改性剂附着改性、固体细小颗粒或均一膜包覆改性和高能活化改性三种类型[15]。经表面有机改性加工的钙质矿物填充材料在应用时，其在树脂等有机基体中的分散性及与有机基体的界面相容性均能得以提高，进而导致所填充塑料、橡胶等复合材料的力学性能提高，并有益于制品的加工过程[15]。对纳米碳酸钙的改性，一般针对其颗粒细小，表面能高和易团聚的特点，往往采用在制备过程的原位改性方式。

通过在搅拌磨湿法超细研磨同时加入改性剂方式，研究了碳酸钙矿物粉体的湿法机械力化学表面改性，使用的改性剂有硬脂酸钠、钛酸酯和烷胺双甲基瞵酸性等。结果表明，碳酸钙改性后，颗粒表面转变为疏水性，并导致其在有机非极性介质中的分散性提高；机械力作用使表面改性的得到了强化，改性剂与颗粒表面发生了不同程度的化学键合，粉碎过程中的机械力强度是影响改性效果的重要因素。Bao 等[16]通过接枝聚乙烯链制备了具有疏水性的碳酸钙。Zheng 等[17]通过油酸钙改性使碳酸钙由亲水性变为疏水性，其与聚二甲硅氧烷复合物在玻璃基体表面形成的超疏水薄膜接触角达到 160°；Jafari[18] 等在铝基板上喷涂碳酸钙粒子、硬脂酸和聚合物乳胶悬浮液的混合物制备超疏水表面，润湿接触角达到 158°。

（二）应用技术进展

1. 用于聚氯乙烯的钙质矿物填充材料

吉玉碧等[19] 研究了在填充和未填充碳酸钙（$CaCO_3$）条件下，采用三种不同生产方法制备相近聚合度的聚氯乙烯（PVC）糊树脂技术，表明增塑体系中黏度主要受相容性和树脂与 $CaCO_3$ 粒子颗粒形貌的共同影响。杨明球等[20] 研究了添加不同量的无机填料碳酸钙后，PVC 材料所呈现的耐候性差异及规律，表明碳酸钙的影响与自身浓度及使用过程中受外界温度、湿度及光照等作用所导致的碳酸钙自身活性有关。

2. 用于其他塑料制品的钙质矿物填充材料

Hassan 等[21] 研究了重钙颗粒粒度及其表面处理对 ABS/PVC 复合材料力学和热学性能的影响。Qazviniha 等[22] 对纳米碳酸钙增强 SEBS/ 聚丙烯纳米复合材料的物理及力学性能进行了研究。Rungruang 等[23] 通过胶团吸附聚合方法对碳酸钙进行改性，并将改性碳酸钙作为填料应用到等规聚丙烯中，改性提高了碳酸钙在聚丙烯中的分散性，并使橡胶具有较高的冲击强度。Etelaaho 等[24] 采用熔融复合法，以聚丙烯（PP）为基体，通过添加碳酸钙填料制备了纳米复合材料，表明改性碳酸钙具有更好的分散性、与基体的结合性和热稳定性。

3. 用于橡胶的钙质矿物填充材料

钙质矿物材料用于橡胶制品中，不仅具有降低成本的填充作用，而且还具有提高耐磨性、改善加工性，特别使提高制品的补强作用等一系列功能特性。基于这一要求，用于橡胶的钙质矿物材料一般为经偶联剂改性的超细碳酸钙，或为纤维状的碳酸钙晶须和纳米碳酸钙。Jin 等[25] 研究了纳米碳酸钙增强聚苯橡胶的热学性能和界面力学性能，表明添加纳米碳酸钙提高了复合材料的热稳定性、拉伸强度和伸长率。Mishra 等[26] 分别研究了纳米碳酸钙的比表面积和粒径的影响，认为比表面积越大，粒径越小越有利于提高橡胶制品的性能，与粒径 15nm 和 21nm 相比，添加 9nm 碳酸钙的复合材料玻璃转化温度（TG）提升最为明显。Gu 等[27] 通过在硬脂酸改性商品碳酸钙（CCR）粉体的表面包覆一层含有三个官能团（–OH，–COOH 和 C=C）的有机复合物，其对聚丙烯具有明显的协同增强作用。陈晰等[28] 研究了经钛酸酯偶联剂 NDZ101 表面改性的碳酸钙晶须对天然胶乳胶膜的补强作用，当晶须用量为 3% 时，复合胶膜综合力学性能最佳。

4. 用于涂料的体质颜料

涂料用体质颜料又称填料，是涂料中比例最大的固体组分，对降低涂料产品成本和改善性能具有重要作用。常用的涂料用体质颜料有碳酸钙、高岭土、滑石等，其中以碳酸钙

的用量最大。

马玉然等[29]研究了重质碳酸钙（GCC）的掺入对丙烯酸酯乳液改性乳化沥青防水涂料性能的影响。当GCC不超过临界填料体积浓度（CPVC）时，涂料的拉伸强度、断裂伸长率、黏度及施工应用性能均明显提高。王维录等[30]以改性碳酸钙制备了PVC含量43%的乳胶涂料，表明填加碳酸钙使涂料涂层的表面特性、耐洗刷性和耐老化性等都得到改善。廖海达等[31]以六偏磷酸钠为改性剂，采用机械化学力和水热法相结合的工艺对超细碳酸钙进行改性，并将其应用在水性涂料中使涂料的力学性能大大提高。赖俊伟等[32]合成了一种具有感光性的脂肪酸S-2-E，用其改性的碳酸钙具有一定的光活性，并添加该碳酸钙产物制备了ＵＶ涂料。何毅等[33]利用 γ-（2，3-环氧丙氧基）丙基三甲氧基硅烷（KH560）对GCC表面进行接枝改性，并以改性后的重钙为填料制备了环氧涂料，提高了环氧涂层的相容性、耐腐蚀性和热稳定性。李海滨等[34]研究了湿法超细GCC和轻质纳米碳酸钙在粉末涂料中的应用情况，表明湿法研磨GCC在粉末涂料中，其涂膜光泽、耐冲击等性能优于轻质碳酸钙。

作为有机乳液为基料的建筑涂料的体质颜料是纳米碳酸钙的主要应用领域，纳米碳酸钙颗粒小、活性高、光散射能力强，所以具有比普通碳酸钙更优异的使用性能。潘瑞[35]对纳米碳酸钙的改性及在水性建筑涂料中的应用进行了研究，与未添加纳米碳酸钙的涂料相比，添加纳米碳酸钙涂料的涂层抗污性、耐洗性、触变性、耐水性、耐碱性及时效性均明显提高。Li等[36]通过添加改性纳米碳酸钙制备了聚氨酯涂料，表明改性剂KH560对碳酸钙改性能提高碳酸钙在涂料中的分散性及与聚氨酯的结合性能，并使涂料的耐热性能提高。

5. 用于造纸填料和涂布颜料

（1）造纸填料

杨江红等[37]通过实验比较分析了填加不同比例轻质碳酸钙（PCC）、重质碳酸钙（GCC）对成纸质量的影响，发现与加填GCC相比，加填PCC的纸张具有更高的松厚度，并在提高纸张不透明度、灰分以及降低吸水值方面比GCC具有优势。与直接使用碳酸钙作造纸添加剂相比，使用经改性处理的碳酸钙引起了更多的关注。郑斌等[38]用淀粉与碳酸钙填料共混后进行糊化溶胀，再进行干燥和研磨处理制备了淀粉包覆改性碳酸钙填料，添加这种填料的纸张留着率、抗剪切性能和纸页强度均得到提高。樊慧明等[39]将淀粉—硬脂酸钠复合物包覆处理GCC，将筛分出的不同粒径范围的改性GCC添加在纸张中，表明碳酸钙粒径为35.155 ～ 54.025μm时，纸张的抗张强度、撕裂强度及耐破强度指标最好。樊慧明等[40]还通过控制淀粉改性过程中硬脂酸钠的用量得到Zeta电位不同的改性碳酸钙（GCC），探讨了Zeta电位对填料留着率和纸张物理强度的影响。苏艳群等[41]采用胶乳对填料级GCC进行表面改性，与未改性GCC相比，改性GCC加填纸的强度明显提高，光散射系数明显改善，纸张的施胶性能明显提高。刘军海等[42]在PCC研磨时，加入1%的自制树枝状聚合物进行改性，提高了 PCC 悬浮液的分散性，将其作为造纸填料使用，其纸张的抗张强度、耐破度、撕裂强度都有显著提高。El-Sherbiny[43] 等以商业大理石和白色堆积废料为原料，采用湿法碳化方法制备了廉价的纳米碳酸钙纤维，再用阳离子（油酸钠）和阴离子（CTAB）改性剂对其改性。将改性碳酸钙纤维在纸张中添加，能显著改善纸张的光学性能。Zhou 等[44] 通过有机–无机复合技术合成了骨纤维 / 碳酸钙复合材料，并将其与碳酸钙及聚氨酯结合制备了一种新型合成纸。刘银等[45] 将无机纳米颗粒包覆在 GCC 颗粒表面形成"核壳"结构复合粉体，结果表明，GCC 经过纳米包覆后，其颗粒棱角钝化，分散均匀，表面性能得到改善。用到造纸中对纸张的性能有所改善，能够提高纸张的抗张指数、留着率、耐破指数、撕裂指数和耐折度，并降低了纸张对水的吸收率。除碳酸钙外，车元勋等以白云石矿粉为原料[46]，对砂磨机湿法研磨工艺条件进行了考察和试验优化，在最佳研磨条件下得到粒径小于 $2\mu m$ 含量 66.2% 的研磨产物，满足了造纸填料的要求。

（2）造纸涂布颜料

王森等[47] 以氧化钙、二氧化碳为主要原料制备出了具有晶形好、粒径分布范围小，平均粒径小等特点的片状碳酸钙，并将其应用于涂布实验，表明片状碳酸钙有利于提高纸的平滑度、透气度、油墨吸收性及拉毛强度等物理性能。张家林等[48] 分别采用铝钛复合偶联剂和钛酸酯偶联剂作为功能性组分添加于纸张涂布体系中，表明复合偶联剂比单一的钛酸酯偶联剂更能增加纸张纤维间的结合强度，对涂布纸张物理性能的改善更加明显。朱陆婷等[49] 使用含沉淀碳酸钙颜料（PCC）和纤维素纳米纤维，提高简单的两步浸渍涂布法制备了超疏水纸，其中，PCC 团簇提供了形成超疏水表面所需的双重粗糙结构。

三、钙质矿物基体复合功能材料研究进展

钙质矿物基体复合功能材料是以钙质矿物为基体，以特定的无机功能材料为功能组分，将二者进行结构上的有序复合所制得的功能材料，这一复合处在微纳米尺度，属于关键层次，所以是从颗粒外观、物理或物理化学层面上设计和调控粉体性质，进而实现粉体材料功能化的重要方法。

制备钙质矿物基体复合功能材料的目的是改进并提高单一组分材料性能，或通过结构复合赋予原单一组分不具有的性能或效应。钙质矿物基体复合功能材料的物理性能与其组分和构建结构相关，其功能主要来自钙质矿物以外组分，钙质矿物基体在其中形成协同作用。所以，对参与复合的无机功能组分而言，其功能特性发挥的条件因与钙质矿物基体复合而被优化，因此，功能特性比未复合时得到提升；而对钙质矿物基体而言，制备钙质矿物基体复合功能材料使矿物基体附加了新的功能属性，或使矿物基体原有的不利性质被弱化和消除。如碳酸钙为基体与 TiO_2 复合制得复合颜料，因 TiO_2 颗粒的分散性提高及碳酸

钙协同效应的发挥，导致其中的 TiO_2 颜料性能比未复合 TiO_2 显著提升，同时使仅具有填料性能的碳酸钙矿物附加了与 TiO_2 相似的颜料功能。

（一）碳酸钙 – TiO_2 复合颜料研究进展

1. 碳酸钙 – TiO_2 复合颜料的制备

碳酸钙 – TiO_2 复合颜料是以碳酸钙矿物（主要是方解石）为包核基体，通过在碳酸钙颗粒表面包覆晶相 TiO_2 制得复合颗粒，并由这种复合颗粒构成的粉体材料。研究认为，碳酸钙与 TiO_2 颗粒间复合结构的有序性和二者界面结合牢固程度是影响碳酸钙 – TiO_2 复合颜料性能的关键因素，其中，复合结构有序性包括 TiO_2 在碳酸钙颗粒表面包覆量、包覆完整程度和均匀程度等。很显然，上述结构有序性越完整，界面结合越牢固，则所形成的碳酸钙 – TiO_2 复合颜料的性能就越优异。

$CaCO_3$ – TiO_2 复合材料具有类似钛白粉的颜料性质，TiO_2 比例 60% 时，复合材料的遮盖力为钛白粉的 90%，吸油量和紫外线吸收功能与钛白粉相同；$CaCO_3$ – TiO_2 复合材料中 TiO_2 在 $CaCO_3$ 颗粒表面形成均匀包覆和二者通过各自表面羟基形成了化学结合。王岩岩等[50] 在机械力化学法制备碳酸钙 / TiO_2 复合粉体（C/TCP）过程中，通过添加微量氧化铁红、氧化铁黑颜料提高了复合粉体的遮盖力。丁浩等[51] 使用带有双研磨腔的高强高流量立式研磨机对加入聚丙烯酸钠或硅酸钠溶液、固含量 40% 的方解石粉体（<45μm）悬浮液进行研磨，得到颗粒度为亚微米级的浆料，再将其作为增量剂与预先制备的方解石表面包覆 TiO_2 复合粉体的浆料进行均化、均化物干燥、打散制得一种高比例替代二氧化钛的无机复合白色颜料，在复合 TiO_2 比例 36% 和 45% 条件下，所得复合白色颜料的遮盖力相当于所用钛白粉遮盖力的比例超过 90%，最高为 94.7%，扣除二氧化钛自身效能后的提升比例平均高达 51.08%。丁浩等[52] 发明了一种采用疏水聚团方法制备白色矿物 – 二氧化钛复合颜料的方法，通过有机改性矿物和 TiO_2 颗粒表面所吸附改性剂的碳链间的缔合制得复合颜料。其中，所制备复合颜料（TiO_2 比例 50%）的遮盖力与钛白粉接近，并具有疏水性（接触角 101° ~ 106°）。邹建新等[53] 在轻质碳酸钙的制备过程中，控制碳化率为 80% 左右时，先后加入钛白浆料和 $NaSiO_3 \cdot 9H_2O$ 可获得与锐钛型钛白颜料性能相当的复合钛白。

2. 碳酸钙 – TiO_2 复合颜料的应用研究进展

丁浩等[54] 以液相机械力研磨方法制备的碳酸钙与锐钛矿型 TiO_2 复合粉体 A–16 为颜料制备了建筑内墙涂料。A–16 用量 5%、10%，涂料对比率分别达到内墙涂料国家标准（GB/T 9756—2009）的合格品要求（对比率 ≥ 0.90），A–16 用量 15% 和 20%，涂膜对比率达到优等品要求（对比率 ≥ 0.95），与使用锐钛矿型钛白粉（BLA200）相当，涂膜白度也非常接近。丁浩等[54] 还对分别采用碳酸钙与金红石型 TiO_2 复合粉体（R–801）、金红石型钛白粉（BLR699）制备的建筑外墙涂料性能进行了对比研究。R–801 和 BLR699 用量分别超过 5%，所制得涂料涂膜对比率均达到外墙涂料国家标准（GB/T 9755—2014）优等品要求（对比率 ≥ 0.93）。所以用 R-801 代替 BLR699 是可行的。陈雪峰等[55]使用以矿物颗粒为包核，通过其表面包覆 TiO_2 制得的复合钛白粉制备了装饰纸原纸，其性能与加填钛白粉纸张相当。

（二）碳酸钙 – TiO_2 复合乳浊剂研究进展

将无机矿物基体与 TiO_2 颗粒经微纳米尺度有序复合可制得矿物 –TiO_2 复合乳浊剂，其中对碳酸钙矿物为基体的复合乳浊剂在陶瓷卫生洁具中的应用进行了系统研究。

丁浩等[56]将碳酸钙 –TiO_2 复合乳浊剂加入到陶瓷釉中制备了建筑卫生陶瓷。其釉面色度、平滑度、细腻度均与 $ZrSiO_4$ 乳浊剂釉面相当。并且，使用碳酸钙 –TiO_2 复合乳浊剂釉层物质达到国家标准《室内装饰装修材料 – 建筑材料放射性核素限量》（GB 6566—2010）中 A 类产品要求，表明其应用不受限制。而使用 $ZrSiO_2$ 釉层仅满足 C 类产品要求，按要求仅能用于建筑物外部。丁浩等[56]还研究了碳酸钙 –TiO_2 复合乳浊剂相比于直接使用 TiO_2 作乳浊剂对陶瓷釉面黄变现象的抑制及其机理。复合乳浊剂抑制釉面黄变的机理是：碳酸钙 –TiO_2 界面处 –Ca–O–Ti– 键对釉料高温烧成榍石起诱导作用，并由此抑制了 TiO_2 生成金红石相。

上述研究表明，在卫生陶瓷制造中使用碳酸钙 –TiO_2 复合乳浊剂可具有以下作用：①解决直接使用 TiO_2 作乳浊剂存在的釉面黄变问题，并通过碳酸钙组分的协同效应，提高 TiO_2 功能作用，降低其用量，节约成本；②代替传统 $ZrSiO_4$ 乳浊剂，在达到 $ZrSiO_2$ 釉面性能的同时，制得无放射性辐射的安全、绿色陶瓷卫生洁具等制品，消除使用 $ZrSiO_2$ 釉面的放射性危害。

（三）表面纳米化修饰复合钙质矿物材料研究进展

在微米尺度的钙质矿物（主要是碳酸钙）颗粒表面紧密包覆纳米粒子或膜即可形成表面纳米化修饰复合钙质矿物材料。包覆的纳米物质主要有纳米碳酸钙（nano-$CaCO_3$）、白炭黑（$SiO_2 \times nH_2O$）和 TiO_2 等。钙质矿物颗粒表面纳米化修饰的目的是消除因颗粒外观形貌所造成的不利影响，如重质碳酸钙（GCC）颗粒棱角尖锐、表面光滑，所以在聚合物中填充往往造成界面结合弱、复合材料局部应力集中和力学性能下降等。在 GCC 表面紧密包覆纳米粒子，可改善其表面形态，提高应用时与基体间的相容作用，进而提高力学性能。

1. 表面 nano-$CaCO_3$ 修饰的复合钙质矿物材料

刘银等[57]在 Ca（OH）$_2$ –H_2O–CO_2 体系中加入一定量的 GCC 超细粉体，得到纳米 $CaCO_3$ 包覆的复合 GCC，将其用于纸张填充，其留着率提高，纸张对水的吸收率降低，抗张指数、耐破指数、撕裂指数、耐折度等增加。周守发等[58]根据非均匀成核原理，通过对 Ca（OH）$_2$–H$_2$O–CO$_2$ 反应体系条件的控制，使白云石颗粒表面生成了具有链状结构的纳米 CaCO$_3$ 包覆层。Yang 等[59]采用湿法包覆方法在 Ca（OH）$_2$–H$_2$O–CO$_2$ 体系合成了三种以传统矿物材料为基体的复合颗粒，将制备的复合颗粒加入聚丙烯中，相比表面未进行包覆的矿物颗粒，其填充性能显著提高。

2. 表面 SiO$_2$ 修饰的复合钙质矿物材料

方京南等[60]通过表面化学修饰，制备了超疏水 CaCO$_3$/SiO$_2$ 复合粒子并用于对亲水涂料进行改性，当 CaCO$_3$ 与纳米 SiO$_2$ 质量比小于 6∶1 时，可以制得超疏水涂层，且涂层疏水性随复合粒子加入量的增加而增大。刘晓红等[61]以氨水、纳米 CaCO$_3$ 和磷肥工业副产物氟硅酸为原料，制备了 CaCO$_3$/SiO$_2$ 复合物，提高了纳米 CaCO$_3$ 的耐酸性。法文君等[62]采用溶胶–沉淀法制备了具有核壳结构的纳米 CaCO$_3$/SiO$_2$ 复合物，试验结果表明，用硬脂酸改性后的碳酸钙比较容易包覆无机的 SiO$_2$。杨东亚等[63]对含有纳米硅溶胶的纳米碳酸钙悬浮液作超声波和加热处理，从而制备了性能稳定的纳米碳酸钙/二氧化硅复合粒子。Cui 等[64]通过机械力化学法制备了具有核壳结构的 CaCO$_3$/SiO$_2$ 复合颗粒，将其添加在硅橡胶中不仅可以降低 SiO$_2$ 的用量，还可以提高硅橡胶的力学性能。Kumar 等[65]采用干法在碳酸钙表面包覆了纳米二氧化硅，并对表面包覆不同质量分数纳米二氧化硅的碳酸钙的分解动力学进行了试验研究。崔嵬等[66]采用机械研磨法，通过白炭黑湿法研磨解聚和硅灰石–白炭黑共混研磨手段制备硅灰石–无定形 SiO$_2$ 复合颗粒，SiO$_2$ 颗粒的包覆使硅灰石表面变得粗糙。

（四）环境净化功能钙质矿物材料

通过对钙质矿物或含钙质矿物的岩石进行特定处理和加工，可得到主要依托钙质矿物性质、具有去除环境污染物作用的功能材料，即环境净化功能钙质矿物材料。

1. 去除气体污染物的钙质矿物材料

Duffy[67]等人研究了活化白云石对气态酸性污染物的吸附和去除作用。煅烧是活化白云石的有效方法，煅烧使白云石部分分解为方解石和氧化镁。试验以 CO$_2$ 和 NO$_2$ 作为被吸附气体来研究白云石的吸附性能。试验数据表明，白云石吸附剂很有可能成为性价比较高的酸性气体吸附剂。

2. 去除水体污染物的钙质矿物材料

王农等[68]以丙烯酸（AA）为单体，碳酸钙为改性添加剂，N,N– 亚甲基双丙烯酰胺（NMBA）为交联剂，过硫酸铵（APS）/亚硫酸钠为氧化还原型引发剂，采用水溶液聚合法合成了碳酸钙改性高吸水树脂。Yuan[69]等将白云石作为吸附剂来去除废水中的磷酸根阴离子，在最优条件下，磷酸根离子剩余浓度达到国家污染物排放二类标准（GB 1A（TP = 0.5 mg·L–1））。倪浩等[70]研究了白云石对水溶液中 Cu^{2+} 和 Pb^{2+} 的吸附特性。白云石对 Cu^{2+} 和 Pb^{2+} 的吸附在 24 h 达到平衡，其中对 Pb^{2+} 的吸附量大于 Cu^{2+}。在一定条件下，白

云石对 Cu^{2+} 和 Pb^{2+} 的去除率与溶液初始浓度成反比，与固液比成正比，吸附等温方程符合 Langmuir 模型，为单分子层吸附属于吸热反应，可自发进行。肖利萍等[71]采用自制的膨润土—白云石复合颗粒吸附剂对含 Fe^{2+} 和 Mn^{2+} 的酸性矿山废水进行了吸附研究，表明膨润土—白云石复合颗粒吸附剂可中和酸性矿山废水。

四、钙质矿物建筑材料研究进展

钙质矿物建筑材料包括使用钙质矿物制备的人造石材和作为水泥、混凝土等建筑材料的添加剂。人造石材是当今社会主要的建筑装饰材料之一，可替代天然石材、高档陶瓷、木材类装饰材料，属绿色环保型高级建材，钙质矿物作为水泥、混凝土中的添加剂对建筑材料性能的优化和改善具有积极影响。

吴翠平等[72]选取重质碳酸钙（GCC）为填料，填充制备了树脂基人造石材。选用聚乙二醇 –200、一缩二乙二醇、三乙醇胺和氨基硅油为改性剂对 GCC 进行表面改性，其降低 GCC 吸油值的强弱顺序为氨基硅油 –804> 聚乙二醇 –200> 三乙醇胺 > 一缩二乙二醇；改性后 GCC 样品的热稳定性最好，热分解温度为 325 ℃。Cao 等[73]研究了混合浆体的流变性及碳酸钙晶须在水泥基体的分布，结果表明，所制得复合材料的屈服应力和塑性黏度随碳酸钙晶须含量的增加及水灰比的减小而增加。Li 等[74]分别采用仅加入碳纤维，仅加入碳酸钙晶须及加入二者复合物三种方式来增强油井水泥。试验结果表明，与加入碳纤维或碳酸钙晶须相比，加入碳酸钙晶须（10%）及碳纤维（0.3%）复合产物的油井水泥强度及韧性均显著提高。Li 等[75]研究了纳米二氧化硅 /SiO_2（NS）及纳米石灰石 /$CaCO_3$（NC）对不同养护条件下超高性能混凝土（UHPC）基体流动性、强度及微观性能的影响，表明 NS 和 NC 含量是影响 UHPC 基体强度的一个重要因素。Faiz 等[76]研究了纳米碳酸钙对用 40% 和 60% 粉煤灰部分替代水泥高粉煤灰混凝土（HVFA）的抗压强度及耐久性的影响。纳米碳酸钙的加入不仅提高了 HVFA 微观结构的致密性，还改变了水化产物的组成，因此提高了 HVFA 的抗压强度和耐久性。

五、钙质矿物生物材料研究进展

熊亮等[77]制备了多孔碳酸钙陶瓷（PCCC），并将其修复骨缺损后宿主骨呈现良好的力学特征，表明多孔碳酸钙陶瓷有望成为骨组织工程中修复骨缺损的理想支架。含 30% 纳米碳酸钙 / 聚左旋乳酸复合材料的冲击强度、弯曲强度、拉伸弹性模量均高于 10% 纳米碳酸钙 / 聚左旋乳酸复合材料，差异有显著性意义（P<0.05）。刘建国等[78]合成了纳米碳酸钙 / 聚 L– 乳酸复合材料。纳米碳酸钙 / 聚 L– 乳酸复合材料具有较高的初始强度和良好的生物相容性，认为是纳米碳酸钙与聚 L– 乳酸的复合所导致。侯晓晓等[79]以无水碳

酸钠和氯化钙为原料，加入一定量海藻酸钠，采用化学沉淀法制备了具有一定药物装载量和药物缓释效果的碳酸钙－海藻酸钠杂化颗粒。韩华锋等[80]采用聚苯乙烯磺酸钠（PSS）作为调控剂，将其加入到氯化钙和碳酸钠溶液反应体系中成功制备出表面粗糙的碳酸钙微球，它具有很低的细胞毒性，具有良好的生物相容性，可望作为一种安全的非病毒基因载体用于基因治疗领域。Islan 等[81]采用酶法对微米级的碳酸钙进行改性，获得了具有纳米体系表面的碳酸钙颗粒，从而增加了其载药性。

六、我国发展趋势与对策

钙质矿物材料是一个既传统又新兴的无机工业材料门类，多年来，传统的钙质矿物材料，如重质碳酸钙、轻质碳酸钙填料、建材等在工业领域的大量应用，为国民经济相关行业的发展和进步提供了巨大的支撑。近些年来，纳米碳酸钙、钙质矿物复合功能材料等新兴材料的涌现和突破传统领域的应用范围拓展，大大提升了钙质矿物的附加值，并给整个非金属矿行业带来巨大的发展前景。

但是必须看到，钙质矿物材料在发展过程中也面临着技术、工艺、产品规划和应用理念等多方面的问题与挑战，正确认识、应对和解决这些问题，无疑是未来钙质矿物材料进一步发展、壮大的需要。

钙质矿物材料面临的主要问题和解决问题的思路归纳如下：

（1）进一步优化改善钙质矿物材料的功能特性以提升应用水平。传统的钙质矿物材料一般只作为填充材料，应用时主要起降低成本的作用，对制品性能的提升作用有限，甚至在用量较大时降低制品性能。这使得传统钙质矿物材料难以满足相关应用领域，特别是高性能聚合物复合材料体系应用的要求。所以，应进一步针对性地提高材料功能和品质，如解决碳酸钙填料在有机聚合物填充时存在的补强性差的问题，既要通过碳酸钙表面改性改善其与聚合物的相容性和界面相互作用，还应通过表面纳米化修饰等措施消除颗粒表面棱角、降低表面光滑性以提高碳酸钙与聚合物基体的结合作用。将上述两种作用实现结合将成为改善碳酸钙填料功能特性的重要研究方向。

（2）加强钙质矿物材料的科技创新，提高创新水平。从提升品质、节约成本、降低能耗等角度开展钙质矿物材料的理论创新、方法创新和工艺创新。如采用疏水聚团自组装方法，通过改性碳酸钙和 TiO_2 颗粒表面所吸附改性剂的碳链间的缔合制备复合颜料。今后将加大这一工艺的产业化转化力度，升级现有制造工艺。

（3）加大钙质矿物新功能材料的推广力度。钙质矿物新功能材料一般都具有比传统功能材料更显著的综合优势、性价比优势和环境、社会效应。未来将主要针对应用行业，从产品功能、节约资源、保护环境等多角度强化对碳酸钙－TiO_2 复合颜料的推广工作。

参考文献

［1］ 韩跃新，印万忠，王泽红，等. 矿物材料［M］. 北京：科学出版社，2006.

［2］ 郑水林. 非金属矿物材料［M］. 北京：化学工业出版社，2007.

［3］ 胡庆福. 纳米碳酸钙生产与应用［M］. 北京：化学工业出版社，2004.

［4］ 郑水林. 非金属矿加工与应用［M］. 北京：化学工业出版社，2003.

［5］ 郑水林，袁继祖. 非金属矿加工技术与应用手册［M］. 北京：冶金工业出版社，2005.

［6］ 袁继祖. 非金属矿物填料与加工技术［M］. 北京：化学工业出版社，2007.

［7］ 盖国胜，马正先等. 超细粉碎分级技术［M］. 北京：中国轻工业出版社，2000.

［8］ 郑水林，王彩丽. 粉体表面改性（第三版）［M］. 北京：中国建材工业出版社，2011.

［9］ O Y Toraman. Dry Fine Grinding of Calcite Powder by Stirred Mill［J］. Particulate Science & Technology, 2012, 31（3）：205–209.

［10］ 崔啸宇，李晓光，郭凌坤，等. 重质碳酸钙立式磨粉磨工艺及操作浅析［J］. 中国非金属矿工业导刊，2014（1）：37–40.

［11］ 陈德炜，葛晓陵，QuteenShi，等. 重质碳酸钙颗粒在超细粉碎工艺中的分形维数和多维分形特征变化［J］. 纳米科技，2014（4）：40–44.

［12］ Kinnarinen T, Tuunila R, Huhtanen M, et al. Wet grinding of CaCO$_3$, with a stirred media mill：Influence of obtained particle size distributions on pressure filtration properties［J］. Powder Technology, 2015（273）：54–61.

［13］ 郑水林，王彩丽. 粉体表面改性（第三版）［M］. 北京：中国建材工业出版社，2011.

［14］ 卢寿慈. 粉体加工技术［M］. 北京：中国轻工业出版社，1999.

［15］ 丁浩. 粉体表面改性与应用［M］. 北京：清华大学出版社，2013.

［16］ Bao L, Yang S, Luo X, et al. Fabrication and characterization of a novel hydrophobic CaCO$_3$ grafted by hydroxylated poly（vinyl chloride）chains［J］. Applied Surface Science, 2015, 357（2）：77–79.

［17］ Zheng Y, Yi H, Qing Y, et al. Preparation of superhydrophobic coating using modified CaCO$_3$［J］. Applied Surface Science, 2013, 265（1）：532–536.

［18］ Jafari R, Farzaneh M. Development a simple method to create the superhydrophobic composite coatings［J］. Journal of Composite Materials, 2013, 47（25）：3125–3129.

［19］ 吉玉碧，徐国敏，杨照，等. 碳酸钙填充对 PVC 增塑糊黏度的影响［J］. 高分子材料科学与工程，2016（2）：54–59.

［20］ 杨明球. 碳酸钙对 PVC–U 耐候性能影响的研究［J］. 中国化工贸易，2015（3）.

［21］ Azman Hassan, Abozar Akbari, Ngoo Kea Hing, et al. Mechanical and Thermal Properties of ABS/PVC Composites：Effect of Particles Size and Surface Treatment of Ground Calcium Carbonate［J］. Polymer–Plastics Technology and Engineering, 2012, 51（5）：473–479.

［22］ Qazviniha M R, Abdouss M, Musavi M, et al. Physical and mechanical properties of SEBS/polypropylene nanocomposites reinforced by nano CaCO$_3$［J］. Materialwissenschaft Und Werkstofftechnik, 2016, 47（1）：323–325.

［23］ Rungruang P, Grady B P, Supaphol P. Surface–modified calcium carbonate particles by admicellar polymerization to be used as filler for isotactic polypropylene［J］. Colloids & Surfaces A Physicochemical & Engineering Aspects, 2006, 275（1–3）：114–125.

［24］ P Eteläaho, S Haveri, P Järvelä. Comparison of the morphology and mechanical properties of unmodified and surface–modified nanosized calcium carbonate in a polypropylene matrix［J］. Polymer Composites, 2011, 32（3）：464–471.

［25］ Jin F L, Park S J. Thermo–mechanical behaviors of butadiene rubber reinforced with nano–sized calcium carbonate ［J］. Materials Science & Engineering A, 2008, 478（1–2）：406–408.

［26］ Mishra S, Shimpi N G. Effect of Nano CaCO₃ on thermal properties of Styrene Butadiene Rubber（SBR）［J］. Journal of Polymer Research, 2007, 14（6）：449–459.

［27］ J Gu, D S Jia, R S Cheng. Polypropylene Composite Toughened by a Novel Modified Nano–CaCO₃ ［J］. Polymer–Plastics Technology and Engineering, 2008, 47（6）：583–589.

［28］ 陈晰, 吴杰, 张伦辉, 等. 碳酸钙晶须／天然胶乳复合胶膜的研究［J］. 龙岩学院学报, 2014, 32（2）：19–22.

［29］ 马玉然, 常英, 李文志, 等. 重质碳酸钙对丙烯酸酯乳液改性乳化沥青防水涂料性能的影响［J］. 中国建筑防水, 2015（4）：13–15.

［30］ 王维录, 靳涛, 吕海亮, 等. 改性纳米碳酸钙制备乳胶涂料研究［J］. 山东科技大学学报（自然科学版）, 2013, 32（3）：39–46.

［31］ 廖海达, 秦燕, 朱南洋, 等. 改性超细碳酸钙及其在水性塑胶涂料中的应用［J］. 广西民族大学学报（自然科学版）, 2015, 21（3）：92–96.

［32］ 赖俊伟, 杨建文, 刘晓暄. 碳酸钙表面感光修饰及其在 UV 涂料中的应用［J］. 影像科学与光化学, 2013, 31（1）：10–17.

［33］ 何毅, 罗智, 陈春林, 等. 改性重质碳酸钙制备环氧涂料及其涂层性能研究［J］. 涂料工业, 2013, 43（11）：64–70.

［34］ 李海滨, 邹检生, 彭鹤松, 等. 湿法碳酸钙生产工艺及其在粉末涂料中的应用研究［J］. 涂料技术与文摘, 2015（4）：14–17.

［35］ 潘瑞. 改性纳米碳酸钙用于水性建筑涂料［J］. 盐业与化工, 2013, 42（4）：17–21.

［36］ Li B, Li S M, Liu J H, et al. The heat resistance of a polyurethane coating filled with modified nano–CaCO₃ ［J］. Applied Surface Science, 2014, 315（1）：241–246.

［37］ 杨江红, 雷江波, 王喜鸽. 轻质碳酸钙与重质碳酸钙在造纸加填中的效果比较［J］. 造纸化学品, 2007, 19（2）：36–38.

［38］ 郑斌, 马晓娟, 黄六莲, 等. 淀粉改性碳酸钙填料提高复印纸性能的研究［J］. 纸和造纸, 2016, 35（2）：23–28.

［39］ 樊慧明, 王硕, 刘建安, 等. 改性重质碳酸钙的粒径大小对纸张性能的影响［J］. 造纸科学与技术, 2015（1）.

［40］ 樊慧明, 龙君, 刘建安, 等. 改性重质碳酸钙的 Zeta 电位对加填纸性能的影响［J］. 纸和造纸, 2014, 33（9）：32–35.

［41］ 苏艳群, 杨扬, 刘金刚. 研磨碳酸钙的胶乳改性及其在加填纸中的应用［J］. 中国造纸, 2014, 33（6）：1–5.

［42］ 刘军海, 代红灵, 王俊宏. 树枝状聚合物对轻质碳酸钙加填纸张性能的影响［J］. 中华纸业, 2012, 33（12）：41–44.

［43］ El–Sherbiny S, El–Sheikh S M, Barhoum A. Preparation and modification of nano calcium carbonate filler from waste marble dust and commercial limestone for papermaking wet end application ［J］. Powder Technology, 2015, 279：290–300.

［44］ Zhou H, Xun R, Zhou Z, et al. Preparation of collagen fiber/CaCO₃ hybrid materials and their applications in synthetic paper ［J］. Fibers & Polymers, 2014, 15（3）：519–524.

［45］ 刘银, 吴燕, 杨玉芬, 等. 纳米包覆重质碳酸钙在造纸中的应用［J］. 造纸科学与技术, 2013（1）：60–62.

［46］ 车元勋, 景宜, 张凤山. 白云石湿法研磨制备造纸填料的工艺研究［J］. 中国造纸学报, 2013, 28（4）：18–22.

［47］ 王森, 毛二林. 片状碳酸钙的制备及其在造纸涂布中的应用［J］. 中华纸业, 2009, 30（20）：59–61.

［48］ 张家林, 周敬红. 偶联剂改性碳酸钙晶须在涂布中的应用［J］. 中华纸业, 2014（10）：25–29.

［49］朱陆婷，王海松. 纤维素纳米纤维作为黏合剂制备超疏水纸［J］. 中华纸业，2016，37（12）.

［50］王岩岩，张俭，盛嘉伟. 高遮盖力碳酸钙／钛白粉复合白色颜料研究［J］. 现代涂料与涂装，2013（8）：10-12.

［51］丁浩，郑允星，周红，等. 一种高比例替代二氧化钛的无机复合白色颜料的制备方法［P］，中国地质大学（北京），2016-4-20.

［52］丁浩，郑允星，周红，等. 一种白色矿物：二氧化钛复合粉体颜料的制备方法［P］，中国地质大学（北京），2016-5-25.

［53］邹建新，彭富昌，杨成. 以碳酸钙为基的复合钛白制备研究［J］. 攀枝花科技与信息，2012（4）：51-54.

［54］丁浩，林海，邓雁希，等. 矿物－TiO₂微纳米颗粒复合与功能化［M］. 北京：清华大学出版社，2016.

［55］陈雪峰，许跃，刘文，等. 复合钛白粉性能及在装饰原纸中应用的研究［J］. 中国造纸，2015，34（12）：1-6.

［56］丁浩，敖卫华，夏文华，等，矿物－TiO₂复合乳浊剂性能及在制备卫生洁具中的应用，中国硅酸盐学会陶瓷分会2016学术年会论文集，2016，辽宁沈阳.

［57］刘银，吴燕，杨玉芬，等. 纳米包覆重质碳酸钙在造纸中的应用［J］. 造纸科学与技术，2013（1）：60-62.

［58］周守发，杨玉芬，王启宝，等. 复合白云石表面链状纳米CaCO₃的制备［J］. 中国矿业大学学报，2009，38（5）.

［59］Yang Y F, Gai G S, Fan S M. Surface nano-structured particles and characterization［J］. International Journal of Mineral Processing, 2006, 78（2）：78-84.

［60］方京男，洪碧圆，童威，等. 基于CaCO₃-SiO₂复合粒子的超疏水表面制备［J］. 浙江大学学报（理学版），2011，38（2）：189-193.

［61］刘晓红，毛艳红，潘逸凡. 二氧化硅包覆纳米碳酸钙的合成［J］. 南昌大学学报（工科版），2016，38（1）：12-15.

［62］法文君，王威，魏亚君，等. 具有核壳结构的纳米CaCO₃-SiO₂的制备与表征［J］. 化工新型材料，2012，40（5）：71-73.

［63］Yang D, Qiu F, Zhu F, et al. Preparation and Characterization of Nano CaCO₃ Modified with Silica Sol and Study of Its Property［J］. Rare Metal Materials & Engineering, 2008, 37（3）：351-354.

［64］Cui C, Ding H, Cao L, et al. Preparation of CaCO₃-SiO₂ composite with core-shell structure and its application in silicone rubber［J］. Polish Journal of Chemical Technology, 2015, 17（4）：14871-81.

［65］Kumar D, Maiti S C, Ghoroi C. Decomposition Kinetics of CaCO₃ Dry Coated with Nano-silica［J］. Thermochimica Acta, 2015, 624：35-46.

［66］崔岿，任天宇，陈婉婷，等. 机械研磨制备硅灰石-SiO₂复合颗粒及其表征［J］. 非金属矿，2016，39（5）：14-16, 48.

［67］Duffy A, Walker G M, Allen S J. Investigations on the adsorption of acidic gases using activated dolomite［J］. Chemical Engineering Journal, 2006, 117（3）：239-244.

［68］王农，陈利轩，杨利娟，等. 碳酸钙改性高吸水树脂对铜离子的吸附研究［J］. 现代化工，2014，34（3）：78-81.

［69］Yuan X L, Xia W T, An J, et al. Removal of Phosphate Anions from Aqueous Solutions Using Dolomite as Adsorbent［J］. Advanced Materials Research, 2013, 864-867：1454-1457.

［70］倪浩，李义连，崔瑞萍，等. 白云石矿物对水溶液中Cu²⁺、Pb²⁺吸附的动力学和热力学［J］. 环境工程学报，2016，10（6）：3077-3083.

［71］肖利萍，裴格，高小雨，等. 膨润土－白云石复合吸附剂对Fe²⁺和Mn²⁺的吸附性能［J］. 地球与环境，2014，42（5）：669-676.

［72］吴翠平，郭永昌，魏晨洁，等. 人造石材用重质碳酸钙填料的表面改性研究［J］. 非金属矿，2016，39（4）.

［73］ Cao M, Xu L, Zhang C. Rheology, fiber distribution and mechanical properties of calcium carbonate（CaCO₃）whisker reinforced cement mortar［J］. Composites Part A Applied Science & Manufacturing, 2016（90）: 662-669.

［74］ Li M, Yang Y, Liu M, et al. Hybrid effect of calcium carbonate whisker and carbon fiber on the mechanical properties and microstructure of oil well cement［J］. Construction & Building Materials, 2015, 93（1）: 104-111.

［75］ Li W, Huang Z, Cao F, et al. Effects of nano-silica and nano-limestone on flowability and mechanical properties of ultra-high-performance concrete matrix［J］. Construction & Building Materials, 2015, 95（1）: 366-374.

［76］ Shaikh F U A, Supit S W M. Mechanical and durability properties of high volume fly ash（HVFA）concrete containing calcium carbonate（CaCO₃）nanoparticles［J］. Construction & Building Materials, 2014, 70（70）: 309-321.

［77］ 熊亮, 谭金海, 方芙蓉, 等. 多孔碳酸钙陶瓷修复骨缺损的生物力学评价［J］. 武汉大学学报（医学版）, 2008, 29（1）: 13-16.

［78］ 刘建国, 徐执扬, 李冬松, 等. 纳米碳酸钙/聚L-乳酸复合材料的力学性能及生物相容性研究［J］. 生物医学工程学杂志, 2006, 23（4）: 805-808.

［79］ 侯晓晓, 孙晓竹, 陶磊, 等. 碳酸钙-海藻酸钠杂化微粒的制备及其药物缓释性能［J］. 化工新型材料, 2014（12）: 32-34.

［80］ 韩华锋, 杨卫, 陈菲菲, 等. 碳酸钙微球合成、修饰及作为基因载体的研究［J］. 浙江理工大学学报（自然科学版）, 2014, 31（6）: 685-690.

［81］ Islan G A, Cacicedo M L, Bosio V E, et al. Development and characterization of new enzymatic modified hybrid calcium carbonate microparticles to obtain nano-architectured surfaces for enhanced drug loading［J］. Journal of Colloid & Interface Science, 2014（439）: 76-87.

撰稿人：丁　浩　孙思佳　毋　伟

纤维矿物材料研究进展与发展趋势

一、引言

纤维矿物是一类呈针状、纤维状、丝状的矿物的统称。包括纤维水镁石、针状硅灰石、纤蛇纹石石棉、角闪石石棉、纤维坡缕石、纤维海泡石等宏观或微观呈纤维状的材料。

石棉是一类呈纤维状硅酸盐矿物的商品名称。根据矿物成分和晶体结构可分为纤蛇纹石石棉、角闪石石棉、海泡石石棉、坡缕石石棉等。角闪石石棉因具有致癌性已在全世界范围内禁用，但温石棉可在部分领域使用。目前，应用最广的仍是纤蛇纹石石棉，工业上称温石棉或蛇纹石纤维。纤维矿物材料具有一维材料属性，通常呈针状、纤维状或丝状集合体。具有良好的力学性能、热学性能、电磁学性能、化学性能和表面性能等，可剥离分散、可劈分，比表面积和表面能较大，化学活性高，作为基础材料或载体可与其他无机和有机材料复合，可广泛应用于机械、建筑、电力、交通运输、航空、航天等诸多领域和行业。本报告主要针对纤维水镁石、针状硅灰石、纤蛇纹石石棉国内外研究进展进行综述，并对发展趋势进行展望。

二、纤维水镁石研究进展与发展趋势

（一）国内外研究进展

水镁石是一种重要的非金属矿产，也是迄今为止发现的含镁量最高的镁系矿物，水镁石矿石可分为球状型、块状型、片状型和纤维型，纤维水镁石是水镁石的纤维状变种。天然纤维水镁石矿床分布较少，文献报道较多的是大安纤维水镁石矿（或陕西黑木林矿）。近年来，围绕纤维水镁石的研究主要集中在复合材料中用作增强和补强材料、无机阻燃剂等方面。

1. 作为增强和补强材料

纤维水镁石具有优良的理化性能，可作为增强材料或补强材料用于微孔硅酸钙、硅酸钙板中。纤维水镁石在微孔硅酸钙板中呈随机三维分布，基体与纤维机械咬合，纤维界面相结合紧密。纤维以承载、阻断、抗脱粘、抗断裂等方式克服外力产生的脱粘功、断裂功和拔出功，并吸收外来能量[1]。

2. 作无机阻燃剂

纤维水镁石硬度小，同时具有明显的方向性和良好的可碎性。采用机械法可对纤维水镁石进行粉碎和磨细，用作补强阻燃的粉体原料。因水镁石表面呈强极性，与高分子基体的相容性较差，需要进行表面化学改性。文献报道的改性剂包括偶联剂类、脂肪酸类、不饱和脂肪酸类、胺盐类。对纤维水镁石/聚丙烯阻燃剂研究发现，纤维水镁石复合阻燃剂340℃就开始发生分解反应，释放出水分，430℃时分解速度最快。由于水镁石在分解过程中吸收大量的热量，阻碍了聚丙烯的进一步分解，同时产生大量水蒸气，稀释了有机物分解生成的 H·、HO· 自由基和 O_2 的浓度，分解生成的 MgO 粉体覆盖在可燃物表面，形成一层不燃耐火防火层，阻碍了火焰的前移及可燃物与空气接触。

将纤维水镁石经超细粉磨后加入十二烷基硫酸钠和硅烷偶联剂，经均匀分散和包覆后，获得改性水镁石粉体，混合聚丁二酸丁二醇酯进行造粒可制备得到 PBS/纤维水镁石复合材料，复合材料的初始分解速度降低，氧指数提高，阻燃性能提高。也有研究者以不饱和聚酯为基体，混合有机改性纤维水镁石、有机改型蛇纹石，并加入固化剂和消泡剂制得纤维水镁石/蛇纹石/不饱和聚酯复合材料，纤维水镁石和蛇纹石在阻燃过程中起协同作用。

以纤维水镁石、纤蛇纹石石棉为基础原料，加入渗透剂、乳白胶和水在高速分散机的作用下均匀分散，注模后可制备石棉/水镁石纳米纤维复合材料[2]，制成的保温板表观密度、导热系数随水纤比（水与石棉质量比）的增加而逐渐降低。水镁石纤维掺量大于15%时，水镁石纤维、石棉复合无机保温板的表观密度、导热系数随着水镁石纤维掺量的增加而增加。

3. 其他

纤维水镁石具有较好的抗拉强度、力学性能、分散性能，并和水泥具有很好的兼容性，对水泥混凝土具有增强增韧的作用，当水泥基体发生裂缝的情况下，水镁石纤维能桥接于裂缝之间，增强试件的承载能力和变形能力，提高材料的韧性，同时混凝土的力学性能和抗冻性能都能得到显著的提高。对于纤维的添加方式，发现湿法加入优于干法加入，在复合材料中加入聚丙烯能提高混凝土的流动性，降低混凝土的冻融质量损失率。纤维的添加同时能改善抗裂干混砂浆的粘聚性和保水性。

针对无机气凝胶强度低、脆性大等缺点，在凝胶形成前添加无机纤维材料固化后形成纤维增强复合材料。在纤维水镁石/SiO_2 气溶胶复合材料研究中发现，纤维水镁石很好地改善了复合材料的抗拉强度和抗压强度都。通过超细粉碎—改性一体化工艺所制备出的改性纤维水镁石抗菌剂，通过与工业聚丙烯、金属元素进行复合形成 Cu^{2+} 型、Zn^{2+} 型或 Cu^{2+}/Zn^{2+} 复合型抗菌复合材料，发现天然纤维水镁石粉体具有较强的抗菌性能，同时超细粉体比普通纤维粉体的抗菌性能更强，Cu^{2+}/Zn^{2+} 复合纤维水镁石抗菌剂中存在 Cu^{2+}、Zn^{2+} 协同抗菌效应，Cu^{2+}/Zn^{2+} 复合型天然水镁石抗菌剂对抗菌复合材料的抗菌性能影响比 Cu^{2+} 型和 Zn^{2+} 型要强。

我国唯一的长纤维水镁石矿床是陕西大安纤维水镁石矿床，其开发利用的难度在于其中含有纤蛇纹石石棉，尽管在补强、阻燃和保温材料等领域已有应用，但由于含有石棉纤维而影响了应用的广度。相对于国际先进水平，在纤维水镁石提纯、表面/界面性质与改性机理研究、新产品开发和应用研究等方面尚有一定的差距。

（二）我国发展趋势与对策

天然纤维水镁石矿产分布较少，工业产量较低，高纯纤维水镁石产量更少，探索采用水热法合成纤维状氢氧化镁的技术非常必要。近年来，尽管对纤维水镁石的研究更多集中于选用合理的分散改性剂，以制备纤维水镁石复合材料，但目前表面和界面改性理论研究不够深入，工业化生产技术尚欠缺，更多的仅仅是实验室试验，关于阻燃机理、复合材料合成机理及其他高附加值的应用研究仍显不足。

对于纤维水镁石更多集中在利用其天然属性，尚未进行更深程度的加工和进一步的开发利用。由于水热合成纤维氢氧化镁，天然纤维水镁石作为阻燃剂的研究热点在降低，作为补强材料和增强材料属于传统利用方式。因此，需要创新研究纤维水镁石的新应用领域。

近年来，围绕天然纤维状环境矿物材料的有机化改性已成为新材料研发的重要发展方向，选用合适的改性剂，矿物纤维经有机或无机化合物改性处理后，改变其亲水性，使其具有非金属矿物和有机物的双重性，制备新型无机非金属功能性材料或纤维水镁石/有机物复合材料。

在今后的发展过程中，要注重水镁石粉体的超细化、纳米化及表面功能化处理技术和方法研究，以提高水镁石粉体的使用性能，拓宽应用领域；在改性过程中，要重视可控活性聚合包覆法、固相接枝包覆法等，以提高与有机聚合物基体的相容性及分散性，改善水镁石粉体的阻燃和抑烟性能；我国拥有丰富的含镁矿物、富镁废弃物资源及卤水资源，都是合成纤维状水镁石的重要原料，应加强合成研究。

三、针状硅灰石研究进展与发展趋势

（一）国内外研究进展

针状硅灰石具有电阻高、介电常数低、吸湿性低、分散性好、黏度低、长径比大等优良性能，使其被广泛应用于陶瓷、塑料[3]、橡胶[4]、油漆、涂料、冶金、水泥[5-6]、造纸[7]等行业。近十年来，对硅灰石矿物的研究主要集中在四个方面：硅灰石的人工制备、硅灰石矿物的提纯和深加工（如超细、高长径比硅灰石的加工和制备）、硅灰石表面改性和开发硅灰石的应用新领域。

1. 硅灰石的人工制备

人工合成的硅灰石具有纯度高、结晶性能良好、白度高等特性，可广泛应用于生物陶瓷[8]、生物医药[9]等领域。近年来，国外在加工技术上的研究较少，主要体现在使用蛋壳和膨胀珍珠岩为原料固态烧结合成硅灰石[10]，溶胶凝胶法合成硅灰石[11-12]，并且拓展出骨再生和药物输送载体领域的应用。也有研究者通过化学沉积，用氯化锡五水化物和氯化锑掺杂改性硅灰石[13]。国内硅灰石的人工制备方法包括磷渣改造法、蒸压合成法、溶胶-凝胶法、熔融法、水溶液合成法[14-15]和固相烧结法[16]等。随着自然界硅灰石矿资源的大量开发，优质矿产资源越发紧缺，人工合成优异性能的硅灰石将具有广阔的前景。

2. 硅灰石矿物的提纯和深加工

天然硅灰石提纯是剔除有害铁矿物，降低方解石、透灰石、石榴石、石英等杂质矿物含量。常用的提纯方法有手选、筛选、磁电选、浮选和联合选[17]，实际生产中根据矿物的性质采用合适的提纯方法。目前，提纯工艺技术已日臻完善，近十年来开发新的提纯工艺较少。

硅灰石产品可分为细磨硅灰石粉和高长径比硅灰石粉产品。超细高长径比针状硅灰石可作为增强剂用于塑料、橡胶、油漆、涂料等行业，以增加材料硬度、抗弯强度、抗冲击性，提高材料的热稳定性和尺寸稳定性。影响针状硅灰石粉性能指标的主要因素有：粉碎设备类型、分散介质、作用力方式、助磨剂种类与用量等。国内外都十分关注在粉碎和粉磨加工过程中保护硅灰石的针状晶体习性。

3. 硅灰石粉体表面改性

硅灰石粉体为无机增强剂，与高聚物基料相容性差，限制了其应用领域。采用物理、化学方法改变硅灰石的表面物理性质或赋予其新的功能或用途，可满足现代新材料、新工艺和新技术发展的需要。

根据改性作用的性质、手段和目的，硅灰石表面改性的方法分为包覆处理改性法、沉淀反应改性法、表面化学改性法、机械力化学改性法、高能处理改性法和胶囊化改性。硅灰石使用的表面改性剂有硅烷[18]、铝酸酯、钛酸酯等偶联剂，硬脂酸[19]与不饱和脂肪酸等表面活性剂，以及有机低聚物或两种以上表面活性剂的混合。改性硅灰石产生了新的功能，扩大了硅灰石的应用范围，如生物活性玻璃陶瓷、生物医用领域、改良土壤、制备高肥效有机硅肥[20-21]及与其他材料混合改性复合材料[22]。近十年来的研究发现，改性技术还有待进一步提高，利用单一表面改性剂的改性方法限制了硅灰石新功能的发挥。因此，开发新的改性剂、改性方法[23-25]，利用混合表面活性剂、混合改性方法制备具有优异新功能的硅灰石将是未来的研究重点。

4. 硅灰石的新应用

近年来，国外的研究工作主要体现在应用上，如制备高性能混凝土[26]、水泥[27]、硅灰石改性聚丙烯复合材料[28]、橡胶[29]，作为填料用于涂料、造纸[30]，硅灰石纤维增强碱激活的农业固废[31]等方面，且都持续有新的进展。除此之外，国外的研究工作也集中于开发硅灰石的新用途，如医用领域，硅灰石在中密度纤维板中的应用，作填料应用于地聚合物，以及光催化活性复合材料等。

我国针状硅灰石的开发利用，经过十多年来的发展，产品的科技含量和附加值不断提升，应用领域不断拓宽，相关产业不断发展壮大。但相对于西方发达国家，在应用和产业化技术领域，由于加工技术与装备的总体水平还需提高、企业产品开发和应用研究的投入也不足，以及技术创新能力差等原因，导致我国针状硅灰石产品档次不高，在应用上主要集中于传统应用领域，新的应用开发不多，与国外还存在一定的差距。

（二）我国发展趋势与对策

针状硅灰石具有良好的填充增强性能，可以广泛应用于 PP、PE、尼龙等工程塑料，是未来硅灰石矿物材料的主要发展趋势之一。针状硅灰石的主要研究方向：一是加工技术的创新，即稳定生产出直径和长径比可控的矿物纤维；二是在加工过程中不折断矿物纤维的粉磨合表面有机改性技术，以及提高矿纤表面与树脂结合力的无机包覆技术；三是不损伤矿物纤维、且能实现纤维在树脂中有序填充的应用技术。

超细、高长径比、表面改性硅灰石附加值高，应用前景好。经表面改性的高长径比硅灰石粉与有机材料的相容性大大增强，添加到橡胶、塑料和其他聚合物中能明显改善制品性能，增加制品硬度、抗拉强度，改善材料的电学特性，提高热稳定性和尺寸的稳定性，并赋予塑料、橡胶和其他聚合物自身所没有的特殊功能，是硅灰石最有前途的应用领域。今后需要深化其应用基础和应用技术研究。

深入研究硅灰石的结构和功能特性，开发和拓宽硅灰石的应用领域和范围是硅灰石研究发展的关键，正在引起学者和企业家们的重视。

由于石棉在全世界大多数国家，特别是西方国家被禁用，硅灰石作为石棉代用品的研究开发和利用工业固体废弃物人工合成硅灰石也将是主要研发方向之一。

四、纤蛇纹石石棉研究进展与发展趋势

（一）国内外研究进展

蛇纹石包括叶蛇纹石、利蛇纹石和纤蛇纹石。叶蛇纹石呈交替波状结构，利蛇纹石呈平板状结构，而纤蛇纹石呈卷层管状结构。天然产出的蛇纹石由于存在着广泛的类质同象

代替而实际上偏离理想成分，并形成多个亚种，如叶蛇纹石、锰铝蛇纹石、锌铝蛇纹石、镍铝蛇纹石等。纤蛇纹石石棉是纤蛇纹石的纤维状变种，在工业上称为温石棉或蛇纹石石棉。温石棉是目前唯一天然产出并可大规模开采和利用的纳米管状矿物，属于天然的一维纳米丝状材料，外径一般为 20 ~ 50nm；内径介于 3.5 ~ 24nm。长径比非常大。

近年来，国内外关于纤蛇纹石石棉的研究主要集中于以下几个方面：① 纤蛇纹石石棉矿物学研究；②纤蛇纹石石棉环境友好型材料的制备；③纤蛇纹石石棉无害化研究；④纤蛇纹石石棉的流行病学、毒理学和细胞毒性研究。

1. 纤蛇纹石石棉矿物学及理化性质

近年来，学者对不同国家或地区的纤蛇纹石石棉矿物学进行研究，确定纤蛇纹石石棉的属性。Mira Ristic[32] 对加拿大、津巴布韦、俄罗斯、波斯尼亚和塞尔维亚等不同国家的纤蛇纹石纤维进行了包括 Fe 穆斯鲍尔谱、化学键和微观形貌等基本属性分析，Fe（Ⅱ）和 Fe（Ⅲ）主要以氧化态存在于纤蛇纹石晶体结构和伴生的 $Fe_{3-x}O_4$ 结构中。其中，Fe（Ⅱ）则占据镁氧八面体位置，Fe（Ⅲ）占据硅氧四面体或镁氧八面体的位置。G Anbalagan 等[33] 对天然温石棉的谱学特征研究发现，高波数的吸收峰 3689 cm^{-1} 和 3648cm^{-1} 属于结构中内外羟基（OH）的伸缩振动。拉曼谱学特征表明 390 cm^{-1} 和 348 cm^{-1} 属于硅氧四面体片〔SiO_4〕弯曲振动。

R. Kusiorowski[34] 等通过热处理的方式使纤蛇纹石结构遭到破坏，转变成无毒性材料，并研究其微观形貌、谱学特征和热稳定性。也有部分学者[35] 研究以纤蛇纹石石棉为原料吸附溶液或废水中的金属元素 Cu^{2+}、Cr^{6+} 等，发现吸附过程符合 Langmuir 等温吸附模型，为准二级动力学。反应过程 $\Delta G < 0$，反应过程可自发进行。

2. 纤蛇纹石石棉环境友好型材料的制备

主要基于纤蛇纹石石棉具有优良的抗拉强度、耐热性，同时导热系数小，绝缘性强。但由于受国际禁棉令的影响，直接利用纤蛇纹石石棉的单一属性越来越少，目前更多的研究集中于对纤蛇纹石石棉进行改性、掺杂、分散或复合形成新型无机环境友好型材料。

纤蛇纹石石棉是天然一维纳米纤维材料，基于纤蛇纹石石棉的纤维属性，以纤蛇纹石纳米管为基板通过超声化学法组装形成含 CdS、ZnS 的量子点，或者掺杂金属元素制备含 Ni^{2+}、Ag^+ 或 Fe^{3+} 等的纤蛇纹石纳米线。

将纤蛇纹石石棉进行浸取处理后获得无定形二氧化硅，添加 Al_2O_3 等原料按照摩尔配比水热合成沸石材料。以酸浸后的无定形二氧化硅与硅烷醇、氯二甲基乙烯基硅烷进行甲硅烷基化反应后形成硅氧烷基聚合物。

将纤蛇纹石纳米纤维选用磺基琥珀酸钠二辛酯进行分散成单纤维胶体溶液，进行真空抽滤，待液体抽干形成湿纤维膜后向其中加入聚丙烯酸钠有机黏结剂，抽干后将湿的纤维膜与微滤膜一同取出，干燥得到白色纤蛇纹石纳米纤维薄膜。将制备的纤蛇纹石纳米纤维薄膜分别浸渍于紫外光固化树脂中，抽真空至 –0.09 MPa 并在此压力下保压 24h，使纳米纤维膜中空隙被树脂充分充填，此时纤维膜由白色不透明变为透明。然后将浸渍后的纳米纤维膜通过加压进行平整定型，获得具有不同厚度和纤维含量的复合薄膜[36]。

3. 纤蛇纹石石棉无害化研究

由于舆论整体偏向纤蛇纹石石棉对人体和健康有害，为了不对人体健康造成伤害研究纤蛇纹石石棉的晶相或形貌转变。常见的方法包括化学处理改性或热处理改性，常用的技术手段有煅烧法或浸取法。煅烧法主要是以纤蛇纹石为原料直接进行煅烧处理，纤蛇纹石相变为镁橄榄石或顽火辉石材料，保留纤维状一维纳米属性。也有部分学者以纤蛇纹石中 MgO、SiO_2 等为基础原料，结合相图添加其他原料进行配置制备成不同体系的微晶玻璃或功能性陶瓷材料。目前，使用较多的方式是浸取法，包括直接酸浸法和焙烧法。直接酸浸法[37-38] 主要是将纤蛇纹石石棉混合无机酸，包括硫酸、硝酸、盐酸等或有机酸包括草酸、醋酸、柠檬酸进行直接酸浸处理。在 H^+ 的作用下由外到里不断腐蚀纤维结构，使纤蛇纹石石棉的结构遭到破坏，镁氧八面体结构溶解，剩余的硅氧四面体骨架进行重组后生成纤维状介孔二氧化硅材料，并仍保持着纤维结构的一维纳米属性。焙烧法[39-40] 主要是纤蛇纹石混合硫酸铵、硫酸氢铵、氢氧化钠、碳酸钠等化学助剂进行焙烧处理，使得化学助剂与纤蛇纹石石棉进行反应，纤蛇纹石结构遭到破坏，达到无害化处理的目的。

纤蛇纹石石棉浸取处理制备的纤维状介孔材料比表面积较大（可达 $369m^2/g$），呈微孔、介孔状，可作为天然环境矿物材料用于环境污染治理，吸附污染物中重金属、有机污染物、阴离子团等。以获得的纤维状介孔二氧化硅与金属（Ag^+、Ni^{2+}、Fe^{3+}、Au^+ 等）、有机物[73] 或无机物（如 TiO_2）进行掺杂或复合形成具有特殊功能属性的复合材料或新型功能材料，可应用于医疗、环境污染治理、新型材料等行业或领域。

4. 纤蛇纹石石棉的流行病学、毒理学和细胞毒性研究

1989 年美国 EPA 和欧盟等 12 国家发布石棉禁用法规，石棉具有致癌性引起人们广泛关注，国内外学者从流行病学调查、毒理学分析或细胞毒性等多方面选用统计学、动物实验、细胞实验或分子实验等多种方法进行研究或论证。国内外学术界关于纤蛇纹石石棉的流行病学调查和毒理学研究结果几近一致，纤蛇纹石纤维可引诱或促发引起各类呼吸道疾病，但从根本上未证明纤蛇纹石石棉具有致癌性。瑞士毒理学专家 David Bernstein 博士选用 56 只 SPF Wistar 大鼠进行纤维吸入实验，$> 20\mu m$ 的纤蛇纹石石棉吸入体内后不易被巨噬细胞完全吞噬，而 $< 5\mu m$ 的纤维与非纤维状颗粒物类似，可以被清除掉[41]，$5 \sim 20\mu m$ 纤蛇纹石石棉纤维肺内半衰期为 7 天，$< 5\mu m$ 纤维为 59 天。当体内石棉的累积量超过清除量，矿物纤维即残留于呼吸道或者肺部。残留的纤维在体液作用下可逐渐分散为更细小的纤维，并扩散至不同组织、器官[42]，进而形成石棉小体。若暴露时间越长、肺部或呼吸道累积石棉量越高，危害越大，可引起炎症反应，并导致肺部和呼吸道疾病[43]。长期接触纤蛇纹石石棉的矿工患间皮瘤的概率在 86% ~ 95%，患肺癌的概率也显著增高[44]。

流行病学调查研究时间长，干扰因素多，但调查结果一致认为首次暴露剂量为影响石棉持久作用的最重要因素，其次是暴露时间和累积暴露剂量[45]，均影响人体呼吸道或肺部沉积的石棉量，进而引起慢性、弥漫性、不可逆肺间质纤维化、胸膜斑形成和胸膜肥厚，严重损害肺功能，显著增高肺、胸膜恶性肿瘤的发生率[46]。但流行病学调查结果主要表明石棉纤维的暴露与人体健康空间和时间上发展变化之间的规律，不能从根源上阐释纤维粉尘诱导疾病的机制。

综上所述，近年来由于受国际禁棉令的影响，国内外纤蛇纹石石棉的开采量和使用量不断减少，应用范围也在不断缩小，国内外学者对纤蛇纹石石棉的研究热度降低，但还是取得了以下成果：①采用多种现代分析测试手段，查明了纤蛇纹石矿物学、应用矿物学属性。②针对纤蛇纹石石棉的毒理学，从细胞、分子层面进行了深入的研究，基本查明了纤蛇纹石石棉促进呼吸道疾病病变的机理。③针对西方部分发达国家的石棉禁用，国内外学者从表面改性、相转变和新型功能材料制备角度出发，将纤蛇纹石石棉转型为非石棉材料。

我国在温石棉纤维和矿物学及流行病学调查研究方面做了大量工作，相对于西方发达国家，在动物致病试验和致病机理方面与国外尚存在较大的差距。

（二）我国发展趋势与对策

近年来国内的纤蛇纹石石棉市场逐渐低迷，生产、使用的环境和生态压力逐渐增大，出口量较少，致使纤蛇纹石石棉产量逐年降低。

纤蛇纹石石棉的安全开采和使用已成为共识。作为传统材料和传统应用，纤蛇纹石石棉应用的技术问题并不突出，但从安全使用和开发新型纳米矿物材料来讲仍存在诸多问题。

国内纤蛇纹石石棉矿山几乎全为露天开采，矿石的破碎、石棉分选乃至石棉制品的加工，仍采用传统的干法工艺，这导致石棉粉尘扩散和工作环境恶劣。企业现行的选棉工艺仍以干法分选工艺（以空气为分选介质的重力选矿方法）为主，干法分选包括风力选矿法和摩擦选矿法。受技术和习惯限制，干法分选工艺一直选用 0.5mm 筛网作为除尘筛网，直径小于 0.5mm，长度为 1 ~ 5mm 的纤维透筛成为筛下物进入尾矿，同时由于纤维呈束状嵌布于脉石矿物中间，为了将纤维松解，加大了对纤维的打击力度，很多纤维在分散的同时也变短，成为短纤维进入尾矿。目前主要的技术问题主要是选棉技术落后，资源浪费和环境污染严重。

目前，纤蛇纹石石棉的毒理学研究也未取得突破性的成果，如果不能直接为纤蛇纹石石棉不具有致癌性正名，纤蛇纹石石棉产业的未来发展将十分困难。

因此，未来石棉矿物材料需要进一步加强安全生产和安全使用的基础研究，流行病学、动物试验和致病机理研究，以及选矿技术及应用技术的创新研究；石棉产业需要调整结构和转型升级；还要加大环保力度，加强石棉尾矿资源化利用研究和产业化进度，加速绿色矿山建设。

参考文献

［1］董发勤. 应用矿物学［M］. 北京：高等教育出版社，2015.

［2］余萍. 水镁石纳米纤维的分散及其在复合材料中的应用研究［D］. 哈尔滨：哈尔滨工业大学，2013.

［3］蒋文兰，许庆华，袁欣，等. 具有净化空气功能的硅灰石彩色涂料粉［P］. 2016-02-03.

［4］关丽丽，戴智强. 硅灰石尾矿对氯氧镁水泥改性的试验研究［J］. 科技创新与应用，2012（21）：110-110.

［5］薛洪龙，王高升，陈博文，等. 酸碱两步法改性硅灰石的表征及对纸张性能的影响［J］. 中国造纸，2014，33（12）：7-12.

［6］熊钢，王高升. CMC改性硅灰石提高纸页强度和填料留着率的研究［J］. 黑龙江造纸，2015（3）：7-12.

［7］王淑梅，戴红旗，张苏，等. 硅灰石超声波处理及化学改性对纸张性能的影响［J］. 纸和造纸，2014，33（8）：53-56.

［8］庞功周，王泽红. 不同粉碎方式对硅灰石长径比影响的研究［J］. 中国非金属矿工业导刊，2014（1）：20-31.

［9］R Lakshmi, V Velmurugan, S Sasikumar. Preparation and Phase Evolution of Wollastonite by Sol-Gel Combustion Method Using Sucrose as the Fuel［J］. Combustion Science and Technology, 2013, 185（12）：1777-1785.

［10］N Chantaramee, P Kaewpoomee, R Puntharod. Utilization of Expanded Perlite as a Source of Silica for Synthesizing Wollastoniteby Solid State ReactionKey［J］. Engineering Materials, 2016（690）：143-149.

［11］R Lakshmi, S Sasikumar. Bioactive Wollastonite Synthesized by Sol-Gel Combustion Method by Using Tartaric Acid as a Fuel for Bone Regenerative Applications［J］. Journal-Indian Chemical Society, 2015, 92（5）：630-633.

［12］Bao Q, Zhao K, Liu J. Characterization of Wollastonite Coatings Prepared by Sol-Gel on Ti substrate［J］. Journal of Coatings Technology and Research, 2012, 9（2）：189-193.

［13］D Wang, C Wang, Z Wang. Preparation and Characterization of Wollastonite Coated with Antimony-doped Tin Oxide Nano-Particles［J］. China Powder Science & Technology, 2015.

［14］K Chen. Study on Properties of Modified Polypropylene Composites Filled with Wollastonite［J］. Plastics Science & Technology, 2016.

［15］I Yuhaida, H Salmah, I Hanafi, et al. The Effect of Acrylic Acid on Tensile and Morphology Properties of Wollastonite Filled High Density Polyethylene/Natural Rubber Composites［J］. Procedia Chemistry, 2016（19）：401-405.

［16］王德强，李珍，王永贵，等. 一种纯物理法提纯硅灰石的方法［P］. 2012-05-10，湖北冯家山硅灰石纤维有限公司.

［17］彭鹤松，曾伟，张晓明，等. 一种硅灰石生产用棒磨机［P］. 2016-01-06，江西广源化工有限责任公司.

［18］武慧君，李珍，陈情泽. 改性硅灰石对ABS复合材料加工及力学性能影响［J］. 中国粉体技术. 2012（18）：111-114.

［19］付鹏，崔吉吉，于艺博，等. 硅灰石填充改性尼龙1212复合材料的制备［J］. 高分子材料科学与工程，2014，30（4）：154-157.

［20］王旸. 一种可改良土壤高肥效有机肥制备方法［P］. 2015-08-24，宁国市汉唐盛世农林开发有限公司.

［21］段文静. 利用硅灰石制备硅肥的研究［D］. 广东：华南理工大学，2015.

［22］ 许恩恩，范慧俐，郭志猛，等. 硅灰石纤维与二硫化钼填充改性聚四氟乙烯复合材料的性能研究［J］. 粉末冶金工业，2016，26（1）：51-55.

［23］ 朱艳吉，汪怀远，杨淑慧，等. 表面改性硅灰石纤维填充 PTFE 复合材料的摩擦学性能［J］. 润滑与密封，2012，37（7）：41-44.

［24］ 武慧君. 接枝改性硅灰石填充聚丙烯复合材料的制备与性能［D］. 湖北：中国地质大学（武汉），2014.

［25］ 杨树竹. 改性硅灰石对 PP 复合材料性能的影响［J］. 现代塑料加工应用，2015，27（2）：17-19.

［26］ A M Soliman, M L Nehdi. Effects of Shrinkage Reducing Admixture and Wollastonite Microfiber on Early-Age Behavior of Ultra-High Performance Concrete［J］. Cement and Concrete Composites, 2014（46）：81-89.

［27］ V Dey, R Kachala, A Bonakdar, et al. Quantitative 2D Restrained Shrinkage Cracking of Cement Paste with Wollastonite Microfibers［J］. Journal of Materials in Civil Engineering, 2016, 28（9）.

［28］ Liang J Z, Li B, Ruan J Q. Crystallization Properties and Thermal Stability of Polypropylene Composites Filled with Wollastonite［J］. Polymer Testing, 2015（42）：185-191.

［29］ Yuhaida I, Salmah H, Ismail H, et al. Tensile Properties of Wollastonite Filled High Density Polyethylene/Natural Rubber Composites［J］. Applied Mechanics & Materials, 2015（754-755）：215-219.

［30］ H Xue, G Wang, M Hu, et al. Modification of Wollastonite by Acid Treatment and Alkali-Induced Redeposition for Use as Papermaking Filler［J］. Powder Technology, 2015（276）：193-199.

［31］ S Pourakbar, A Asadi, BBK Huat, et al. Application of Alkali-Activated Agro-Waste Reinforced with Wollastonite Fibers in Soil Stabilization［J］. Journal of Materials in Civil Engineering, 2016.

［32］ Mira Risti, Ilona Czakó-Nagy, Svetozar Musi, et al. Spectroscopic Characterization of Chrysotile Asbestos from Different Regions［J］. Journal of Molecular Structure, 2011（993）：120-126.

［33］ G Anbalagan, G Sivakumar, A R Prabakaran, et al. Spectroscopic Characterization of Natural Chrysotile［J］. Vibrational Spectroscopy, 2010（52）：122-127.

［34］ Kusiorowski R, Zaremba T, Piotrowski J, et al. Thermal Decomposition of Different Types of Asbestos［J］. Journal of Thermal Analysis and Calorimetry, 2012, 109（2）：693-704.

［35］ 冯其明，王倩，刘琨，等. 纤蛇纹石吸附 Cu（Ⅱ）的动力学及热力学研究［J］. 中南大学学报（自然学报版），2011，42（11）：3225-3231.

［36］ K Liu, B Zhu A, Q Feng, et al. Novel Transparent and Flexible Nanocomposite Film Prepared from Chrysotile Nanofibres［J］. Materials Chemistry and Physics. 2013（142）：412-419.

［37］ 宋鹏程，彭同江，孙红娟，等. 纤蛇纹石短纤维去金属氧化物制备纤维状多孔二氧化硅［J］. 硅酸盐学报，2014，42（11）：1441-1447.

［38］ Marisa R F, Huertas J. Comparative Effect of Chrysotile Leaching in Nitric, Sulfuric and Oxalic Acids at Room Temperature［J］. Chem Geol, 2013（352）：134-142.

［39］ P Song, T Peng, H Sun, et al. Preparation and Characterization of Fibri-Form Silica from Short Chrysotile Fibers by Mix-roasting［J］. Materials Science Forum, 2014（809-810）：313-318.

［40］ 宋鹏程，彭同江，孙红娟，等. 纤蛇纹石石棉尾矿综合利用新进展［J］. 中国非金属矿工业导刊，2016（2）：14-17.

［41］ Darcey D J, Feltner C. Occupational and Environ-Mental Exposure to Asbestos［M］// Oury T D, Roggli V L, Sporn T A ed. Pathology of Asbestos-associated Diseases. Springer Berlin Heidelberg, 2014：11-24.

［42］ Schneider F, Sporn T A. Cytopathology of Asbestos-Associated Diseases［M］// Oury T D, Roggli V L, Sporn T A ed. Pathology of Asbestos-associated Diseases. Berlin：Springer, 2014：193-213.

［43］ Offermans N S M, Vermeulen R, Burdorf A, et al. Occupational Asbestos Exposure and Risk of Pleural Mesothelioma, Lung Lancer, and Laryngeal Cancer in the Prospective Netherlands Cohort Study［J］. J Occup Environ Med, 2014, 56（1）：6-19.

［44］ Corfiati M, Scarselli A, Binazzi A, et al. Epidemiological Patterns of Asbestos Exposure and Spatial Clusters of Incident Cases of Malignant Mesothelioma from the Italian National Registry ［J］. BMC Cancer, 2015, 15 (1)：1-14.

［45］ Bernstein D M. The Health Risk of Chrysotile Asbestos ［J］. Curr Opin Pulm Med, 2014, 20 (4)：366-370.

［46］ Wang X R, Yano E, Qiu H, et al. A 37-year Observation of Mortality in Chinese Chrysotile Asbestos Workers ［J］. Thorax, 2012, 67 (2)：106-110.

撰稿人：彭同江　李　珍　宋鹏程　张　伟　王彩丽

功能复合矿物材料研究
进展与发展趋势

一、引言

虽然天然矿物具有多种特殊的物理化学性质，但从功能材料角度看，纯天然矿物也有一定的性质与功能的局限性。因此，在利用天然矿物的各种优势与特点的基础上，对其进行改造、表面包覆以及多矿物复合等科技手段，可以制备具有新功能或更优性能的功能矿物材料。

本专题报告主要对近年来国内外学者公开的一些比较具有代表性的学术成果进行简要总结，对目前该研究领域我国发展趋势与对策进行分析。

二、矿物结构调整制备新型功能材料研究进展

基于非金属矿物的结构、形貌与性质的特殊性质，从非金属矿物的基础结构与表面特性、形貌等特点出发，利用非金属矿物天然的多孔、层状结构及富含硅、铝、镁等轻元素的特点，通过对矿物结构的部分修蚀，制造表面及内部缺陷、结构重排等方法，实现矿物的结构改型、改性和功能优化。分析矿物结构与材料性能的构效关系，将为制备新型矿物复合功能材料提供理论与实验依据[1]。近年来，国内外在矿物结构调整制备新型功能材料领域，包括固碳、储氢等，取得了明显进展。

（一）矿物固碳的基础研究

矿物碳酸化固定过程是模仿自然界中 CO_2 的矿物吸收过程，将 CO_2 与含有碱性或碱土金属氧化物的矿石进行反应，生成永久的、更为稳定的碳酸盐的过程。矿物碳酸化固定以

其原料丰富易得、可大规模封存以及碳酸化产物可作进一步应用等优势而受到国内外学者的普遍关注。最近研究者制备了以矿物为基体、伯胺改性形成固体铵与 CO_2 分子反应，从而加快了吸附速率。固体铵法脱除 CO_2 可以在较低温度下进行（一般 >100 ℃），因此可以减少整个过程中的能耗。固态胺吸附剂的吸附性能依赖于载体中表面活性基团的密度，因此，必须优化材料的吸附效率、吸附速率和吸附容量。应用于 CO_2 捕集的黏土矿物主要有蒙脱石、高岭石、凹凸棒石等。固态胺吸附剂通过将有机胺修饰到多孔矿物材料内，实现了有机胺的高度分散，兼具了吸收、吸附法的功效，在二氧化碳捕集领域展现出广阔的应用价值，通过对载体结构和形貌的设计、有机胺的选择和二氧化碳吸附过程的分析和优化，可以获得不同结构特点和应用价值的固态胺吸附剂，为设计高性能 CO_2 捕集用固态胺吸附剂提供了可能[2]。

矿物封存是指模仿自然界中 CO_2 的矿物吸收过程，利用天然矿物中富含的钙、镁等金属离子与 CO_2 反应生成稳定的碳酸盐从而达到永久封存 CO_2 气体的目的。相比于其他的 CO_2 封存方式，矿物碳酸化固定 CO_2 具有一定的优越性：①矿物碳酸化封存 CO_2 技术主要以富含钙镁的硅酸盐矿物或固体废弃物为原料，价格低廉、数量巨大，可实现对 CO_2 的大规模封存；②矿物碳酸化封存 CO_2 的产物为碳酸盐，热力学稳定，可实现 CO_2 的永久封存，不会存在泄露的风险，较为安全；③所得碳酸化固碳产物可做进一步的应用，尤其是以固体废弃物为原料碳酸化固定 CO_2 时既实现了固体废弃物的利用，又固化了 CO_2，从而降低了 CO_2 固定的经济和环境成本，实现了相关企业的低碳生产[3]。

在国内外研究方面，已有大量的含钙、镁非金属用于固化 CO_2 的研究，如蛇纹石、镁橄榄石、透闪石、钾长石、铁矿石、硅灰石等，也有利用固体废渣如废弃水泥、垃圾焚烧飞灰、钢渣、粉煤灰、赤泥、高炉矿渣、磷石膏、尾矿等的研究报道[4-6]。其中，利用地球自然钾长石矿化 CO_2 并联产可溶性钾盐的研究，取得了较好的实验结果。针对钙质硅酸盐矿物硅灰石富含钙的特点，开展硅灰石在硫酸—氨水体系下碳酸化固定 CO_2，钙离子的浸出率为 97.2%，碳酸化转化率为 91.1%，碳酸化产物为颗粒状碳酸钙。可实现对中间产物二氧化硅、副产物氯化铵和碳酸化产物碳酸钙的回收[7]。例如，硅灰石在盐酸—氨水体系碳酸化固定 CO_2 的反应机制，具体包括分为以下三个部分：①在盐酸的作用下钙离子从硅灰石原料中浸出；②氯化钙在氨水的作用下转化为氢氧化钙；③气体二氧化碳溶解于水中形成碳酸根，并与氢氧化钙反应生成碳酸钙。这一碳酸化反应机制明显区别于硫酸—氨水体系中硅灰石碳酸化固定 CO_2 的反应机制。

化学捕集分离 CO_2 的方法主要有吸附法、膜分离法、溶剂吸收法、低温蒸馏分离法。吸附法是一种极有应用前景的新型 CO_2 分离方法。CO_2 多孔固体吸附剂主要有：金属框架有机物、沸石分子筛和氨基修饰介孔材料等。CO_2 在氨改性复合材料上的吸附基本上为化学吸附，CO_2 与胺基团经过两性离子中间物最终生成氨基甲酸盐，即为两性离子吸附机制。这个机制首先由 Caplow 提出，CO_2 吸附过程可分为两步：①1 分子氨基结合 1 个 CO_2 分子生成氨基甲酸；②氨基甲酸中羟基基团中的氨质子转移到相邻的氨基碱性位上，生成氧基甲酸盐。此外，叔胺与 CO_2 的反应路径不同。叔胺不能与 CO_2 直接反应，但在有水的条件下能催化生成碳酸氢盐。首先，叔胺离解等摩尔的水，生成四元阳离子和 OH^-；OH^- 与 CO_2 生成 HCO_3^-，最后质子化的阳离子与 HCO_3^- 结合生成盐类。水存在的条件下，伯胺／仲胺也会按照这个路径等量捕集 CO_2，它的反应活化能比生成氨基甲酸盐的低。

运用氨基修饰天然矿物黏土材料进行 CO_2 吸附的研究最近开始有相关报道，黏土矿物成本低、资源丰富、具有高的机械性能和化学稳定性，是一种潜在的支撑材料，但却由于其本身的结构（较小的孔体积，<0.2cm³/g）而使得广泛应用受到限制[8]。目前，对于氨基修饰材料用于 CO_2 吸附的研究重点主要在提高吸附性能上，以及对于支撑材料的选择改性上[3]。根据有机胺与矿物材料之间的作用力的强弱，可以将固态铵制备方法分为物理浸渍法（弱作用力）和化学嫁接法（强作用力）。这两种方法都有各自的缺点和优点，具有明显的差异性。嫁接法是利用氨基改性剂通过化学反应接枝到多孔材料表面的方法，主要包括合成后改性和直接合成法，其中直接合成法也称共聚法。嫁接法获得的氨基官能团可均匀分散在载体表面，因此得到的吸附剂 CO_2 吸附速率高，热稳定好。但是其表面的含氧官能团有限，获得的氨基官能团可能会受到限制。嫁接法选用的改性剂主要包括 APTMS、TRI 和 EDA 等。

（二）储氢功能矿物材料

作为高效、清洁的理想能源，氢能源在实际应用中却面临生产、运输、储存等问题，常见的合金、氢化物等储氢材料面临着储氢密度相对较低、吸—放氢条件苛刻、循环可逆性低等弊端严重制约其发展。而通过吸附方式实现氢气存储则是一种有效的、相对安全且可逆的储氢方法。天然矿物具有较高的机械稳定性和热稳定性，表面具有丰富的极性基团以及能与活性组分键合的断键、高的比表面积、丰富的结构性纳米孔道，使其在吸附领域得到广泛的应用。尤其是多孔矿物因其低成本、使用寿命长、高耐用性、可以在室温下吸放氢等性质可发展成为具有吸引前景的吸附储氢材料。

原始的矿物储氢材料是指利用具有结构性纳米孔道的多孔矿物进行氢气的存储，如沸石、凹凸棒石、海泡石、石墨、埃洛石等[9]。矿物吸氢容量及其储放性质与矿物本身的比表面积、表面极性及其选择性吸附等物理性质相关。储氢矿物材料的研究集中在原始矿物及矿物改性、功能矿物复合材料。目前，用于氢气吸附较多的均为一些层状结构或具有孔状结构的矿物。但是，现阶段对矿物储氢材料的研究，以沸石居多，用于氢气吸附的多为一些层状结构或具有孔状结构的矿物。多孔矿物的孔道大小要求大于氢分子的运动学直径（0.298nm），才能满足氢气在孔道内、结构中的吸附。因此，具有纳米级孔径的多孔矿物具有较强的氢气吸附性能[10]。在这些矿物中，多孔矿物因为其低成本、使用寿命长、高耐用性、可以在室温下吸放氢气等性质而发展成为极具吸引力的储氢材料。

1. 储氢功能矿物材料的工作原理与设计思路

固体材料储氢按照吸附方式的不同可分为物理吸附和化学吸附两种。物理吸附即为氢气通过进入材料的微孔结构中达到储氢的目的；而化学吸附则是氢气与储氢材料发生反应，通过生成氢化物存储氢气。

矿物用于氢气储存的机理为：在矿物表面及内部的孔道中，氢的吸附主要以物理吸附为主，氢分子与矿物表面及结构中的分子间的结合力主要为范德华力[11]。其吸氢容量与多孔矿物的比表面积、孔体积、孔径大小等孔性能，储氢温度、环境压力等因素息息相关，即多孔矿物的比表面积越大，储氢压力越大，环境温度越低，其氢气吸附容量越大，反之亦然。

对储氢材料的设计思路有：①通过物理、化学方法对其进行表面改性，引进极性官能团；②通过结构改型，以矿物为原料制备有序介孔材料等；③增加缺陷，引入储氢金属（钯、铂等）、合金等功能化修饰矿物，构筑复合储氢材料；④与其他储氢材料复合，如利用碳系材料、金属有机框架物与矿物的复合，同时引入贵金属钯修饰，以提高材料的储氢性能。

2. 储氢功能矿物材料中矿物的作用与机理

储氢功能矿物材料中矿物的作用主要基于矿物材料本身的性质以及表面改性、结构改型、功能组装后带来的整体协同提升储氢能力的效果。如通过引入贵金属颗粒增加活性位点、增大比表面积或者产生表面缺陷等方式均可以提高埃洛石样品的吸氢性能。埃洛石纳米管的层间距稍大于氢分子的运动半径，使得氢分子得以进入层间，保障了良好的吸氢能力。同时，这种特别的圆柱形空心纳米管结构能够提供良好的孔道，防止氢分子运输时的堵塞。如改性处理的 HNTs 材料相较于其他吸附类吸氢材料的实际应用价值更高。HNTs 引入 Pd 单质颗粒，通过化学吸附或者溢出机理来提高吸氢总容量。通过沉积贵金属或者酸化处理所产生的腔体空位，都可以作为活性位点，提供更多氢分子进入结构空隙或者管体内腔扩散的渠道增加吸氢量，吸氢能力却还是得到了提升（室温 2.65MPa 下为 0.50wt%）。进一步通过在埃洛石表面同时负载无定形碳和钯催化剂，由于产物中 Pd 颗粒处于的特殊位置非常有利于氢的双向传导。如果 Pd 颗粒位于碳层及 HNTs 中间，首先在 Pd 颗粒上发生氢的富集以及解离，随后氢原子同时向碳层和 HNTs 基体双向传导，其效率明显优于单向传导[12]。高度分散于碳层与 HNTs 空隙间的 Pd 颗粒是性能提升的关键因素[13]。

坡缕石族矿物孔道结构极为规整，且大小相当，同时孔道结构相互平行，但是不互相连通。孔道大于氢分子的运动学直径，导致其对分子、离子等的交换与吸附表现出一定的选择性，即只允许尺寸小于其孔径的吸附质进入孔道结构中，而较大的吸附质只能吸附于孔道之外的表面上或宏孔结构中。通过对比发现，吸氢性能呈现出海泡石＞坡缕石＞KA沸石＞晶体石墨的趋势。其中海泡石和坡缕石样品的吸氢速率曲线表现出两个平台：第一个平台是由于氢气吸附于样品的外边面，而第二个平台则是由于氢气进入多孔矿物孔道中所致。相比于碳纳米管、活性炭等多孔碳类氢气吸附材料，坡缕石和海泡石具有资源丰富、成本低廉等优势，经测试，坡缕石的储氢容量约为 1.0wt% ~ 1.5wt%，在 25℃、7MPa 条件下，其储氢容量为 1.1wt%。而海泡石储氢容量在 1.7wt% ~ 2.0wt% 范围内。对坡缕石进行钯修饰，产品的吸氢容量达 2.35wt%（298K、7MPa 条件下）[14]。

沸石被认为是储氢领域的良好吸附材料。具有方钠石孔结构的沸石是用于氢气吸附的最佳结构，最高储氢容量为 $9.2cm^3/g$，CaX 型沸石的最高储氢容量为 2.19wt%，高比表面积、内部结构的拓扑结构以及高的质子结合能的协同作用是决定氢气吸附性能的关键，质子交换在沸石中利于氢气的储存，沸石中足够的空间（尺寸接近氢分子）、较多的接触面积、与极化中心较强的相互作用是储存氢分子的必要条件。基于矿物本身特性，利用改性、复合等技术制备新型矿物复合材料、提高储氢性能，以及探究矿物吸附储氢机理是接下来研究工作的重点。

三、矿物表面修饰改性制备新型功能材料研究进展

基于非金属矿物具有的特殊片、层、管、棒状等特殊形貌，表面天然的荷电性质，以及层状结构中层内结合力强、层间结合力弱等特点，如果能够利用非金属矿物表面的带负电荷性质，以矿物为基体，在矿物表面、层间、管内外等不同位置组装氧化物、贵金属颗粒、半导体硫化物等功能材料，将可以综合矿物的高吸附能力以及特殊催化、光、电、磁等性能，合成包括矿物组装制备催化、吸附、储热、摩擦、环境等功能材料。近年来，国内外学者在矿物表面修饰改性制备新型功能材料方面取得丰硕成果。

（一）催化功能矿物材料

一般来说，催化活性组分通常需要分散在载体上，以获得均匀分散、粒径可控、形貌可调的复合催化材料，这就要求：① 载体要有一定的机械性能和热稳定性，这是催化材料稳定使用的前提；② 载体要有特定的形貌、较高的比表面积和孔隙率以及合适的粒度分布；③ 载体能与活性组分发生键合作用，从而固定活性组分；④载体材料廉价易得、储量丰富。我国矿产资源储量丰富，完全可以找到满足上述要求的催化基体矿物，因此，以矿物作为活性组分载体逐渐成为研究的热点[15-16]。根据矿物在复合催化材料中使用的功能不同，可以将矿物在复合催化材料中的应用分为三类：负载（提高利用率、稳定性）、分散（防止纳米颗粒团聚）、协同增强（利用矿物的吸附特性与活性组分催化特性共同作用、提升催化材料活性）。

矿物对催化材料的负载：基于矿物的大表面积和稳定性，将催化材料负载于矿物的表面，提高催化材料的利用率及稳定性。与这类催化材料的矿物基体以硅藻土最多，其他还

有凹凸棒石、蒙脱石、高岭土、天然沸石等。

矿物对催化材料的分散：主要利用矿物的表面活性位点丰富、孔隙率高的特点，将催化活性中心（特别是纳米颗粒）分布于矿物的表面或孔道中，能够防止纳米颗粒的团聚以及活性中心被覆盖，提高催化剂的活性和利用效率和使用寿命。由于矿物的稳定性，分散于矿物表面的催化颗粒不会发生迁移团聚。如将 Pd^0 固定在改性蒙脱石的纳米孔道中，Pd^0 以小于 10nm 的面心立方颗粒均匀分布在蒙脱石上，且复合催化材料在几次循环使用过程中都没有显著的失活现象[17]，因而较传统同质催化材料展现出更高的活性[18]。

矿物对催化材料的协同增强效应：这类催化材料基于前面的两种效应，还增加了对矿物本征性能的利用与开发，如吸附能力、固体酸性质、表面悬空键丰富等性质，使得矿物与催化材料间形成新的键、活性中心，起到协同增强催化性能的效果。以镧、铈掺杂的 FeAl 柱撑蒙脱石复合催化材料可用于非均相 Fenton 光催化材料降解活性蓝 –19。掺杂元素与 FeAl 柱撑蒙脱石间的协同作用显著增强了复合催化材料在可见光下的催化活性[19]。Pd–Cu/ 硅藻土复合催化材料中，活性金属与硅藻土间的协同作用是复合催化材料具有良好的长链脂肪酸酯选择性加氢催化活性的原因。TiO_2/ 凹凸棒石复合催化材料对碱性蓝 –41 展现出优异的催化活性，与凹凸棒石与 TiO_2 间的协同作用密不可分[20]。TiO_2/硅藻土复合催化材料较 P25 展现出更高的活性，并且在重复使用的过程中也具有很好的稳定性，充分体现了矿物的吸附作用以及材料的敏化作用、各组分间的协同作用对性能的积极影响[21]。

1. 催化功能矿物材料的合成

催化活性组分的表面负载。催化活性组分在矿物表面负载研究较多的是无机功能粒子。不同的制备方法可以得到表面性能和结构差异很大的负载型复合材料，常用方法主要有：浸渍法、溶胶—凝胶法、共沉淀法、离子交换法、水热合成法等，为了得到表面负载效果更好的复合材料，也有将多种制备方法结合起来。

催化活性组分在孔道层间的组装。将功能粒子或活性组分负载组装到矿物的孔道或层间，这种情况主要出现在层间距较大、孔道系统发达的矿物中，如蒙脱石、沸石等。

2. 催化功能矿物材料的载体类型与特点

凹凸棒石有一定的机械性能和热稳定性，满足催化材料稳定使用的前提；其次，凹凸棒石的孔结构可以提高复合材料比表面积、调节孔隙率、控制颗粒大小；再次，凹凸棒石表面富含断键，能与活性组分发生键合作用，从而将活性组分牢固地负载于颗粒表面而不至于脱落[22]。

埃洛石纳米管在催化领域的应用主要是利用其表面富含的羟基，特定环境下作为酸性活性位点进行活性组分的选择性负载。这些组分包含稀有金属氧化物、过渡金属氧化物、金属硫化物以及贵金属纳米颗粒。将其负载在埃洛石纳米管的管内或管外，可以得到活性和选择性都很好的复合催化材料。埃洛石纳米管能显著地提高活性组分的比表面积及分散

性，可以减缓催化剂的中毒失效[23-24]。

沸石催化剂与传统的 Brensted 酸和 Lewis 酸催化剂相比，以其择形催化、选择性高、无腐蚀、环境友好、催化剂可回收等优点，是目前使用较多的择形沸石催化剂[25]。工业规模采用 ZSM-5 为催化剂的过程有催化脱蜡、二甲苯异构、甲苯歧化以及苯和乙烯的烷基化。正在开发中的有甲醇制汽油、乙烯和芳烃，以及甲苯和甲醇烷基化制对二甲苯。

目前，国外已有多个品牌的膨润土负载型商品酸催化剂，如 Clayzic、Clayfen、Japzic 等，均在工业中得到了应用。国内有人已将磷酸化膨润土催化剂用于烯烃水合制备乙醇生产并获得成功。采用膨润土为负载制备插层固载磷钨酸催化剂具有与磷钨酸相当的 Hamett 酸强度，在酯化催化过程中具有很好的转化率和选择性，在重复使用时，具有良好的稳定性。将金属卤化物负载到膨润土载体上，制备负载试剂型固体酸催化剂，是近年来国际上环境友好催化剂和催化过程研究领域的前沿课题之一[26]。

以高岭土为主要组分的催化裂化半合成催化剂是石化工业的主体催化剂。当今世界年产 40 余万吨催化裂化催化剂中，几乎全是加入以高岭土为主要组分的"半合成"FCC 催化剂。这种半合成 FCC 催化剂具有比表面积小、孔体积较大、抗磨性能好、抗碱和抗重金属污染能力强等优点，更适宜制备掺炼重油或渣油的催化剂[27]。

硅藻土用于钒催化剂，其用量占钒催化剂 60% 以上。以硅藻土为载体生产钒催化剂，目前我国以硅藻土为载体生产的钒催化剂已达多个系列、多种规格，其中包括低温型、中温型、圆条形、环形等，基本上满足了我国硫酸工业发展的需要[28]。

海泡石具有很大的比表面能，可以吸附或覆盖多种催化剂单质或化合物，自身存在许多碱性中心 [MgO_6] 和酸性中心 [SiO_4]，反应物分子被吸附后，易极化变形为活化络合物，可促进反应的发生，还可以与其他催化剂一起产生协同催化作用。海泡石在工业上常用作活性组分 Zn、Cu、Mo、W、Fe、Ca 和 Ni 的载体，用于脱金属、脱沥青、加氢脱硫及加氢裂化等过程。另外，由于自身的物化性能，亦被直接用作一些反应的催化剂，如加氢精制、加氢裂化、环己烯骨架异构化及乙醇脱水等反应。

（二）矿物表面包覆型功能材料

表面包覆改性是通过沉淀反应等方法将一些无机物质沉淀到粉体颗粒的表面，形成异质包覆层。这种化学沉淀法可使粉体表面形成特殊包膜层，可在表面产生光、电、磁、热及抗菌等功能，在赋予矿物材料新的物理、化学性能及新的功能方面，该方法具有特殊的意义[29-30]。常用来制备无机包覆型复合粉体的表面改性剂有金属氧化物及硫化物的盐类（能够在一定条件下水解），以及碱或碱土金属、稀土氧化物、无机酸及其盐[14, 31]。

（三）客体分子组装类矿物材料

1. 客体分子组装类矿物材料的研究进展

客体分子组装指的是对层状矿物材料的内部结构进行修饰而获得新型功能矿物材料的方法[32]。如高岭石及蒙脱石插层复合物的制备，一方面是为了实现片层堆积体实现剥离获得纳米级的粉体，另一方面是通过对高岭石及蒙脱石的内表面接枝改性，实现层状矿物的剥离，通过将长链大分子引入到层间，降低层与层之间的约束力，然后在机械力或其他作用力辅助作用下实现片层的分离，最终获得纳米级的粉体。埃洛石纳米管可以通过对内、外腔的选择性改性，产生一个具有疏水脂肪链核和亲水硅酸盐壳的无机类胶束结构。插层后的材料能增加酸位点与碱位点，并结合活性分子，产生新型矿物基复合材料[33]。

2. 客体分子组装类矿物材料的合成方法与原理

基于层状非金属矿物层间离子的可交换性和交换后的产物具有较高的稳定性，可利用层状非金属矿物的片状结构，将插层复合技术用于制备客体分子组装类矿物材料。

插层复合法已成为当今制备聚合物／非金属矿复合材料的最常用的方法之一。主要有以下几种方法。①溶液插层法：用溶剂先将高聚物溶解并将黏土矿物在溶液中分散使二者均匀混合，并在溶剂的作用下使聚合物进入黏土层间，从而制得纳米复合材料。②乳液插层法：该方法与溶液插层法相似，是将溶剂溶解的乳液和黏土搅拌充分均匀并借助溶剂的作用，使溶液大分子插层进入黏土矿物层间，从而制得纳米复合材料。③熔融插层法：该方法是将聚合物和矿物充分均匀混合后，将其加热到聚合物转变温度以上退火，通过混合或剪切的作用，使得聚合物分子扩散并进入到黏土矿物层，从而得纳米复合材料。④原位聚合法：该方法是先将有机高聚物单体和矿物分别溶解到某一溶剂中，均匀分散后混合，搅拌并充分反应后使得单体进入矿物层间，然后在合适的条件下引发单体在矿物层间进行聚合反应。

埃洛石纳米管内外表面存在丰富的 –OH 基团，可与一些基团发生共价连接形成较为稳定的结构，为共价接枝功能基团提供便利[34]。如通过简单浸渍法可制备银纳米粒子选择性负载在埃洛石纳米管内腔或外表面的复合材料。选择硫酸和焙烧法预处理埃洛石后负载纳米粒子。当硝酸银作为原料时，银纳米粒子负载在内外表面，在内外表面形成的 Ag 纳米粒子部分破坏孔壁结构。而选择醋酸银作为原料时，银纳米粒子仅负载在埃洛石纳米管的内腔中。埃洛石经酸处理后的内外表面化学性质决定了银纳米粒子的负载情况，然而不同原料中离子基团的电子亲和力，电离能和空间位阻等影响在埃洛石纳米管的内外表面有着不同的配位方式，造成了金属阳离子的选择性附着并形成纳米粒子[35]。

水滑石类插层材料由于层间的阴离子可通过其他离子交换替代，主体与客体层之间的相互作用力提供了主要驱动力，使其在插层水滑石组装制备方面得到了很大的发展。目前，合成制备常用的方法有共沉淀法、焙烧复原法、离子交换法。插层反应涉及客体阴离

子电荷和在水滑石层中的阳离子位点之间发生静电相互作用[12, 36, 37]。

通过将客体分子插入到层状矿物层间，不仅提高矿物的附加值，而且扩展层状矿物的应用领域。利用插层反应使非金属矿层间距扩大，使得层间的键合作用力减弱，在插层分子被除去后，原来堆垛的非金属矿就剥离成较薄片状，在聚合物基复合材料、催化材料、吸附材料等领域同样广阔的应用前景[8, 14, 38–42]。

四、矿物复合功能材料研究进展

（一）储热功能矿物材料

储能技术是目前解决能源供需平衡以及环境污染问题、实现能量存储、提高能源利用率的有效方法。如以黏土矿物为基体材料，通过多物相的组合、与相变材料复合，制备新型储热材料，可解决相变材料在应用过程中出现的泄露的问题。国内外的研究人员对黏土基相变复合材料做了深入和大量的研究工作，中国论文数量约占储热功能矿物材料的70%，土耳其和韩国分别占据第二和第三的位置。使用的矿物中，占总数量10%以上的有四种，分别是蒙脱石、硅藻土、珍珠岩和蛭石[43]。

1. 储热功能矿物材料结构设计

根据储存热量方式的不同，储热功能矿物材料可分为显热储热矿物材料和潜热储热矿物材料。在众多显热储热矿物材料中，显热储热矿物功能材料的选择条件是：①高储能密度；②导热性能良好；③满足最低工作温度150℃。

潜热储热功能矿物材料则以潜热的形式储存热量。熔融盐类潜热储热功能矿物材料是熔融状态的无机盐，大部分无机盐其固体为离子晶体，在一定温度下转化为离子溶体，熔化转变过程是吸热过程，从而将热量以潜热的形式储存起来，在冷却的过程中转化为离子晶体并放出热量。其熔化温度介于100℃ ~ 900℃之间，潜热值介于70 ~ 560 J/g之间，熔融盐的导热系数在0.5 ~ 5 W·m^{-1}·K^{-1}。与显热储热功能矿物材料相比，潜热储热功能矿物材种类更多，储存容量更大，但是其面临导热系数低，相变熔融时容易泄漏腐蚀周边设备等问题，严重限制了其在储热领域的广泛应用。石蜡类和脂肪酸类相变材料可以通过复合矿物材料来制备潜热储热功能矿物材料[44]。以埃洛石、凹凸棒石、海泡石、硅藻土、膨胀石墨等矿物为基质，制备得到复合相变材料具有较高的储热容量，良好的导热系数，熔融温度与冷却温度与相变材料相差不大，且相变材料在相变过程中不会出现泄漏的状况[45–47]。

储热过程包括：蓄热、存热、放热三种步骤。热能通过热对流、热辐射等方式交换至储存媒介中，储存媒介以一定的形式将热量保存，在需要使用的时候，通过冷热交换将热能导出以供使用。储热过程的三个步骤，在实际应用中可以逐一进行也可以同时发生。储热功能矿物材料是利用储存媒介将热能储存起来，在必要的时候进行放热。根据储存媒介的不同，热能储存的方式有显热储存和潜热储存之分。显热储存材料在工作温度范围内不发生相变。显热储存是通过对固体或者液体加热升温将热能储存起来，储热容量由媒介的储热熔和储热过程形成的温度差所决定的。

潜热储存是利用媒介相变焓储存，包括固固相变和固液相变两种。用于潜热储热较广的相变材料是有机相变材料。有机相变材料具有以下优点：适用于较大的温度范围；冷却的过程中没有过冷现象；具有一致熔融状态；自核化性质；与矿物材料具有较好的兼容性；不存在相分离；化学稳定性；可持续使用性；较高熔融热。

矿物应用于储热材料具有如下潜在优势[12, 48]：①结构优势：矿物具有独特的晶体结构和孔结构，能够固定、存储储热材料；②热稳定性与化学惰性：天然矿物在一定温度范围内具有良好的热稳定性，作为支撑基体不易于相变材料发生化学反应，不会改变相变材料的成分，且与相变材料具有良好的相容性；③原料易得，性价比较高。

2. 储热功能复合矿物材料的合成方法与原理

（1）纳米胶囊法

纳米胶囊是一种具有囊心的微小"容器"，纳米胶囊的直径通常在1am以下。纳米胶囊的粒径小、比表面积大，可与高聚物材料较好的复合。纳米胶囊相变材料除了具有一般纳米胶囊的优点外，还具有智能调节温度的功能，可用于调温纤维领域。不过，随着粒径的减小，胶囊的过冷现象明显，胶囊的耐热性可能随着粒径的减小而降低，这些都将制约纳米胶囊相变材料的应用[49]。

（2）插层法

插层复合法是利用层状无机物（一般为层状硅酸盐）作为主体，将有机相变材料作为客体插入主体的层间，从而制得纳米复合相变材料。聚合物嵌入到改性的层状硅酸盐层间，形成的有机—无机纳米复合材料，其热性能（如玻璃化转变温度、热变形温度、热分解温度等）能得到较大幅度的提高[50]。

（3）毛细吸附法

膨胀石墨具有发达的网状孔形结构，具有高的比表面积、高的表面活性和非极性，内部的孔为纳米级别的微孔，并且孔内含有亲油基团，因此，对非极性相变材料有很强的吸附能力，这样就可形成均匀的由非极性相变材料和多孔石墨或膨胀石墨组成的纳米定形相变材料。另一方面，膨胀石墨多为蠕虫状结构，相互之间粘连、搭接在一起，在本身所具有的大微孔基础上，又形成很多开放的贮存空间，这种贮存空间非常有利于吸附非极性相变材料[51]。

（4）纳米微粒改性

在低温共晶盐水溶液中悬浮少量的纳米金属氧化物颗粒，制备成均匀稳定的纳米流体。其中纳米粒子既起到成核剂的作用，又可显著提高蓄冷剂的导热系数，从而达到强化换热的目的[52]。

3. 储热功能复合矿物材料中矿物的作用与机理

金属矿物中铁矿石的储热特性明显。铁矿石有赤铁矿、磁铁矿、针铁矿等。针铁矿在400℃以下易分解成赤铁矿，而赤铁矿与磁铁矿具有较好的导热系数，在相同的温度下赤铁矿的导热系数要高于磁铁矿。从导热性能方面考虑，赤铁矿储热特性更明显，更适合于制备储热材料。此外赤铁矿的比热容为 610 J·kg^{-1}·K^{-1}，密度为 5000 ~ 5300kg·m^{-3}，储能密度可达到 3.1 ~ 3.2×10^{6}J·cm^{-3}·K^{-1}。

层状硅酸盐比热容在 1000J·kg^{-1}·K^{-1} 左右，在一定的温度范围内，随着温度的升高比热容增大，其导热系数一般大于 1W·m^{-1}·K^{-1}，吸附能力一般较强，而类似蛭石一类的层状硅酸盐可以通过层状结构改型扩充增大层间距、提高对相变材料的装载量，因此黏土类层状硅酸盐矿物储热特性明显。硫酸盐矿物中的石膏，是室内外墙体建筑的主要材料，石膏与相变材料直接混合后，可以用作建筑节能材料，对于稳定室内温度的波动具有一定的效果。单质中的石墨具有化学惰性和高导热性，导热系数可达 150W·m^{-1}·K^{-1} 以上，可用作提高储热功能矿物材料的导热系数。通过石墨制备的膨胀石墨是制备储热复合相变材料的合适载体。珍珠岩经高温处理后可制备成膨胀珍珠岩，低密度多孔道的膨胀珍珠岩是制备复合相变储热材料的合适支撑基体[53-54]。

储热功能矿物材料主要应用于家用取暖系统、太阳能催化反应器、太阳能热发电、太阳能热水系统、建筑节能等领域。对于储热材料而言，降低制备成本，提高复合相变储热材料的含量是今后研究的重点方向。

（二）矿物纤维增强结构材料

矿物纤维是一类以无机物或冶炼废渣等为原料制成的纤维，主要成分为二氧化硅、氧化铝、氧化钙、氧化镁，也包括粉煤灰纤维、玻璃纤维、镍铁冶炼渣矿物纤维、玄武岩纤维等。由于矿物纤维本身的特殊功能，可用于制备质轻、高强的纤维增强聚合物基复合材料[55]。

1. 矿物纤维增强结构材料的工作原理与材料设计思路

矿物纤维增强结构材料的工作原理：通过针对不同有机或无机质基体，选择合适的矿物纤维，对其进行表面改性，使纤维与基体材料产生界面黏结效应。矿物纤维在不同的基体中能起到增黏、增弹、增强、增韧及提高复合材料自愈合能力等效果[56]。

天然矿物纤维的加工方法：①原矿处理。通过选矿提纯使矿物纤维与杂质矿物相互分离，除去或降低有害杂质[57]。②矿物纤维解束。矿物纤维主要是以纤维束的形式存在，纤维之间相互团簇在一起，通过对矿物纤维进行解束处理，获得分散性好的矿物纤维，使其在制备复合材料过程中更容易改性，且在基体材料中分布更加均匀，提高矿物纤维的增强效果[58]。③矿物纤维改性。根据基体的不同，对矿物纤维采取不同的表面改性。以提高基体与纤维，使基体与增强体之间产生良好的界面效应。

2. 矿物纤维在复合物材料中的作用与机理

增黏作用：纤维有机复合物胶浆属于弱相（有机复合物）支撑的固液悬浮体系，纤维掺加到有机复合物当中，形成的纤维有机复合物胶浆提高了基体的黏度，增加了有机复合物与集料的黏附性，通过油膜的黏结，提高集料之间的黏结力。

稳定作用：纤维—有机基体界面结构有助于降低有机复合物的温度敏感性。由于纤维直径只有几个 μm，即使在混合料中的掺量不大，加入纤维后，在有机复合物混合料内部引入了大量的新界面，其与有机复合物中的树脂通过物理浸润、吸附及化学键作用形成黏结牢固的薄膜。纵横交错的纤维形成的纤维骨架和结构网对有机复合物混合料的高温性能及低温性能均有不同程度的改善。

加筋作用：混合料是依靠有机物的黏结作用将粗集料、细集料及矿粉等散体类材料黏合在一起构成的复合材料，其抗拉强度相对较低。由于纤维的断裂强度和弹性模量较有机物高得多，添加纤维增强了有机复合物混合料的韧性和抗拉能力。在矿物纤维有机混合料中，纤维通过有机物黏结于集料之间，使集料搭接成网，与纤维共同作用，增大了集料的内摩擦角；同时，纤维在沥青混合料中三维分散存在，搭接在结构有机物之间，使自由有机物变少，增加了有机物的黏聚力。因此，掺加纤维提高了有机复合材料的抗剪强度[59]。

吸附和吸收有机物的作用：纤维掺入有机物中，其表面成为新的可使有机物浸润的界面，在此界面上纤维充分吸附有机物，形成大量新的有一定厚度、且结合力较自由有机质牢固的结构有机界面层[60]。

阻裂及桥联作用：断裂力学认为材料本身存在缺陷或微裂纹，裂缝尖端在荷载或温度应力等作用下将产生应力集中现象，导致裂纹进一步扩展造成破坏。但在纤维增强有机混合料中，纤维分散在有机物基体中，纤维的直径很小，数量众多，在混合料中广为分布，当混合料内部缺陷位置开始萌生微裂纹时，周围分布的大量短切纤维将起到约束裂纹或材料缺陷进一步扩展的作用。由于增强纤维的高抗拉强度、高模量的特点，纤维网作为更强大的第二连续相在有机物破坏时仍能维持体系的整体性，在一定程度上起到承担应力，阻止有机相进一步开裂的作用同时由于纤维的增黏效应，可选用稠度低一级别的有机拌制混合料，这对减少低温裂缝的出现也有所帮助。

增加自愈力：复合材料是一种黏弹性材料，具有应力松弛特征，以矿物纤维增强沥青为例，沥青路面也具有应力松弛的能力。在行车荷载作用下，混合料内部产生的应力会随时间的延长逐渐松弛减小。混合料在受力开裂过程中，纤维对裂纹扩展起到了阻滞作用，当外界力撤销后，纤维的弹性变形将首先得到恢复，纤维的收缩将促使沥青混合料恢复原来的形态，增强混合料的自愈能力，减小外力导致的损伤[61]。

增韧作用：韧性表征材料在外荷载作用下吸收能量的能力。韧度的大小取决于两个方面：一是材料本身的强度，二是材料破坏时的变形大小。高强度、高模量的矿物纤维掺入

到混合料中后，一方面增强了混合料的整体强度，另一方面还会因发生多缝开裂模式，提高混合料的抗变形能力，从而改善材料的韧性[62]。

五、矿物材料的功能设计与理论模拟研究进展

（一）矿物及矿物材料的理论计算

科学技术发展到现阶段，已要求科学研究从原子、分子层次理解和分析实验过程中的新发现和新问题，矿物材料的研究也不例外。近年来，已有学者模拟与计算了一些非金属矿物的物理、化学性质，并基于这些计算结果，开展理论的研究和试验验证，加强了对矿物材料的电子、原子、分子层次的本质认识[63]。

矿物的结构模型及结构水的影响：通过理论计算对矿物的微观性质进行研究，获得硅酸盐矿物内部结构信息，为了解矿物的物理、化学性质和力学性质提供前提。矿物与水相互作用是矿物发生表面、界面作用及功能转变的根本原因，表面或结构中的水分子会影响矿物的物理化学及力学性质，矿物结构和表面的羟基作为一种分子信息基团对它们局域环境的微观改变非常敏感，导致矿物结构发生变化。因此，对矿物与水的作用机理研究格外重要。

内部缺陷、杂质与矿物物理化学及力学性能的关系：在实际的自然界中，矿物内部存在很多缺陷、杂质。不同种类的缺陷、杂质在相当程度上影响了矿物的各种性质。从微观角度上描述这些杂质、缺陷对矿物性质的影响，并从微观角度、用不同参数清晰的解析数量和计算关系是研究的关键所在。

矿物的表面吸附与改性的微观机理：小分子与矿物的相互作用机理是催化和环境科学研究的一个重要领域，近年来关于矿物超薄杂化层的合成和表征研究成果，对矿物的本质和活性位点的分布提供了完善的信息，并为在功能材料设计中开发硅酸盐矿物的新应用领域提供了可能。而矿物的表面改性主要可以分为表面的负载嫁接和表面掺杂。硅酸盐矿物在不同长度范围的纳米尺度结构中，与表面性质相关的就是氢键的长度范围，氢键决定了1:1层状硅酸盐的尺寸和形状，以及很多黏土矿物的表面化学性质。

矿物的本征结构改性的微观机理：矿物本征结构改性的相关文献报道较少，本征改性根据对矿物晶体结构的改变程度，所涉及范围较广。通过理论计算，模拟对矿物表面结构进行改性、或进一步对矿物内部结构进行改性的结构、形态、配位形式以及性质的转变机理，在新型功能材料的研究中有重要作用。

1. 层状硅酸盐矿物

层状硅酸盐黏土矿物具有和沸石相似的化学性质，经常被用来作为固体酸性催化剂和吸附剂，以及杂化复合材料的主要组成成分。当把36种不同变形结构的高岭石分成20种不同能量结构和16种对映后，采用密度泛函理论可研究高岭石模型的特点。

（1）高岭石

结构及结构水相关的理论计算。在近年来大量硅酸盐矿物结构模型及其结构水影响的密度泛函理论研究表明，高岭石的结构和相关性质中，2D堆积结构中的缺陷和氢键是它们多型现象的主要因素。通过分析了高岭石内表面和内表面羟基的精确几何结构，计算认为高岭石结构为C1对称性，其中内表面羟基与ab面平行，外表面羟基与ab面垂直。高岭石OH基团的结构和振动频率性质分析表明，层内的羟基与弱层间氢键相关，而层间羟基的静电互补使得层结构稳定。计算得到的OH伸缩频率和实验结果有20cm^{-1}的最大误差，表面势能计算表明OH基团在室温下有较大幅度的运动半径并导致红外光谱出现宽化和额外频带。高岭石结构中4个OH基团间形成O-H⋯O键长1.8 ~ 2.6 Å的弱氢键。O-H伸缩频率与O-H⋯O键长成半线性关系，确定了OH基团是否提供有效氢键的几何参数为：r（O-H⋯O）≈ 3.0 Å，r（O⋯O）≈ 4.0 Å[64-65]。

表面吸附的理论计算。无机离子掺杂高岭石的DFT计算研究正处于起步阶段，有少量报道金、Pb（Ⅱ）等在高岭石表面的吸附和扩散情况。在高岭石（001）面两种表面吸附点的性能不同，如水、乙酸分子都含有两性特征的质子给体及受体，都强烈的吸附于八面体表面（也就是Al-OH表面），但与四面体表面（Si-O表面）只有弱作用力。还观察到了乙酸羧基和高岭石表面羟基之间的质子跳跃迁移现象。他们还发现单层分子水在层高岭石Oh面的氢键作用明显强于Td面，因此两面分别被认为是亲水层和疏水层。在高岭石（001）表面的吸附水分子间不存在明显的团聚倾向，且稳定的2维冰结构的双层水结构可导致高岭石表面湿润；多层冰的生长稳定性较差，说明高岭石表面覆盖水层后显疏水性，揭示了水在高岭石表面的复杂行为。高岭石具有羟基的表面更易于吸附水分子且更为稳定，而且吸附水分子越多越不稳定。水在高岭石Si-O面吸附作用小于Al-OH面，且吸附于Al-OH内、外表面的质子化位点为放热过程，且优先作用于单配位基。吸附后复杂体系的吸附能和结构特征主要由脱质子表面羟基的数量决定。如，金在高岭石层结构边缘的相互作用强于在垂直上下的位置。Mg、Ca、Fe（Ⅱ）等掺杂位点在高岭石（001）的表面结构受电荷重新分布的影响从压缩变为膨胀。水分子在掺杂表面的吸附能比未掺杂的表面要低，且水分子也可在掺杂表面第二层的空位处吸附。在Mg、Ca、Fe（Ⅱ）等的掺杂表面，水分子从表面吸附位点渗透到第二层的O层的能垒分别为1.18、1.07、1.41eV，表明掺杂使得高岭石表面的吸附水渗透能力提高[66]。

有机－无机插层的理论计算。国内外研究者们展开了关于乙酸钾、甲酰胺、水合肼、二甲基亚砜和二甲硒亚砜等有机无机分子插层高岭石的密度泛函理论研究。二甲亚砜稳定插层高岭石最主要的力为二甲亚砜的磺酰氧和高岭石表面的羟基间的氢键，且二甲亚砜的最终插层位置受其中的甲基和高岭石表面的氧之间的弱氢键影响。随着插层过程中层间距增大和二甲亚砜分子从液相中分离，体系经历一个高吸能过程和两个放热过程。多余的强极性二甲亚砜将阻止甲醇的插入和进一步嫁接。高岭石—二甲亚砜复合物和甲醇的反应将产生嫁接的甲氧基团和插层甲醇、以及层间水分子的增加。水合乙酸钾在高岭石层间以单层形式存在，钾离子和乙酸分子在受热后易于和脱羟基后的高岭石表面 AlO 层的负电荷 O 原子成键。甲酰胺在高岭石表面的负载作用能比插层的高，表明甲酰胺 / 高岭石的插层结构比吸附结构更稳定。水合肼以其碱性及吸附性受到越来越多的关注，当一水合肼进入层间后，水分子和肼分子之间的相互作用发生了改变。若要将肼脱附，需将层间距增大以减弱肼分子与高岭石的作用。

本征结构改性的理论研究。高岭石结构改性理论研究主要可以归纳为以下几个方面：本征缺陷、脱羟基、高压形变。如在高岭石的脱羟基过程中，一些水分子逐步从结构中脱除，经历结构重组后再重复脱水。还有亚稳定高岭石和亚稳定复杂材料的化学和力学性质变化的研究结果。在 9.5GPa 的高压下，高岭石Ⅲ到高岭石Ⅰ的相变过程和高岭石Ⅱ到高岭石Ⅲ的转变过程是不可逆的。

（2）蒙脱石的理论计算

蒙脱石的酸处理过程中，同构替换对 Brønsted 酸性位点的影响研究发现蒙脱石中镁同构替换八面体结构中的铝，相比铝替换四面体结构中的硅来说，会导致更强的酸性位点和更有效的质子化作用。锂在蒙脱石的吸附位置从层间移动到八面体的空位，吸附的锂被离子间的强吸附力聚集在一起，表现出绝缘性。由于八面体结构中锂的存在，–OH 基团从 c 轴垂直状态调整为 ab 面，并且锂电子发生了转移，补偿蒙脱石类质同象置换引起的净电荷。在水分子的存在下，Li 跨越 0.09eV 能量的障碍就能够从蒙脱石表面迁移到表面上方的一个距离。

在蒙脱石插层甲酰胺（FA）和质子化的甲酰胺（FAH）的结构研究中，FA/FAH 的 C=O 和 Na^+ 有强的库仑作用，–$CONH_2$ 和水以及蒙脱石表面形成了氢键，并通过协同作用，H_2O 对 FA 的吸附有促进作用。在酸性环境下，剥离的蒙脱石片上负载钯金属的催化剂中，钯 / 蒙脱石片催化剂比钯 / 碳复合催化剂更稳定。剥离的蒙脱石片中的铝氧八面体中的氧原子固定了钯纳米颗粒，能够使钯纳米颗粒牢牢地与蒙脱石片基体结合。

（3）叶腊石的理论计算

有关叶腊石的模拟计算主要集中在表面的性质和表面吸附特性等方面。在叶腊石的结构性质方面，叶腊石堆积结构中非键作用力色散力占主导地位。对叶腊石结构在冷却至室温时的脱羟反应研究发现，有部分结构发生了可逆的再羟基化。作为热处理脱羟基的一个限制因素，通过模拟叶腊石的再羟基化过程中，中间体的再羟基化和互变能，发现双八面体 2：1 层状硅酸盐脱羟基和再羟基化过程中水从矿物的内部结构的释放。

在叶腊石表面的分子吸附模型方面，研究了以噻吩、苯并噻吩、二苯并噻吩作为芳香烃杂环模型在叶腊石（001）表面的吸附行为。在所有的计算级别中，分子结构、偶极矩、热力学性质和振动模态都和实验数据吻合较好且能预测非可用值。水分子可以结合任何一个或两个表面基底的氧原子，依赖于结合结构和结合位点，其吸附能的变化从 –0.10 eV

到 –0.19 eV。表面上的两个或多个分子组成的活性结构会使它们的气相分子团聚；一个水分子可以与叶腊石八面体层上的羟基形成配位键，但该结合是不稳定的。

2. 架状硅酸盐矿物

在沸石的吸附与改性方面，氢气分子在 Na-MAZ 和 Li-MAZ 沸石原子簇上的吸附有深入研究，Li-MAZ 沸石具有更高的理论氢气储量，可能是一种潜在的储氢材料。还有丝光沸石的内表面、在蒙脱石的外表面的碱金属阳离子对 H_2O、NH_3 和 C_6H_6 的吸附的研究，轻质烷烃在沸石纳米腔的吸附和氢交换反应等，发现水分子与 HZSM-5 沸石原子簇相互作用时，电子由水分子向沸石骨架转移。在对磷改性 ZSM-5 沸石的水热稳定性研究方面，证实加磷提高了沸石的水热稳定性。

沸石中的 Brönsted 酸性质是一直以来研究的热点问题，因为 B 酸位和酸的强度决定了沸石的应用价值。热力学中最有利于定位 Al 的位点是 T7 和 T1 的位点，随后是 T5，T3 和 T4，而因为较差的稳定性，T2，T8 和 T6 的位点是不可能的。烷烃裂化活性依赖于 HY 的 Brönsted 酸性和阳离子交换 HY 沸石，而硅沸石中 VO-H 基团中的 V^{5+} 和 V^{4+} 部位的酸性比 SiO-H 部位的要强。

3. 岛状硅酸盐矿物

铁橄榄石的最高分子占有轨道与最低分子占有轨道之间的能量差越小，分子结构越不稳定，说明水冷壁结渣是由于 Fe 原子比较活跃易发生相变产生的物理现象。通过计算模拟过渡金属掺杂橄榄石型 $LiM_{0.125}Fe_{0.875}PO_4$（M=Ni，Mn）的电子结构，可进行掺杂对体系电子导电性能改善的机制解析。

4. 其他矿物

一水硬铝石晶体及其（010）表面的原子和电子结构，推测阴离子捕收剂很难与一水硬铝石（010）的表面 Al 原子间发生化学作用，却容易与一水硬铝石（010）的表面 H 原子相互作用；金红石结构与氯化钙结构之间不存在相变，可以共存；石英等五种自然界常见的 SiO_2 晶型的体弹性模量、电荷密度、电子态密度、能带结构随着压强的增加，SiO_2 会从 α- 石英结构转变为金红石结构；加压作用下 α- 石英的能带向高能方向移动，Si-O 键缩短，电子数转移增加，带隙展宽，电荷发生重新分布[67]。

六、我国发展趋势与对策

在过去几年里，我国科研工作者在功能复合矿物材料领域中取得了非常突出的成绩。然而，当前技术条件下可在实验室制备性能良好的复合材料，但在实际生产中该复合技术还存在着适用范围有限和技术复杂等问题。

生产成本低、工艺简单、操作方便、环境友好、易于实现工业化生产是目前功能复合矿物材料的主要发展方向。目前，客体分子组装矿物的基础研究已经取得了很大的进步，无论从插层剂的选择，还是客体分子组装的机理，都有了多方面而深刻的研究。但是，对于制备获得的矿物材料的高附加值的应用还处于初级阶段。所以，以组装完好的矿物材料为基础，拓展应用是目前亟需解决的问题。比如，拓展到生物医药方面的应用。通过客体分子插层矿物师兄制备纳米级矿物，初见成效，验证在理论上的可行性，但是，系统的实现层状矿物剥离的工艺过程仍然需要进一步探索。

在深入了解矿物成分—结构—性能—加工工艺关系，建立非金属矿物数据库的基础上，开展和加强矿物材料设计研究，加快我国矿物功能材料特别是与节能减排、新能源、低碳社会、循环经济等社会和经济发展重大问题紧密相关的矿物功能材料研究步伐，进一步提高我国矿物材料的研究水平。

参考文献

［1］ Roth E A, Agarwal S, Gupta R K. Nanoclay–Based Solid Sorbents for CO_2 Capture［J］. Energy & Fuels, 2013, 27（8）：4129–4136.

［2］ Sim K, Lee N, Kim J, et al. CO_2 Adsorption on Amine–Functionalized Periodic Mesoporous Benzenesilicas.［J］. Acs Applied Materials & Interfaces, 2015, 7（12）：6792–6802.

［3］ Jana S, Das S, Ghosh C, et al. Halloysite Nanotubes Capturing Isotope Selective Atmospheric CO_2［J］. Sci Rep, 2015（5）：8711.

［4］ Azzouz A, Nousir S, Platon N, et al. Truly reversible capture of CO_2 by montmorillonite intercalated with soya oil–derived polyglycerols［J］. International Journal of Greenhouse Gas Control, 2013, 17（9）：140–147.

［5］ Chen C, Park D W, Ahn W S. Surface modification of a low cost bentonite for post–combustion CO_2, capture［J］. Applied Surface Science, 2013, 283（11）：699–704.

［6］ Irani M, Fan M, Ismail H, et al. Modified nanosepiolite as an inexpensive support of tetraethylenepentamine for CO_2, sorption［J］. Nano Energy, 2015（11）：235–246.

［7］ Wang W, Xiao J, Wei X, et al. Development of a new clay supported polyethylenimine composite for CO_2, capture［J］. Applied Energy, 2014, 113（6）：334–341.

［8］ Niu M, Yang H, Zhang X, et al. Amine–Impregnated Mesoporous Silica Nanotube as an Emerging Nanocomposite for CO_2 Capture.［J］. Acs Appl Mater Interfaces, 2016, 8（27）：17312–17320.

［9］ Jin J, Zhang Y, Ouyang J, et al. Halloysite nanotubes as hydrogen storage materials［J］. Physics & Chemistry of Minerals, 2014, 41（5）：323–331.

［10］ Jin J, Ouyang J, Yang H. One–step synthesis of highly ordered Pt/MCM–41 from natural diatomite and the superior capacity in hydrogen storage［J］. Applied Clay Science, 2014, 99（9）：246–253.

［11］ Barrios C E, Bosco M V, Baltan á s M A, et al. Hydrogen production by methanol steam reforming: Catalytic performance of supported–Pd on zinc‐cerium oxides' nanocomposites［J］. Applied Catalysis B Environmental, 2015, 179：262–275.

［12］ Peng K, Fu L, Li X, et al. Stearic acid modified montmorillonite as emerging microcapsules for thermal energy storage［J］. Applied Clay Science, 2017, 138：100–106.

［13］ Jin J, Fu L, Yang H, et al. Carbon hybridized halloysite nanotubes for high–performance hydrogen storage capacities［J］.

Scientific Reports, 2015, 5: 12429.

[14] Ouyang J, Zhou Z, Zhang Y, et al. High morphological stability and structural transition of halloysite (Hunan, China) in heat treatment [J]. Applied Clay Science, 2014, 101: 16–22.

[15] Peng K, Fu L, Ouyang J, et al. Emerging Parallel Dual 2D Composites: Natural Clay Mineral Hybridizing MoS2 and Interfacial Structure [J]. Advanced Functional Materials, 2016, 26 (16): 2666–2675.

[16] Peng K, Fu L, Yang H, et al. Hierarchical MoS2, intercalated clay hybrid nanosheets with enhanced catalytic activity [J]. Nano Research, 2017, 10 (2): 570–583.

[17] Borah B J, Dutta D K. In situ stabilization of Pd0–nanoparticles into the nanopores of modified Montmorillonite: Efficient heterogeneous catalysts for Heck and Sonogashira coupling reactions [J]. Journal of Molecular Catalysis A Chemical, 2013, 366 (366): 202–209.

[18] Zhang D, Huo W, Wang J, et al. Synthesis of allyl - ended hyperbranched organic silicone resin by halloysite - supported platinum catalyst [J]. Journal of Applied Polymer Science, 2012, 126 (5): 1580–1584.

[19] Huang Z, Wu P, Li H, et al. Synthesis and catalytic properties of La or Ce doped hydroxy–FeAl intercalated montmorillonite used as heterogeneous photo Fenton catalysts under sunlight irradiation [J]. Rsc Advances, 2014, 4 (13): 6500–6507.

[20] Stathatos E, Papoulis D, Aggelopoulos C A, et al. TiO2/palygorskite composite nanocrystalline films prepared by surfactant templating route: synergistic effect to the photocatalytic degradation of an azo–dye in water [J]. Journal of Hazardous Materials, 2012, s 211–212 (2): 68–76.

[21] Sun Q, Li H, Zheng S, et al. Characterizations of nano–TiO2/diatomite composites and their photocatalytic reduction of aqueous Cr(VI) [J]. Applied Surface Science, 2014, 311 (9): 369–376.

[22] He X, Yang H. Au nanoparticles assembled on palygorskite: Enhanced catalytic property and Au‐Au2O3, coexistence [J]. Journal of Molecular Catalysis A Chemical, 2013, 379 (1): 219–224.

[23] Zhou Z, Ouyang J, Yang H, et al. Three–way catalytic performances of Pd loaded halloysite–Ce0.5Zr0.5O2, hybrid materials [J]. Applied Clay Science, 2016, 121–122: 63–70.

[24] Jing O, Zhao Z, Yi Z, et al. Textual properties and catalytic performances of halloysite hybrid CeO2 –ZrO2, nanoparticles [J]. Journal of Colloid & Interface Science, 2017, 505: 430.

[25] Chen C, Chen F, Zhang L, et al. Importance of platinum particle size for complete oxidation of toluene over Pt/ZSM–5 catalysts. [J]. Chemical Communications, 2015, 51 (27): 5936.

[26] Gao Y, Guo Y, Zhang H. Iron modified bentonite: Enhanced adsorption performance for organic pollutant and its regeneration by heterogeneous visible light photo–Fenton process at circumneutral pH [J]. Journal of Hazardous Materials, 2016, 302: 105.

[27] Tiya–Djowe A, Ruth N, Kamgang–Youbi G, et al. FeOx–kaolinite catalysts prepared via a plasma–assisted hydrolytic precipitation approach for Fenton–like reaction [J]. Microporous & Mesoporous Materials, 2018.

[28] Inchaurrondo N, Font J, Ramos C P, et al. Natural diatomites: Efficient green catalyst for Fenton–like oxidation of Orange II [J]. Applied Catalysis B Environmental, 2016, 181: 481–494.

[29] He X, Yang H. Fluorescence and room temperature activity of Y_2O_3: (Eu3+,Au3+) /palygorskite nanocomposite [J]. Dalton Transactions, 2015, 44 (4): 1673–1679.

[30] Yang H, Mei L, Fu L, et al. Controlled Assembly of Sb2S3Nanoparticles on Silica/Polymer Nanotubes: Insights into the Nature of Hybrid Interfaces [J]. Scientific Reports, 2013, 3 (4): 1336.

[31] Hu P, Yang H. Sb‐SnO2, nanoparticles onto kaolinite rods: assembling process and interfacial investigation [J]. Physics & Chemistry of Minerals, 2012, 39 (4): 339–349.

[32] Cavallaro G, Lazzara G, Milioto S, et al. Modified Halloysite Nanotubes: Nanoarchitectures for Enhancing the Capture of Oils from Vapor and Liquid Phases [J]. Acs Applied Materials & Interfaces, 2014, 6 (1): 606–12.

［33］ Lun H, Ouyang J, Yang H. Natural halloysite nanotubes modified as an aspirin carrier ［J］. Rsc Advances, 2014, 4 （83）: 44197-44202.

［34］ G K D, Ngnie G, Detellier C. PdNP Decoration of Halloysite Lumen via Selective Grafting of Ionic Liquid onto the Aluminol Surfaces and Catalytic Application ［J］. Acs Applied Materials & Interfaces, 2016, 8 （7）: 4862.

［35］ Ouyang J, Guo B, Fu L, et al. Radical guided selective loading of silver nanoparticles at interior lumen and out surface of halloysite nanotubes: ［J］. Materials & Design, 2016, 110: 169-178.

［36］ Bellezza F, Alberani A, Nocchetti M, et al. Intercalation of 5-fluorouracil into ZnAl hydrotalcite-like nanoparticles: Preparation, characterization and drug release ［J］. Applied Clay Science, 2014, 101 （7）: 320-326.

［37］ Liu P, Liu D, Liu Y, et al. ANTS-anchored Zn-Al-CO₃ -LDH particles as fluorescent probe for sensing of folic acid ［J］. Journal of Solid State Chemistry, 2016, 241: 164-172.

［38］ Miranda L D L, Bellato C R, Fontes M P F, et al. Preparation and evaluation of hydrotalcite-iron oxide magnetic organocomposite intercalated with surfactants for cationic methylene blue dye removal ［J］. Chemical Engineering Journal, 2014, 254 （7）: 88-97.

［39］ Tully J, Yendluri R, Lvov Y. Halloysite Clay Nanotubes for Enzyme Immobilization ［J］. Biomacromolecules, 2016, 17 （2）: 615.

［40］ Weng O Y, Hang X, Soejima H, et al. Biomimetic Dopamine Derivative for Selective Polymer Modification of Halloysite Nanotube Lumen ［J］. Journal of the American Chemical Society, 2012, 134 （29）: 12134.

［41］ Zeng X, Sun Z, Wang H, et al. Supramolecular gel composites reinforced by using halloysite nanotubes loading with in-situ formed Fe3O4, nanoparticles and used for dye adsorption ［J］. Composites Science & Technology, 2016, 122: 149-154.

［42］ Zhang H, Ren T, Ji Y, et al. Selective Modification of Halloysite Nanotubes with 1-Pyrenylboronic Acid: A Novel Fluorescence Probe with Highly Selective and Sensitive Response to Hyperoxide. ［J］. Acs Applied Materials & Interfaces, 2015, 7 （42）: 23805.

［43］ Biçer A, Sarı A. New kinds of energy-storing building composite PCMs for thermal energy storage ［J］. Energy Conversion & Management, 2013, 69 （3）: 148-156.

［44］ Chung O, Jeong S G, Kim S. Preparation of energy efficient paraffinic PCMs/expanded vermiculite and perlite composites for energy saving in buildings ［J］. Solar Energy Materials & Solar Cells, 2015, 137: 107-112.

［45］ Jeong S G, Jeon J, Chung O, et al. Evaluation of PCM/diatomite composites using exfoliated graphite nanoplatelets （xGnP）to improve thermal properties ［J］. Journal of Thermal Analysis & Calorimetry, 2013, 114 （2）: 689-698.

［46］ Li C, Fu L, Ouyang J, et al. Kaolinite stabilized paraffin composite phase change materials for thermal energy storage ［J］. Applied Clay Science, 2015, 115: 212-220.

［47］ Liang W, Wu Y, Sun H, et al. Halloysite clay nanotubes based phase change material composites with excellent thermal stability for energy saving and storage ［J］. Rsc Advances, 2016, 6 （24）: 19669-19675.

［48］ Zhang J, Zhang X, Wan Y, et al. Preparation and thermal energy properties of paraffin/halloysite nanotube composite as form-stable phase change material ［J］. Solar Energy, 2012, 86 （5）: 1142-1148.

［49］ Liang W, Chen P, Sun H, et al. Innovative spongy attapulgite loaded with n-carboxylic acids as composite phase change materials for thermal energy storage ［J］. Rsc Advances, 2014, 4 （73）: 38535-38541.

［50］ Liu S, Yang H. Stearic acid hybridizing coal‐series kaolin composite phase change material for thermal energy storage ［J］. Applied Clay Science, 2014, 101: 277-281.

［51］ Song S, Dong L, Chen S, et al. Stearic‐capric acid eutectic/activated-attapulgiate composite as form-stable phase change material for thermal energy storage ［J］. Energy Conversion & Management, 2014, 81 （5）: 306-311.

［52］ Sarı A. Fabrication and thermal characterization of kaolin-based composite phase change materials for latent heat storage in buildings ［J］. Energy & Buildings, 2015, 96: 193-200.

［53］ Ramakrishnan S, Sanjayan J, Wang X, et al. A novel paraffin/expanded perlite composite phase change material for prevention of PCM leakage in cementitious composites ［J］. Applied Energy, 2015, 157: 85–94.

［54］ Zhang N, Yuan Y, Yuan Y, et al. Lauric‐palmitic‐stearic acid/expanded perlite composite as form‐stable phase change material: Preparation and thermal properties ［J］. Energy & Buildings, 2014, 82: 505–511.

［55］ Carabba L, Santandrea M, Carloni C, et al. Steel fiber reinforced geopolymer matrix（S‐FRGM）composites applied to reinforced concrete structures for strengthening applications: A preliminary study ［J］. Composites Part B Engineering, 2017, 128.

［56］ Huo C, Yang H. Preparation and enhanced photocatalytic activity of Pd‐CuO/palygorskite nanocomposites ［J］. Applied Clay Science, 2013, 74（74）: 87–94.

［57］ Metelli G, Marchina E, Plizzari G A. Experimental Study on Staggered Lapped Bars in Fiber Reinforced Concrete Beams ［J］. Composite Structures, 2017, 179: 655–664.

［58］ Choudhury P, Halder S, Khan N I, et al. Enhanced crack suppression ability of hybrid glass fiber reinforced laminated composites fabricated using GNP/epoxy system by optimized UDM parameters ［J］. Ultrasonics Sonochemistry, 2017, 39: 174–187.

［59］ Mercy J L, Prakash S, Krishnamoorthy A, et al. Multi response optimisation of mechanical properties in self‐healing glass fiber reinforced plastic using grey relational analysis ［J］. Measurement, 2017, 110: 344–355.

［60］ Hou K, Ouyang J, Zheng C, et al. Surface‐modified sepiolite fibers for reinforcing resin brake composites ［J］. Materials Express, 2017, 7（2）: 104–112.

［61］ Xing D, Lu L, Tang W, et al. An ultra‐thin multilayer carbon fiber reinforced composite for absorption‐dominated EMI shielding application ［J］. Materials Letters, 2017, 207.

［62］ Yan S, Xue Y, Yang Y, et al. Thermal, mechanical, and dielectric properties of aluminum silicate fiber reinforced aluminum phosphate‐poly（ether sulfone）layered composites ［J］. Journal of Applied Polymer Science, 2017,134.

［63］ Fu L, Yang H, Tang A, et al. Engineering a tubular mesoporous silica nanocontainer with well‐preserved clay shell from natural halloysite ［J］. Nano Research, 2017, 10（8）: 2782–2799.

［64］ Fu L, Yang H. Structure and Electronic Properties of Transition Metal Doped Kaolinite Nanoclay: ［J］. Nanoscale Research Letters, 2017, 12（1）: 411.

［65］ Balan E, Calas G, Bish D L. Kaolin‐Group Minerals: From Hydrogen‐Bonded Layers to Environmental Recorders ［J］. Elements, 2014, 10（3）: 183.

［66］ White C E, Kearley G J, Provis J L, et al. Structure of kaolinite and influence of stacking faults: reconciling theory and experiment using inelastic neutron scattering analysis. ［J］. Journal of Chemical Physics, 2013, 138（19）: 207.

［67］ Tunega D, Bučko T, Zaoui A. Assessment of ten DFT methods in predicting structures of sheet silicates: importance of dispersion corrections. ［J］. Journal of Chemical Physics, 2012, 137（11）: 1081.

撰稿人：杨华明　欧阳静

环境矿物材料研究进展与发展趋势

一、引言

20世纪90年代初，针对人类社会经济活动日益受到资源环境的严重制约，材料领域研究者首次提出了"环境材料"的概念。环境材料是指对资源和能源消耗最少，对生态环境影响最小，再生循环利用率最高或可降解使用的，具有优异使用性能和环境协调性的材料，以及具有净化环境、修复环境能力的材料。天然矿物具有资源丰富、价格低廉、与环境协调性最佳等特点，是一种理想的环境材料。通常意义上的环境矿物材料是指由矿物（岩石）及其改性产物组成的与生态环境具有良好协调性或直接具有防治污染和修复环境功能的一类矿物材料。

环境矿物材料的两个最基本特征：①材料本身是以天然矿物或岩石为主要原料；②材料具有环境协调性或具有环境修复和污染治理功能。有些天然矿物直接用作环境矿物材料时，其净化环境能力有限，为了提高或改善天然矿物的性能，常对其进行改性处理。国内外关于环境矿物材料改性的方法总体可划分为物理法、化学法、复合方法，这些改性处理均基于天然矿物比表面积大、孔隙率高、组成结构和空间结构差异性等性能[1]。

在环境污染治理中，环境矿物材料主要应用于水污染治理、大气污染治理、土壤污染修复、固体废物利用、放射性污染治理等。近年来，随着人们对环境保护的重视和对绿色环境的渴望，环境矿物材料的研究取得了较大进展。在水处理方面，沸石、高岭土、蒙脱石和伊利石等黏土矿物是去除水中有机污染物、氮、磷以及重金属离子的理想吸附剂[2-3]。在大气治理方面，沸石、凹凸棒石、海泡石、蛭石、蒙脱石、白云石、硅藻土等经改性处理后，可用于工业与生活中排放废气的处理[4]。在土壤修复方面，有学者利用天然沸石修复重金属污染的土壤。在固体废物利用方面，以炉渣、煤矸石、粉煤灰、赤泥、尾矿等为原料，可制备出土壤固化剂、复合型防渗层和新型陶粒产品等[5]。另外，以沸石、凹凸棒石等矿物为吸附介质，能够很好地防止核素在核试验处置场中的迁移。

　　环境矿物材料不是一类新的特殊材料，而是在环境保护观念指导下开发的矿物材料或是矿物材料环境功能的延伸。类似于有机界生物处理方法，利用无机界天然矿物治理污染物的方法是建立在充分利用自然规律的基础之上，体现了天然自净化作用的特色。更为有利的是，采用的部分天然矿物往往来源于矿山废弃物，以废治废、污染控制与废弃物资源化并行，具有"零排放"兼有"零废料"的环保意义。目前，环境矿物材料已在水体、大气与土壤污染防治方面展现出了广阔的应用前景，继续深入系统研究环境矿物材料的基本性能、揭示其净化机理、拓展其净化功能，将有利于进一步扩大环境矿物材料的应用领域。

二、天然环境矿物材料研究进展

　　天然环境矿物材料是指能够直接利用其物理、化学性质用于环境污染治理与修复的矿物（岩石）功能材料，它与生态环境具有良好的协调性，如一些膨润土、沸石、珍珠岩、硅藻土、蛭石等。环境矿物材料的基本性能是天然矿物对污染物净化机理与净化功能重要体现，也是污染物的矿物处理方法的关键所在。天然矿物对污染物的净化功能主要表现在矿物以下方面：表面吸附作用、孔道过滤作用、结构调整作用、离子交换作用、化学活性作用、物理效应作用、纳米效应作用、生物交互作用。

　　环境矿物材料治理环境污染，处理方法简单、成本低、处理效果好且不出现二次污染，体现了以废治废、污染控制与废物资源化并行，自净化作用的特色[6]。因此，非金属矿物环境材料是国内外环境保护和环境治理的重要研究领域之一。我国非金属矿具有品种多、资源丰富、分布广等特征，这为开发非金属矿物环境材料提供了良好的条件，目前除用量最大的蒙脱石黏土矿物外，非金属矿物在水体污染综合治理，废气吸尘和固硫，以及固废的二次资源化等领域研究比较多的有膨润土、海泡石、沸石、硅藻土、磷灰石、坡缕石、麦饭石等。

　　天然环境矿物材料因具有表面吸附作用、离子交换作用、孔道过滤作用等优异的净化功能，在污染治理与环境修复领域中具有独特的作用，并在污染治理的规模、成本、工艺、设备、操作、效果及无二次污染等方面具有明显的特点和较大的优势[7]。环境矿物材料已在大气、水和土壤污染防治等方面展现出了广阔的应用前景。

非金属天然环境矿物材料应用情况

应用区域	功能	非金属矿物及作用
大气污染	中和	石灰石、菱镁矿、水镁石等碱性产物用于中和可溶于水的气体，这些气体多为酸酐。
	吸附	沸石、蒙脱石、海泡石、坡缕石、高岭石、白云石、硅藻土等多孔物质吸附 NO_x、SO_x、H_2S 有毒气体。

续表

应用区域	功能	非金属矿物及作用
水污染	过滤	石英、尖晶石、石榴石、海泡石、坡缕石、硅藻土及多孔 SiO_2、膨胀蛭石、麦饭石等用于化工和生活水过滤。
	调节 pH	白云石、石灰石、方镁石、水镁石、蛇纹石、钾长石、石英等用于清除水中多余的 H^+ 或 OH^-。
	净化	明矾石、三水铝石、高岭石、沸石等用于清除废水中的磷酸离子、铵盐和重金属离子等。
土壤污染	吸附	膨润土、凹凸棒石、海泡石、高岭土、沸石、蒙脱石等吸附土壤中重金属离子和有机污染物。
	调节 pH	海泡石、碳酸钙、沸石、磷灰石、石灰石、白云石等调节 pH、抑制土壤中重金属的迁移。
放射性污染	过滤	石棉用作过滤、清除放射性气体和尘埃。
	离子交换	沸石、海泡石、坡缕石、蒙脱石用于阳离子交换剂净化被放射性污染的水体。
	吸附固化	沸石、海泡石、坡缕石、蒙脱石、硼砂、磷灰石可对放射性物质永久性吸附固化。
噪音	隔音	沸石、蛭石、珍珠岩、浮石等轻质多孔非金属矿产可用于保温隔音的建筑材料。

环境矿物材料在水污染、大气污染、固体废物处置与处理、土壤污染、核污染和核废料防治、地表水和地下水水质改善及燃煤固硫除尘等方面的应用显示了良好的效果和前景，但目前还存在以下问题[8]：①不同来源环境矿物材料在组成、结构及性能上的地域性差异，针对不同污染物的实际应用效果、修复机制、影响因素和可行性技术等方面研究尚显不足。②目前有关环境矿物材料的研究成果多数仍处于实验室研究阶段，尚有待于进一步深化，实现新型环境矿物材料研发的产业化及在环境工程中的规模化应用。③高效环境矿物材料的筛选和多功能环境矿物材料的开发需要加强。我国天然环境矿物材料资源丰富，种类较多，针对不同类型和特点的污染物，需要筛选高效的环境矿物修复剂，从净化效果、经济有效用量和使用的可行性等功能方面开展深入研究。

三、环境矿物材料加工技术研究进展

（一）环境矿物材料改性

环境矿物材料改性是指将矿物或岩石等原有材料从自身性质或理化性能方面进行直接或间接的改造，最终达到提高其使用价值和开拓应用领域的目的。由于矿物材料本身的性质复杂和污染物种类繁多，因此，矿物材料的改性方法多种多样，通常的改性方法有物理和化学方法[9-10]。物理处理改性有高温煅烧处理改性、水热处理改性、超声波和微波加热改性等。化学处理改性是通过环境矿物与碱、酸、盐等化合物作用，改变或改善矿物的理化性能，通过化学处理，可以改变矿物结构内部的可交换阳离子种类，甚至可在矿物结构内生成特殊化合物，从而使矿物的物理和化学性能有极大改变[11-12]。

1. 物理改性

环境矿物材料的物理改性包括热处理改性和高温处理改性。即通过热处理方式改变或者改善矿物的物化性能。

（1）水热处理改性

水热处理可以促进黏土矿物片层的分离，有助于形成柱撑材料，提高表面活性。以蒙脱石为例，Ti柱撑蒙脱石对水中砷有良好的吸附效果。水热法柱撑水热处理也可促进纤维束的解离。以海泡石为例，由于海泡石层间或纤维粘合力强，要使其纤维均匀分散提高活化率，常温常压下酸处理很困难，可首先采用水热处理海泡石，然后再进行酸活化。这是由于水热活化使海泡石纤维束解离为细小纤维，从而增大了纤维间及孔道的比表面积，再用酸处理，可以破坏镁氧八面体，使硅氧四面体构成的骨架内的填充物减少，使通道进一步畅通，增大孔隙率及比表面积。

（2）高温煅烧处理改性

通过高温热处理可以改变环境矿物材料的化学组成、物理性质，从而改善材料本来就有的某种或某些技术性能，如通过煅烧可除去高岭石矿物中水分，包括表面吸附水和结构水、孔道吸附水、结晶水及结构水，同时排除掉一部分挥发性物质和有机质，起到非常有效的活化作用，增强其吸附作用；通过不同温度煅烧石膏可获得具不同工艺特性的石膏衍生物，其中800℃～1000℃热处理后可生成游离石膏，成为极有价值的普通煅烧石膏；高温煅烧珍珠岩时，小水泡迅速汽化，体积增大，随着内压的增大内孔瞬间爆破，在玻璃质岩体中留下空洞，从而实现岩石的膨胀。冷却后便形成具有均匀微孔结构的膨胀珍珠岩，膨胀后的珍珠岩体积是可达到原来的30倍，一般在10～20倍，显著提高了比表面积，增强了吸附性能，亦可作为优良的催化剂载体，研究表明膨胀珍珠岩负载TiO_2制备漂浮型光催化剂可有效降解水面浮油；煅烧蛭石膨胀改性，体积可增大8～15倍，最高达40倍，进而形成质地疏松的物质；煅烧石灰石和白云石制备石灰和轻质碳酸钙，可用于合金、化工、农业、环保、能源等领域；煅烧褐铁矿和菱铁矿可制备纳米多孔的零价铁、四氧化三铁和三氧化二铁，用于地表水、地下水及土壤污染的防治，还可用于净化生物质气化气；煅烧褐铁矿与生物质秸秆混合体形成微孔—中孔—大孔多级孔结构生物滤料，可用于水体的脱氮除磷；煅烧黄铁矿可用于重金属离子Cu^{2+}、Pb^{2+}、Cd^{2+}等离子的吸附剂回收[13-14]；石墨可在缺氧气氛中氧化制备氧化石墨烯。

（3）超声波改性

主要是利用超声波引起的空化作用产生局部的高温高压，例如可通过超声作用使凹凸棒石晶束解聚；超声预处理可提高蛭石的吸附性能；超声改性增加了煤渣的吸附位点，提高了其吸附性能；超声波改性沸石提高了其对 COD 的去除效果；硅酸钙经超声波改性具有更好的去除 COD 和 NH_4^+ 性能。

（4）微波加热改性

该法主要利用微波非接触性加热原理。如可通过微波加热使膨胀石墨膨化并脱除残留后制成膨化石墨；微波预处理蛭石可提高其吸油性能；微波协同酸、碱、盐改性沸石可提高对地下水 Fe^{2+} 的吸附能力；微波改性活性炭明显提高其脱硫活性；微波协同聚丙烯酰胺改性提高了膨润土对 Zn^{2+}、Cd^{2+}、Pb^{2+} 的吸附容量。

2. 化学表面处理改性

化学处理改性是通过环境矿物与碱、酸、盐等化合物作用，改变或改善矿物的理化性能。即通过矿物与化学试剂作用，改善其表面化学性能，或与其他涂覆材料作用，改善其表面物理、化学、力学性能。对于层状和纤维状矿物，可通过特殊改性加工，使其层片或者纤维以粉体分散于基体中从而获得一系列矿物／聚合物纳米复合材料；对于层状矿物，层间阳离子的水化作用可使其均匀分散于水中，极性化合物如醇、胺类能嵌入到黏土层间，层间的可交换阳离子被有机阳离子交换而形成有机改性矿物，将有机改性矿物分散于有机溶剂中，并加入聚合物的有机溶液、脱除溶剂，即可得到复合材料。通过化学处理，可以改变矿物结构内部的可交换阳离子种类，甚至可在矿物结构内生成特殊化合物，从而使矿物的物理和化学性能有极大改变。化学表面改性总的来说可以分为无机改性、有机改性。

（1）无机改性

使用无机物质改造或改善材料物理化学性质的方法。无机改性多用于层状黏土矿物，以柱撑方式提高矿物材料性能。例如，膨润土用酸类处理，使 H^+ 取代其中 Al^{3+} 等离子，可改型为活性白土；沸石用碱改性后，吸附去除磷酸盐的能力大大提高；钙基膨润土用钠盐处理，Ca^{2+} 被 Na^+ 取代，从而改型为吸附性能更好的钠基膨润土；铝交联蒙脱土大大提高了蒙脱土处理含磷、氟废水的能力；铝盐—镁盐改性蒙脱土对阳离子染料具有很好的吸附性能，且使得蒙脱土还具有一定的光化学催化降解作用；改性蒙脱土对金属矿山、冶金、电解、电镀等行业的重金属废水具有很好的净化作用；鳞片石墨在酸和氧化剂作用下，层片结构内形成一种特殊的层间化合物，从而成为具有特殊性能的可膨胀石墨；沸石经过酸或盐处理，内部结构得到改善，载气量得到提高；海泡石酸处理改性增加了面网间距、疏通孔道、增大层间孔隙、提高比表面积；凹凸棒石经酸处理后脱色力显著提高；近年来矿物材料作为催化剂或者催化剂载体引起广泛关注，可直接用于生物质焦油的催化裂解，可通过负载光敏剂作为光催化剂，可通过负载活性组分用于烟气脱硝和催化氧化VOCs，负载零价铁用于重金属离子、有机物的去除和净化等[15-18]。

（2）有机改性

利用有机改性剂改造或改善材料物理化学性质的方法。有机改性相对无机改性相对复杂些，相应的改性方法较多。有机改性基于的原理有表面吸附改性、插层改性及嫁接改性[19-20]。有机改性方法有普通改性和高能改性，高能改性主要是指利用等离子体、电离辐射等方法对环境矿物材料进行处理，一般针对普通改性难以实现的嫁接改性。涉及的有机改性剂有表面活性剂（阴离子表面活性剂、阳离子表面活性剂、两性表面活性剂、生物表面活性剂）、螯合剂、壳聚糖、腐殖酸、硅烷偶联剂（氨基硅烷、螯合型硅烷）。

3. 复合改性

复合改性是将物理改性和化学改性各自优势结合起来，可表现出更优越的效果，是一个新兴的研究热点。近些年有机无机复合改性应用于蒙脱土的研究较多。铝柱撑协同十六烷基吡啶改性蒙脱土显著提高吸附苯系物能力；铝柱撑协同十四烷基溴化吡啶改性蒙脱土显著提高处理垃圾渗滤液能力，大大促进了脱色和对 COD 的去除。将沸石通过盐、热改性后再负载如无机阳离子，可以使复合改性沸石具有同步脱氮除磷和抗菌性能。

（二）环境矿物材料表征

近年来环境矿物材料的研究和应用有了长足的发展，无论是实验室研究还是产业化应用，环境矿物材料的表征越来越受到人们的重视。基于先进谱学和电镜技术等的发展，愈来愈多的交叉学科表征技术应用于环境矿物材料，主要有 X 射线粉末衍射（XRD）、X 射线荧光光谱（XRF）、红外光谱（IR）、拉曼光谱（Raman）、X 射线光电子能谱（XPS）、透射电子显微镜（TEM）、扫描电子显微镜（SEM）、电位滴定（PT）、热重—差热分析（TG/DTA）等[21-26]。

矿物材料表征技术应用情况

表征技术	功　能
XRD	分析建筑废料、煤矸石、粉煤灰、赤泥和尾矿等固体废弃物的物相组成；凹凸棒石、蒙脱石、蛭石、白云石、硅藻土、沸石矿物纯度；蒙脱石、蛭石、白云石等吸附前后晶胞参数、面网间距以及物相的变化信息。
XRF	分析凹凸棒石、膨润土、赤泥、尾矿、煤矸石、褐铁矿、赤铁矿、菱铁矿等的化学组成。
IR	识别不同类型凹凸棒石、蒙脱石、氧化铝、二氧化硅等的结构差异性；解析沸石、MgO、Al_2O_3、凹凸棒石等对 CO_2、SO_2、H_2S 等的作用过程；解析沸石、白云石、粉煤灰等对污染物的表界面作用过程。
Raman	分析矿物缺陷（尤其是表面缺陷和类质同象替代）和矿物晶型（不同锰氧化物）对矿物材料吸附和催化性能的影响。
XPS	解析蒙脱石、凹凸棒石、硅藻土、高岭石、菱铁矿、沸石等对重金属离子和放射性核素等污染物的作用机制；解析赤铁矿和锰矿表面氧元素在催化氧化挥发性有机物中的作用。

表征技术	功能
EXAFS	解析了重金属离子、放射性核素在雌黄铁矿、蒙脱石、绢云母、海泡石等矿物材料不同条件下的表界面作用机制。
TEM	分析凹凸棒石、蒙脱石、白云石、方解石、赤铁矿、菱铁矿等矿物晶体结构和形态；表征尾矿、粉煤灰、煤矸石的物相组成及形貌；揭示白云石、凹凸棒石、蒙脱石等吸附重金属离子机理；分析脱硫石膏、煤矸石、粉煤灰等去除或固化污染物的功能区。
SEM	解析凹凸棒石、蒙脱石、硅藻土、白云石、蛭石、赤铁矿、沸石等形貌；辅助分析煤矸石、赤泥、建筑废料、脱硫石膏等固体废弃物的物相组成；辅助分析矿物材料与环境污染物的作用机制。
PT	调查凹凸棒石、蒙脱石、硅藻土等电荷零点、表面羟基量及表面位密度，分析了改性对吸附剂表面电荷的影响，解析了矿物材料对污染物的作用机制。
比表面积和孔结构	表征改性前后蒙脱石、硅藻土、凹凸棒石、沸石、多孔二氧化硅、赤泥、粉煤灰、白云石、褐铁矿、菱铁矿等的比表面积和孔结构信息，分析矿物材料的表面吸附或者催化性能。
TPD	表征凹凸棒石、蒙脱石、海泡石、硅藻土等表面酸碱特性以及其对气体的吸附作用效果。研究吸附类型（活性中心）的个数；吸附类型的强度（中心的能量）；每个吸附类型中质点的数目（活性中心的密度）；脱附反应的级数等。
TG/DTA	表征凹凸棒石、蒙脱石、海泡石、沸石等中存在有吸附水、孔道水、结合水和结构水；利用不同的样品热分解温度不同，对混合样品进行区分，如针铁矿和菱铁矿混合物；辅助分析矿物材料对吸附质的作用机制。

（三）环境矿物材料再生

环境矿物材料不仅可以满足特定的使用需求，而且在完成使用寿命后，对环境不构成危害，是研制、生产和使用过程的副产品能够资源化的一类新型可再生循环利用的材料。环境矿物材料无论是作为吸附剂还是催化剂追求的都是资源再生循环利用。吸附剂达到吸附饱和必须要再生处理循环利用，催化剂失活后必须要活化再生利用，目前的再生方法众多，主要有物理再生法、化学再生法和生物再生法[27-28]。

1. 物理再生

物理再生法是指通过物理性的作用（中低温度的加热处理、离心等）恢复材料性能以实现循环使用。物理再生与一般吸附过程发热脱附吸热及吸附质性质有关。通过吸附 NH_3-N 饱和的沸石经 300℃ ~ 600℃ 煅烧处理可再生利用，且铵根去除能力显著提高；通过煅烧、微波加热、超声可促使活性炭吸附物种的脱附，部分吸附质在氧化条件下降解去除；磁性膨胀石墨可通过高速离心实现脱附油类吸附质实现再生使用。

2. 化学再生

化学再生法是用适当的酸、碱、盐试剂处理吸附饱和或者失活的矿物材料使之最大程度的恢复性能。通过盐溶液可以再生吸附 NH_4^+ 饱和的沸石，不同的盐溶液后者盐组合溶液表现出不同的再生活性，其中 NaCl 和 CaCl₂ 组合盐溶液具有较好的再生活性；用 HCl 及 NaCl 可再生吸附重金属离子（Pb^{2+}、Zn^{2+}）饱和的沸石；用 HCl 溶液可再生吸附 Pb^{2+} 饱和的陶粒；利用盐溶液可促使吸附 NH_4^+ 饱和的蛭石；使用碱液可再生吸附 PO_4^{3-} 饱和的磁性硅藻土、铁氧化物等；利用有机溶剂可再生吸油饱和的膨胀石墨。

3. 生物再生

生物再生法是借助微生物的作用使得材料表面和内部吸附质分解脱附的过程。吸附铵饱和的沸石或者陶粒可利用含有硝化细菌的 $NaNO_3$ 溶液再生，沸石既是铵的吸附材料又是硝化细菌的生长场所；活性吸附、膨胀石墨吸附有机物饱和后可引入降解菌降解有机物再生，实现循环利用。

四、环境矿物材料在污染治理中的应用现状

（一）环境矿物材料在废水处理中的应用

我国区域广阔，地表水与地下水丰富，但污染严重，一般的环境污染治理技术难以支撑，各种化学的治理方法易造成二次污染，所以从环境矿物学角度出发，充分认识各种天然矿物材料对各种污染物的净化作用，是实现水体污染物治理的有效途径。研究表明，应用环境矿物材料的矿物表面吸附作用、矿物孔道的过滤作用、矿物层间离子交换作用等来治理废水具有良好的应用前景。

1. 环境矿物材料在无机废水处理中的研究进展

水体的无机污染主要是指重金属离子污染（Cr^{6+}、Cr^{3+}、Pb^{2+}、Cd^{2+}、Hg^{2+}、As^{3+}、As^{5+}、Zn^{2+}、Cu^{2+}、Fe^{2+}、Mn^{2+}、Ni^{2+}、Co^{2+}）以及一些非金属离子污染（NH_4^+、NO_3^-、PO_4^{3-}、F^-、CN^-），它们给水体生物及人类带来了巨大的危害。近年来，研究者们采用天然矿物材料，如电气石、膨润土、沸石、珍珠岩、硅藻土、蛭石、海泡石、磷灰石等在水污染治理方面进行了大量的研究，并取得了一些卓有成效的进展与成果。

滑石是一种单斜晶系的三八面体层状硅酸盐矿物，化学式为 $Mg_3[Si_4O_{10}](OH)_2$。滑石具有很好的化学稳定性和疏水性，主要是因为它的单元层内电荷平衡，结合牢固且单元层间靠微弱的分子键连接，无其他阳离子，因此滑石是一种不带层电荷的层状硅酸盐。利用滑石的吸附作用处理重金属废水的理论依据有以下两点：一是液相吸附理论，同活性炭相似，滑石跟溶剂微弱的亲和力主要取决于滑石的天然疏水性；二是滑石表面的活性官能团。

蒙脱石、海泡石等是一种具有较大比表面积的黏土矿物，因此可以通过吸附作用处理废水中的重金属离子。李真强等[29]采用静态实验方法研究了蒙脱石对水溶液中 Ce（Ⅲ）的吸附特性，表明吸附过程受 pH 影响较大，动力学和热力学相关结果表明该吸附是一个自发的吸热过程；张才灵等[30]通过盐酸和十六烷基三甲基溴化铵对海泡石进行改性，着

重研究了吸附 Pb^{2+} 的动力学和热力学，计算可得，对应温度下吸附自由能 $\triangle\,G_0$ 小于零，因而该吸附过程为自发吸热过程，其吸附活化能 Ea = 5.420kJ/mol。

电气石具有热电性和压电性，存在永久性自发电极，能改变水体的氧化还原电位。电气石结构紧密，金属离子不易进入其晶体结构，因此电气石的吸附主要为表面吸附，吸附类型主要为离子、分子吸附，类似石英、刚玉等简单氧化物，通过表面络合起吸附作用。

碳酸盐矿物是土壤、沉积岩和地表各类沉积物中重要的矿物之一，在防治重金属污染方面有重要的作用。其中，方解石在调节环境水体质量和控制重金属元素的迁移与转化中，扮演着极为重要的角色。袁鹏[31] 选取水中典型的重金属 Cu^{2+}，通过动态流化床反应器和静态连续搅拌式反应器对比，得出了碳酸盐体系中诱导结晶去除 Cu^{2+} 的较佳条件，通过参数调节，有效构建了铜离子和碳酸根离子的非均相成核体系，形成大小十几微米的杆状晶体，有效实现了重金属离子的固化和回收。

沸石是沸石族矿物的总称，亦是一类含水晶质架状铝硅酸盐的总称，其空间网架结构中的空腔与孔道决定了它具有较大的开放性和巨大的内表面积，孔中所含的结构可交换碱、碱土金属阳离子以及中性水分子（沸石水），脱水后结构不变，因此具有良好的离子交换、选择吸附和分子筛等功能。Q Sun 等[32-33] 通过四氯化钛水解沉淀法，以天然沸石为载体，将纳米二氧化钛固载其上，通过在紫外光下降解 Cr^{6+} 来研究复合材料的性能，结果表明降解过程符合准一级动力学，并且有良好的重复降解效果。

硅藻土是一种生物成因的硅质沉积岩，具有多孔性、低密度、大的比表面积以及良好的吸附性，并且还具有相对不可压缩性和化学稳定性等理化特性。硅藻土表面有大量的硅羟基并伴有氢键存在，这些 –OH 基团是使硅藻土具有表面活性、吸附性以及酸性的本质原因。Z Sun 等[34] 以葡萄糖为前驱体，提纯硅藻土为载体，通过水热法合成了硅藻土负载纳米碳，进行 Cr^{6+} 吸附研究表明：吸附过程符合准二级动力学，负载碳后硅藻土吸附能力大大增强，是一种具有潜在应用价值的 Cr^{6+} 吸附剂。

石棉尾矿是石棉矿选矿加工过程中剥离下来的尾渣，是一种以蛇纹石（$Mg_6\,[\,Si_4O_{10}\,]$（OH）$_8$）为主要成分的固体废弃物。目前，石棉尾矿堆积量大，对环境造成污染。经过酸浸或经表面改性后，石棉纤维结构绝大部分被破坏，潜在的生物毒性可降低甚至消失，使其对环境无害化，并且表面缺陷数量和空隙增多，形成具有较高比表面积的无定型二氧化硅。

2. 环境矿物材料在有机废水处理中的研究进展

矿物材料在有机废水中的应用主要指在印染废水（罗丹明 B、亚甲基蓝、刚果红、活性艳红、耐酸大红）、酚类（苯酚、氯苯酚、对二苯酚、氨基酚、硝基酚）、烃类（卤代烃、脂肪、羧酸、表面活性剂）、杀虫剂（敌百虫、敌敌畏、克百威、多菌灵）、油田废水、造纸废水等中的应用。

天然膨润土或改性后可作吸附剂处理各类有毒和难生物降解的有机物。有机改性膨润土去除水中有机物的能力比原土高几十至几百倍，而且可以有效地去除低浓度的有机污染物。近年来，国内外在这方面开展了大量研究，如利用季铵盐等阳离子表面活性剂与钠型蒙脱石作用，经过离子交换将这些体积较大的有机正离子引入层间，再通过离子交换作用和表面活性剂脂肪链的萃取作用吸附有害的有机污染物。S Zheng 等[35]通过不同的表面改性剂修饰钙蒙脱石，并对得到的有机黏土进行结构表征，对双酚 A 的平衡吸附试验表明该过程符合准二级动力学过程和 Langmuir 等温吸附模型，黏土矿表面的亲水性以及添加表面改性剂后产生的带正电表面有效提升了其对双酚 A 的吸附能力。C Li 等[36]通过湿化学以及煅烧的方法制备了 g-C₃N₄/蒙脱石复合材料，并对复合材料的微观形貌、界面特性及光学性能等进行了研究，在可见光条件下降解水中的罗丹明 B 和盐酸四环素。结果表明，蒙脱石高效吸附性与 g-C₃N₄ 良好的光催化降解的协同作用以及静电作用，使得复合材料相对于单一 g-C₃N₄ 有更高的光催化降解能力。

凹凸棒石是一种含水富镁硅酸盐黏土矿物，具有独特的链式结构，层内贯穿孔道，表面凹凸相间布满沟槽，因而具有较大的比表面积和不同寻常的吸附性能，吸附脱色能力强。在印染废水、油脂等有机物的净化处理方面具有较大的应用潜力。王珊珊等[37]介绍了改性凹凸棒土对水中阿莫西林和氨苄西林的吸附效果，考察了吸附时间、初始浓度、pH 对改性凹凸棒土吸附抗生素的影响。结果表明，改性凹凸棒土对阿莫西林和氨苄西林的吸附过程是吸热过程，提高温度有利于促进吸附的进行。硅藻土通过改性修饰同样可以运用到有机废水治理中。Z Sun 等[38]通过离心旋转蒸发将纳米尺度的零价铁固载到硅藻土上，其对除草剂西玛津的去除效率大大提升。Z Sun 等[39]将 g-C₃N₄/TiO₂ 通过原位合成的方法固载到提纯硅藻土上，研究了复合材料在可见光以及模拟太阳光下对罗丹明 B 以及亚甲基蓝的降解效果，结果表明，硅藻土的载体效应以及 g-C₃N₄ 和 TiO₂ 的异质结效应使得复合材料的整体效果显著提升。B Wang 等[40-41]研究了 TiO₂/硅藻土复合材料的结构与性能优化，使该材料在可见光下对罗丹明 B 染料有良好的降解性能。

天然石墨是碳的自然元素矿物，经特殊的热处理可将其制成表面积极大、密度很低，能完全浮在水上的膨胀石墨。膨胀石墨材料内部孔隙非常发达，孔体积较大，是一种性能优异的吸附剂。研究表明，膨胀石墨对浮油有良好的吸附性能，对原油的吸附量可达 70g/g，然后可通过压缩回收原油，回复操作也能使石墨重复使用。经过改性处理制得的有机膨润土是由有机覆盖剂以其价键、氢键、偶极及范德华力与膨润土结合而成的有机复合物，其中长碳链有机阳离子取代了蒙脱石层间的无机离子，使层间距扩大，既增强了吸附性能，又具有了疏水性，对水中的乳化油有很强的吸附性和破乳作用，极少量的有机膨润土就有较高的除油率。另外用有机膨润土净化工业乳化油废水，处理条件宽、技术要求低、出水水质稳定，非常适于乳化油废水的深度处理。

（二）环境矿物材料在大气处理中的研究进展

采用清洁、丰富的环境矿物材料进行大气污染处理，是一条行之有效的方法，近年来

科研工作者在这方面也做了大量的研究。

蒙脱石、海泡石、坡缕石等，因为比表面积大，吸附性强，作为吸附过滤材料广泛应用于空气污染的净化。这些环境矿物材料经过简单处理，可用于臭气、毒气及有害气体如 NOx、SOx、H_2S 等的吸附过滤，现已成功的运用在去除与腐烂变质物臭气有关的 1,4- 丁二胺和 1,5- 戊二胺以及包含排泄物臭气中的吲哚、丁烷一类气体。

空气中含有的细菌和尘埃等悬浮粒子直接影响空气质量，空气中的这些细菌和悬浮粒子对人体健康有很大的影响。无菌洁净空气对许多部门如医疗部门、生物制品、食品部门、电子、精密仪器等尤为重要。无机陶瓷膜有优越的热化学、微生物以及机械稳定性，可用于空气的分离与净化。以天然硅藻土为原料，采用离心成型法制备孔径沿径向成梯度分布、控制层孔径均匀的梯度硅藻土膜管，对空气中的可见以及不可见的微粒，如细菌、灰尘等具有较好的拦截作用。

海泡石对某些有害气体如氨气、甲醛、硫化物等具有极强的吸附作用。有研究表明，用 $40g/cm^3$ 的海泡石可以使环境中的氨气浓度由 $100\mu g/g$ 降至 $18\mu g/g$；海泡石可以极大地降低由于冰箱保存食品产生的气体交叉污染，保持冰箱的清洁，提高食品的保存质量与期限；酸处理后再加入改性剂制得的改性海泡石对 NH_3 有良好的吸附特性，吸附性能甚至超过活性炭；在 230℃ 下经 HCl 活化处理的改性海泡石有较强的吸附脱硫能力，重复使用性能良好，脱附富集的 SO_2 浓度可达 6% 左右，可用于 $H_2S_2O_3$ 或液体 SO_2 的生产。

沸石具有强大的吸附功能，对极性分子如 H_2O、NH_3、H_2S、CO_2 等有很高的亲和力，即使在相对低浓度、湿度、较高温度下仍能有效吸附，因此是性能稳定、吸附效果良好的吸附剂。

（三）环境矿物材料在土壤处理中的应用

利用环境矿物材料，特别是具有较强吸附能力、离子交换性能、防渗性能的环境矿物材料对重金属污染土壤进行治理是一种行之有效的办法。环境矿物材料中的黏土、蒙脱土、蛭石、沸石等结构中存在水分子，以它们为主要原料制备的土壤改良材料具有保水、调温的功能。在雨季，它们可将水分固定在结构中，旱季来临时，将结构中的水分释放出来。蒙脱土、蛭石、沸石等具有良好的吸附功能，可将作物所需的营养成分吸附在表面及结构，使其缓慢释放，以达到保肥的目的。

凹凸棒石作为黏土矿物的一种，因其特殊的晶体结构而对重金属具有较强的吸附能力。黏土矿物具有较大的内、外表面和较强的吸附能力，可以与土壤中的重金属发生离子交换作用，固定土壤中的重金属，防止其在土壤中迁移，进入植物体内。由于凹凸棒石带有结构电荷和表面电荷，其中的 Si^{4+} 可以少量被 Fe^{3+}、Al^{3+} 离子替代，Mg^{2+} 可以少量被 Fe^{2+}、Fe^{3+}、Al^{3+} 离子替代，各种离子替代的综合结果使凹凸棒石常带有少量的负电荷，因而它可以吸收一部分金属阳离子，可以与土壤中的 Cu^{2+} 发生离子交换吸附和表面络合吸附作用，造成土壤中有效态铜离子浓度降低，降低了铜对植物的毒害，所以也降低了植株体内铜离子的含量，促进了植株的生长，因此可以利用凹凸棒石修复铜污染土壤。

膨润土可以直接用于治理重金属污染土壤，一方面是因为大的比表面积和强的吸附能力使得膨润土可以与土壤中的重金属离子发生交换作用，固定土壤中重金属，抑制重金属离子进入植物体内；另一方面，膨润土的膨胀性、黏结性以及可塑性使得膨润土在吸水时会形成封闭障碍，因而可以防止污染物的扩散、渗入，达到有效治理。膨润土经已二胺二硫代氨基甲酸盐改性后，其表面活性基团可与可溶性 Cu 结合形成配合物，降低 Cu 的移动性；添加的改性矿物越多，固定的 Cu 也越多，污染土壤中 Cu 的修复效果与改性膨润土使用量呈正相关。膨润土与化肥等化合物一起施用可改良盐碱地的土质。利用土壤与蓄水层物质中含有的黏土，在现场注入季铵盐阳离子表面活性剂，使其形成有机黏土矿物，用来截住和固定有机污染物，防止地下水进一步污染，并配合生物降解和其他手段，永久消除地下水污染。

沸石是碱或碱土金属的含水铝硅酸盐矿物，骨架结构空疏，有许多大小均一的孔道及空腔，具有选择吸附特性和离子交换性能。在农业生产中，利用沸石的吸附作用，作土壤的保肥剂、保水剂等用于农田改造。沸石加入到土壤后，可以增加土壤对铵离子、磷酸根离子和钾离子的保持能力，提高养分有效性。硅藻土经热处理后细磨，可取代溴代甲烷防治面粉和食品加工厂的有害昆虫，原因在于硅藻土粉末颗粒带有非常锋利的边缘，与害虫接触时，可刺透害虫体表，甚至进入害虫体内，不仅能引起害虫呼吸、消化、生殖、运动等系统出现紊乱，而且能吸收 3 ~ 4 倍于自身质量的水分，使害虫体液锐减，在失去 10% 以上体液后死亡。此外，通过多种矿物复合的方式，可以有效提升材料的应用性能[42]。

五、我国发展趋势与对策

根据相关报道，环境污染使我国发展成本比世界平均水平高 7%，环境污染和生态破坏造成的损失占到 GDP 的 15%；环保部的生态状况调查表明，仅西部 9 省区生态破坏造成的直接经济损失占到当地 GDP 的 13%，日益严重的环境污染与生态破坏对我国国民经济和社会发展产生了重大的影响。矿物材料经过几十年的认识和发展，已在环境保护领域呈现很好的社会和经济价值。目前，环境矿物材料在改性、表征及再生方面的研究较多，但主要关注点在于通过化学处理、表面和热处理改性等方式改变矿物的物化性质以获得高性能材料，今后应加强以下几个方面的研究。

（一）环境矿物材料的结构与性能数据库构建

目前天然或经过改性后的环境矿物材料在环境污染治理工程中得到了广泛应用，但是缺乏其结构与应用领域和环境净化性能之间的关系研究，今后应通过矿业学科与环境学科之间的交叉与融合，基于现有试验室和工程应用大数据，建立我国环境矿物材料应用数据库，以指导环境矿物材料的开发和应用。

（二）新型多功能环境矿物材料的开发

目前已经开发出的环境矿物材料在环境污染治理领域性能较单一，往往仅对单一污染物具有较好的效果，但是无论是水、大气、固体废物以及土壤等环境要素中，多种污染物同时并存，如无机与有机污染物并存、不同价态离子并存等，因此应在充分认识矿物本身结构和性质的基础上，研究新的改性方法（如无机、有机与生物的复合改性），赋予环境矿物材料同步去除多种污染物的功能。

（三）环境矿物材料的造粒和再生循环利用研究

环境矿物材料粒度越细，污染物净化效果越好，但是给实际应用带来很多困难，如水处理易于流失、水流阻力大、土壤修复时污染物难于移除等。因此今后应加强环境矿物材料的造粒研究，重点研究不改变材料性能的造粒技术以及污染物移除技术。另外，大多数环境矿物材料在污染治理过程中最终会达到吸附饱和，为了不产生二次污染和解决材料循环利用问题，今后应发展新型矿物材料再生技术。

（四）环境矿物材料改性和污染物去除基础理论研究

基于矿物的地球化学特性，借助于有机界生物净化环境的理论，开发新的环境矿物材料改性技术，通过更为先进的表征手段研究环境矿物材料的改性机理，同时研究环境矿物材料的性能与污染物去除之间的关系行为规律，为新型环境矿物材料的设计、制备提供依据。

参考文献

［1］ He YH, Lin H, Dong YB, et al. Simultaneous removal of ammonium and phosphate by alkaline-activated and lanthanum-impregnated zeolite［J］. Chemosphere, 2016（164）: 387-395.

［2］ Huo HX, Lin H, Dong YB, et al., Ammonia-nitrogenand phosphates sorption from simulated reclaimed waters by modified clinoptilolite［J］. Journal of Hazardous Materials, 2012, 229/230（8）: 292-297.

［3］ 林海，刘泉利，董颖博. 柠檬酸钠改性对沸石吸附水中低浓度碳、氮污染物的影响研究［J］. 功能材料，2015, 46（3）: 3064-3068.

［4］ Pasquier LC, Mercier G, Blais JF, et al. Technical & economic evaluation of a mineral carbonation process using southern Québec mining wastes for CO_2 sequestration of raw flue gas with by-product recovery［J］. International Journal of Greenhouse Gas Control, 2016（50）: 147-157.

［5］ Milenković A, Smičiklas I, Bundaleski N, et al. The role of different minerals from red mud assemblage in Co（II） sorption mechanism［J］. Colloids and Surfaces A：Physicochemical Engineering Aspects, 2016（508）：8-20.

［6］ 李晶，尹小龙，张虹，等. 天然矿物材料处理重金属废水研究进展［J］. 能源环境保护，2012,26（2）：5-8.

［7］ 林海，郑倩倩，董颖博. LaCl₃对沸石物化性质和脱氮除磷抗菌性能的影响［J］. 稀土，2015，36（2）：1-8.

［8］ 聂果，王永杰，李军. 环境矿物材料吸附重金属的有机改性研究［J］. 环境科技，2015（2）：76-80.

［9］ Chen T, Liu H, Shi P, et al. CO₂ reforming of toluene as model compound of biomass tar on Ni/Palygorskite［J］. Fuel, 2013（107）：699-705.

［10］ Zhou C. Clay minerals research in China-A special issue as an extension to the workshop on green chemical technology for clay minerals-derived functional materials and catalysts［J］. Applied Clay Science, 2015（119）：1-2.

［11］ 陈奇志，刘楠楠，卢彦越. 天然锰矿物及其改性材料在环境治理中的研究进展［J］. 中国锰业，2014，32（2）：9-11.

［12］ 廖立兵，汪灵，董发勤，等. 我国矿物材料研究进展（2000—2010）［J］. 矿物岩石地球化学通报，2012，31（4）：323-339.

［13］ Yang Y, Chen T, Li P, et al. Removal and recovery of Cu and Pb from single-metal and Cu-Pb-Cd-Zn multimetalsolutions by modified pyrite：Fixed-bed columns［J］. Industrial & Engineering Chemistry Research, 2014（53）：18180-18188.

［14］ 邢波波，陈天虎，刘海波，等. 用低品位菱铁矿石去除水中低浓度磷酸盐［J］. 硅酸盐学报，2016,44（2）：299-307.

［15］ Lin H, Liu Q, Dong Y. Physicochemical properties and mechanism study of clinoptilolite modified by NaOH［J］. Microporous and Mesoporous Materials, 2015（218）：174-179.

［16］ Liu H, Chen T, Chang D, et al. Catalytic cracking of tars derived from rice hull gasification over goethite and palygorskite［J］. Applied Clay Science, 2012（70）：51-57.

［17］ Zou X, Chen T, Liu H, et al. Catalytic cracking of toluene over hematite derived from thermally treated natural limonite［J］. Fuel, 2016（177）：180-189.

［18］ Liu H, Chen T, Chang D, et al. Effect of palygorskite clay on pyrolysis of rape straw：an in situ catalysis study［J］. Journal of colloid and interface science, 2014（417）：264-269.

［19］ 孙垦. 天然黏土矿物的有机改性及其对阴离子型PPCPs的吸附研究［D］. 北京：中国地质大学（北京），2016.

［20］ 杨茜怡. 改性凹凸棒黏土的制备及其光催化降解盐酸四环素废水的研究［D］. 西安：长安大学，2015.

［21］ 于生慧. 纳米环境矿物材料的制备及重金属处理研究［D］. 合肥：中国科学技术大学，2016.

［22］ 张兵兵. 基于蒙脱土矿物的几种生态环境材料的制备、性能及应用研究［D］. 内蒙古：内蒙古大学，2013.

［23］ 石和彬. 磷灰石型环境矿物材料的制备与表征［D］. 长沙：中南大学，2012.

［24］ Liu H, Zhu Y, Xu B, et al. Mechanical investigation of U（Ⅵ）on pyrrhotite by batch, EXAFS andmodeling techniques［J］. Journal of Hazardous Materials, 2017（322）：488-498.

［25］ 赵凯. 改性天然菱铁矿除砷性能与应用［D］. 北京：中国地质大学（北京），2014.

［26］ Schoonheydt R. Reflections on the material science of clay minerals［J］. Applied Clay Science, 2015（131）：107-112.

［27］ 韩琳，于鹏，聂广泽，等. 磁性硅藻土的磷释放条件及再生能力研究［J］. 环境科学与技术，2016,39（6）：45-49.

［28］ 林海，王亮，董颖博，等. 微波对吸附氨氮饱和的沸石的再生［J］. 湖南大学学报（自然科学版），2016，43（12）：140-147.

［29］ 李真强，孙红娟，彭同江. 蒙脱石对模拟核素Ce（Ⅲ）的吸附特性和机制研究［J］. 非金属矿，2016，39（2）：31-34.

［30］张才灵，王娇茹，潘勤鹤，等. 改性海泡石对重金属 Pb^{2+} 的吸附机理研究［J］. 广州化工，2017（2）：49-52.

［31］袁鹏. 碳酸盐体系中诱导结晶法去除铜离子影响因素研究［D］. 武汉：华中科技大学，2015.

［32］Sun Q, Li H, Zheng S, et al. Characterizations of nano-TiO₂/diatomite composites and their photocatalytic reduction of aqueous Cr（Ⅵ）［J］. Applied Surface Science, 2014, 311（9）: 369-376.

［33］Sun Q, Hu X, Zheng S, et al. Influence of calcination temperature on the structural, adsorption and photocatalytic properties of TiO₂ nanoparticles supported on natural zeolite［J］. Powder Technology, 2015（274）: 88-97.

［34］Sun Z, Yao G, Xue Y, et al. In Situ Synthesis of Carbon@Diatomite Nanocomposite Adsorbent and Its Enhanced Adsorption Capability［J］. Particulate Science & Technology, 2016, 35（4）: 379-386.

［35］Zheng S, Sun Z, Park Y, et al. Removal of bisphenol A from wastewater by Ca-montmorillonite modified with selected surfactants［J］. Chemical Engineering Journal, 2013（234）: 416-422.

［36］Li C, Sun Z, Huang W, et al. Facile synthesis of g-C₃N₄/montmorillonite composite with enhanced visible light photodegradation of rhodamine B and tetracycline［J］. Journal of the Taiwan Institute of Chemical Engineers, 2016（66）: 363-371.

［37］王姗姗，张宇峰，罗平，等. 改性凹凸棒土对水中抗生素的吸附作用［J］. 净水技术，2017，36（1）：42-48.

［38］Sun Z, Zheng S, Ayoko G A, et al. Degradation of simazine from aqueous solutions by diatomite-supported nanosized zero-valent iron composite materials［J］. Journal of Hazardous Materials, 2013（263）: 768-777.

［39］Sun Z, Li C, Yao G, et al. In situ generated g-C₃N₄/TiO₂ hybrid over diatomite supports for enhanced photodegradation of dye pollutants［J］. Materials & Design, 2016（94）: 403-409.

［40］Wang B, Zhang G, Sun Z, et al. Synthesis of natural porous minerals supported TiO₂ nanoparticles and their photocatalytic performance towards Rhodamine B degradation［J］. Powder Technology, 2014（262）: 1-8.

［41］Wang B, Zhang G, Leng X, et al. Characterization and improved solar light activity of vanadium doped TiO₂/diatomite hybrid catalysts［J］. J Hazard Mater, 2015（285）: 212-20.

［42］曾卉，徐超，周航，等. 几种固化剂组配修复重金属污染土壤［J］. 环境化学，2012，31（9）：1368-1374.

撰稿人：林　海　董颖博　郑水林　孙志明　刘海波

健康功能矿物材料研究
进展与发展趋势

一、引言

健康功能矿物材料应用历史悠久，我国古代就有记载一种叫作磬石的微晶方解石能够对人体产生热效应可促进人体健康；20世纪30年代，发现了可产生有益人体健康负离子的电气石矿物；1989年，日本学者Kubo证实电气石矿物具有防腐、粉尘吸附、净化空气、抗菌除垢、调整水质、电磁屏蔽等保健功效。21世纪开始对材料提出了新的需求，材料不仅要具有优良的结构性能或功能特性，还应具备环境友好和有益健康的功能。国际著名期刊 *Advanced Materials* 于2012年创办了 *Advanced Healthcare Materials* 子刊，报道国际上有益健康环境材料的最新研究进展。预计健康功能材料及相关产品将成为未来功能材料研究开发的新热点。

健康功能材料指有益人体健康的功能性材料，具体指能够改善人类衣、食、住、行等生活基本要素的功能材料的总称。它的研究涉及矿物材料学、生命学、保健学、环境学等多个学科理论知识的交叉融合。

按照制备健康功能材料的主要原料来分类，健康功能材料可分为健康功能矿物材料、有益健康功能高分子材料、健康功能陶瓷材料等。根据矿物材料的成分、结构和性能特点，电气石、蒙脱石、凹凸棒石、沸石等许多非金属矿物材料均具有一定的健康功能。由于篇幅所限，本报告主要介绍电气石和蒙脱石两种矿物在健康领域的应用研究进展及发展趋势。

二、健康功能电气石矿物材料研究进展

（一）电气石的性能与深加工方法

电气石是一种以含硼为主，还含铝、钠、铁、镁、锂等元素的硅酸盐矿物。电

气石化学通式可表示为 $XY_3Z_6Si_6O_{18}(BO_3)_3V_3W$，式中 $X=Na^+$、Ca^{2+}、K^+、□（空位）；$Y=Mg^{2+}$、Fe^{2+}、Mn^{2+}、Al^{3+}、Fe^{3+}、Mn^{3+}、Cr^{3+}、Li^+、Ti^{4+}；$Z=Al^{3+}$、Mg^{2+}、Cr^{3+}、V^{3+}；$V=O^{2-}$、OH^-；$W=O^{2-}$、OH^-、F^-。电气石矿物化学成分高度多样化，同时晶体结构属三方晶系，C_{3v}^5–R3m 空间群，异极性矿物，三重对称轴为 c 轴，垂直于 c 轴无对称轴和对称面，也无对称中心。因此其本身具有释放远红外线、热电性、压电性及自发极化等特性，不仅可以作为珍贵的宝石，而且在科学技术、环保、人体健康等领域有着广泛的用途和应用前景[1]。

1768 年，电气石的压电性和热电性首次被瑞典科学家林内斯发现。1880 年，法国的皮埃尔、雅克兄弟经研究证实了电气石的热电和压电性，所以将其命名为"电气石"。电气石的压电效应是由它的特殊结构决定的，即当电气石晶体表面受到外力时，晶体结构会发生变化，导致正负电荷中心不重合从而形成电偶极矩，致使表面产生电荷。且随着外力的增大，电气石两端的电压也随之增大，但两者无线性关系。由于不同种属电气石结构略有差异，其压电效应强弱是不同的，锂电气石、镁电气石、铁电气石三者压电效应的强弱为：锂电气石 > 铁电气石 > 镁电气石。通过坤特（Kundt）试验可测试电气石的热电效应，坤特现象越明显其热电效应越强。电气石粒度会对其热释电性产生影响，尤其是电气石粒度小于 $1\mu m$ 时，其表面悬键较多，本身表面能较大，热变化对其的影响会更为显著。随氧化铁含量的减少，电气石的固有电偶极矩显著增加，进而导致电气石热释电效应增大。

1989 年，日本环境专家 Tetsujiro Kubo 发现，电气石因为自发极化现象而存在的永久电极能净化水，继而研究发现，在铜表面有水的情况下电气石能吸附铜离子。电气石存在自发电极与其晶体结构有关，两种八面体的晶格扭曲导致其稳定性降低，直接作用于 $(BO_3)_3$ 角，在 $(SiO_3)_6$ 四面体六角环单向性作用下，引起 $(BO_3)_3$ 角中硼原子从三角平面中向 c 轴的反方向位移，导致自发极化。电气石晶体结构决定其具有永久带电和永久保持着正极和负极的特性，测试结果得出，电气石能够永久的发出 $0.16\mu A$ 的电流，正极吸收空气中的负离子，储存在晶体的内部，多余负离子可从负极放出，形成永久放电的特性。按 Kubo 的理论，电气石存在永久性电极，与水分子作用，将水分子电离形成 H^+ 和 OH^-。H^+ 会形成水合氢离子（H_3O^+）或形成 H_2，OH^- 形成水合羟基离子 $H_3O_2^-$，$H_3O_2^-$ 散发到空气中即为空气负离子，并称之为"负碱性离子（minusalkali ion）"。该反应的方程式为：$4H_2O + 4e^- \rightarrow 2H_3O_2^- + H_2 \uparrow$。电气石产生负离子的本质原因在于其自身的自发极化，所以影响电气石自发极化的因素同样会对负离子生产量产生影响，例如电气石粒径、掺杂元素、环境温度等因素。如果空气中的水分、人类身体的汗液等其他水分子接触到电气石，也会发生上述反应，产生负离子进入人体。这就为电气石作为保健材料提供了理论依据。

从结构上看，电气石辐射红外线主要是由 Si-O-Si 的振动和 B-O 键等多种红外活性键的振动引起的。当活性键做热运动时，相应的偶极矩发生变化，即热运动使极性分子激发到更高的能级，当它们向下跃迁时把多余的能量以电磁波的方式放出。人体吸收远红外线最佳波长为 2.5 ~ 4μm 和 5.6 ~ 10μm 两个波段，而电气石放射远红外线波长的范围是 4 ~ 18μm。这也是电气石具有医疗保健作用的另一重要原因。

由于电气石成因类型和地理位置的不同，同种矿物的属性、形态等存在较大差异；作为基础原材料，应用中主要利用其固有的物理特性和化学特性，或加工后形成的技术物理特性和化学组成，最大限度地发挥其独特性能，实行差异性应用。这些因素增加了电气石开发利用方面的复杂性。我国高品位电气石矿较少，而含石英、云母与长石的贫矿较多，一般贫矿的电气石含量在 50% 左右，需通过分选才能得到高品位的产品。随着对电气石的认识不断深化，以及电气石应用领域的不断扩展，发现电气石的粒度越细，其比表面积和表面活性大为提高，其应用范围也将随之扩展，因此电气石深加工将向超纯、超细、改性和复合方面发展。研发微细粒提纯及综合力场（重力、离心力、磁力、电力、化学力等）选矿技术和选矿设备，以生产出高纯度电气石矿物材料。在现有超细粉碎和研磨设备基础上配套开发分级粒度细、精度高、处理能力大的精细分级设备以及生产出粒度分布能满足现代高新技术产业要求的超微细电气石粉体。由于电气石超细粉体本身的强极性和颗粒的细微化，它们不易在非极性物质中分散，电气石粉体在和有机物结合时容易发生团聚现象，因此需要对电气石粉体进行非极性修饰，以解决其凝聚、分散以及与非极性物质的相容性问题。对于电气石粉体的表面处理，现在采用最多的是有机包覆方法。

在我国电气石矿物资源基础信息和应用信息数据存在散、乱、缺的现象，低水平重复研究情况严重，优良资源开发出的产品档次不高。因此，国内关于电气石的研究成果很多，但多是直接使用，对电气石在高附加值领域的应用研究甚少，导致大量的电气石资源得不到有效利用，所以应大力推进电气石作为健康功能材料的深层次研究利用。

（二）电气石健康功能材料研究进展

1. 净水材料

由于自发极化效应和表面吸附效应的共同作用，电气石可以有效地吸附污水中的各种重金属离子和有毒有害物质。将电气石置于待处理污水中，因电气石晶体表面的静电场可将重金属离子吸附到晶体负极，使得局部金属离子如 Cu^{2+}、Cr^{6+}、Zn^{2+} 浓度升高，与电气石表面羟基电离产生的 OH^- 反应生成沉淀，使水得到净化，这种处理方式的效率能达到 99%；当溶液中各离子浓度达平衡时，反应不再进行，无过度反应与副作用，而且有益的碱金属离子如 K^+、Na^+ 等不会产生沉淀；最后，通过搅拌可以很容易使形成的沉淀脱离电气石表面，使得电气石可重复使用。电气石的自发电极性使其表面存在的静电场可以电解水，调节水的 pH 值，使之趋于中性。电气石可以使酸性溶液的 pH 值增大，碱性溶液的 pH 值减小，前者是由于电气石表面吸附 H^+ 及离子交换实现的，后者主要是由于电气石的电极化性能。同时，电气石可以调节水的氧化还原电位，使水的氧化还原电位降低。研究表明，水的氧化还原电位越低，说明水中的氧化性物质越少，水质越好。电气石表面质子化作用和离子交换作用使水中的富余的 OH^- 与水结合形成 $H_3O_2^-$，这种离子称为负羟基离子，它具有较好的界面活性，在水中可以形成一层具有还原性质的单分子层，具有抗氧化能力，对生理机能的影响具有积极意义。同时电气石的中远红外辐射能与水的氢键键能接近，用电气石与水作用，能使水分子产生共振，氢键被打断，大分子团变成小分子团，使水得到活化，从而影响水的表面张力和渗透性。利用电气石上述性能，制备了水处理环保功能材料。

2. 抗菌材料

由于电气石自发极化性能，可以产生活泼的羟基负离子，与空气中浮沉表面正电荷复合促其下沉，可净化空气，降低空气中细菌含量。另外，带负电荷的空气负离子结构上与超氧化物自由基（O^{2-}）类似，负离子与细菌结合后，使细菌产生结构的改变或能量的转移，导致细菌死亡，从而使细菌失去对细胞的攻击能力。大量实验人员采用葡萄球菌、霍乱弧菌、沙门氏菌等细菌置于负离子氛围再进行培养，结果发现细菌死亡率显著上升，细菌生长缓慢。同时大量实验研究表明，电气石 X 位置可能会存在空位，Y 位置存在大量的金属阳离子，所以电气石的另一种抗菌原理有可能是金属离子的溶出抗菌，溶出的金属离子与微生物蛋白质、核酸中的氨基、巯基等发生反应，抑制微生物的生长，使之无法繁殖成活。鉴于不同电气石 X、Y 位置的金属阳离子会有差异，其抗菌效果也会产生变化，因此，实验人员在电气石上负载 Ag^+、Cu^{2+} 制备抗菌材料，显著提升了电气石的抗菌性能。利用电气石上述性能可开发出具有抗菌保健功能的产品。

3. 防护与保健产品

电气石存在自发极化性，具有一定的导电性和磁性，可以对手机、电脑等产生的电磁辐射产生屏蔽作用，降低电磁辐射对人体的损伤。其研究表明，当电气石含量达 60% 时，在 30MHz ~ 1GHz 范围内，电磁屏蔽效能可达 16dB 以上。但由于电气石为非金属矿物材料，其电导率和磁导率无法达到常用的金属屏蔽体的标准，提高其电导率和磁导率将是解决问题的关键。通过对电气石粉体进行表面处理，增强其表面的电导率，使粉体之间能够形成有效的电荷回路，将是提高其电磁屏蔽性能的有效途径。

利用电气石释放负离子的性能，可将其用于日用化妆品中。比如，用于防晒露，具有活化细胞膜、促使皮肤的新陈代谢、促进人体表面皮肤的微循环、消除眼部疲劳、预防眼部疾病、预防上呼吸道感染及炎症等保健功效。

人体既是一个天然的辐射体，又是一个良好的吸收体。远红外线在 2.5 ~ 4μm 和 5.6 ~ 10μm 两个波段的吸收峰可被人体吸收。根据匹配理论，在红外线波长与被辐照物体的吸收波长相近时，物体分子将产生共振吸收。电气石辐射的远红外线波段恰好与人体吸收的波段相匹配，形成最佳吸收。鉴于电气石有抗菌、发射远红外线、抗静电、抗电磁波等功能，温泉、汗蒸馆等一些人体休闲场所广泛使用了此类生物活化保健陶瓷产品。通过电气石的复合型材料所释放出的能量，让人在静止的情况下细胞可以处于运动的状态，促进血液的循环，加快人体的新陈代谢，达到为人体进行治疗以及保健的作用效果。

三、健康功能蒙脱石矿物材料研究进展

（一）蒙脱石的性能与深加工方法

蒙脱石是一种典型的层状黏土类矿物，颗粒极细，含少量碱及碱土金属的水合铝硅酸盐，属单斜晶系。它具有独特的空间结构，其单位晶胞由两层硅氧四面体片和一层铝氧八面体片组成，结构单元层厚度约为 1nm。由于蒙脱石颗粒（粒径 < 2μm）通常是由很多个蒙脱石结构单元层堆垛而成，单元层之间的层间域形成一个具有巨大内表面的空间。相对而言，蒙脱石颗粒边缘的外表面则相对小得多。即使按照粒径 0.1μm 计算，每个蒙脱石黏土颗粒中也包含数十个结构单元层所夹的层间域。蒙脱石的层间能够吸附和放出阳离子和水分子，量的大小与蒙脱石的阳离子交换容量（CEC）有关。蒙脱石可以通过阳离子交换吸附有机阳离子进入层间，其底面间距（d001）随其含量增加而增大，底面间距的变化范围为 0.96 ~ 2.10nm，当有机大分子 / 离子进入层间时，底面间距可以增大到约 5nm，此时层间域内会形成由吸附胶束组成的有机相。这一层间有机相由于其独特的纳米级微观结构特征，因此具有特殊的物理化学性质。蒙脱土单位晶层之间的结合力小，水分子和极性分子很容易进入到两个晶层之间，因而蒙脱土在溶剂中具有良好的可膨胀性、分散性和悬浮性。

蒙脱石具有较大的比表面积，虽然它的外表面积较小，大约只有 10 ~ 50m²/g，但内表面积很大，理论上内表面积可达 600 ~ 800m²/g，经过适当有机柱撑改性后，其有效吸附面积还可能进一步扩大，因此蒙脱石具有很强的吸附能力，这正是蒙脱石在地质过程中赋存有机质及在污染处理方面应用广泛的原因。蒙脱石矿物的层间域微结构，及其与有机分子的相互作用是近年来较为热门的研究方向。因为研究层间域的微观结构和性质有助于认识多种元素的地球化学循环过程。具体来说，自然界中的大量有机分子的赋存转化都与蒙脱石矿物的层间域密切相关。而通过离子交换、层间聚合等物理化学方法，把有机离子或分子引入蒙脱石层间域，改变其层间域介质环境、底面间距、电荷分布，使其结构与性质（酸碱环境、亲疏水性等）发生变化，从而可以制备出具有不同功能性质的吸附材料，其性质与层间域微结构密切相关。

天然蒙脱石的表面结构具有较强的亲水性，在层间大量可交换性阳离子的水解作用下，通常表面会存在一层薄水膜，使得吸附和离子交换过程只能在表面空隙进行，不能对疏水性物质进行有效吸附，因此限制了其应用。通过各种形式的改性，可以明显提高其吸附能力。改性方法大体可分为以下 5 种：酸改性、焙烧改性、盐改性、交联改性和有机改性。无机酸与硅酸盐可以进行物化反应，首先蒙脱石层间的钾、镁、钠等金属阳离子转化

为可溶性盐类物质溶解到溶液中，削弱了层间的键能，促使层状晶格裂开，增大层间距，从而增加了蒙脱石表面活性。同时，酸还可以有效去除分布在膨润土通道中的杂质，使其孔容积增大，孔道被疏通，则吸附性能得到提高。焙烧过程是将天然蒙脱石经高温处理使其失去水分，包括表面水、水化水和结构骨架中的结合水以及空隙中的一些杂质，蒙脱石经过高温焙烧后减少了水膜对污染物质的吸附阻力，有利于吸附分子的扩散，增加其吸附能力。同酸化改性相比，焙烧改性蒙脱石比较简单，易于控制。但焙烧温度不能过高，应低于500℃，以免破坏蒙脱石本身有利于吸附的结构。蒙脱石钠盐、镁盐、铝盐改性后，Na^+、Mg^{2+}、Al^{3+}能平衡硅氧四面体上负电荷，由于这些离子的电价低、半径大，因此与结构单元之间的作用较弱，从而使层间阳离子具有可交换性。同时，由于在层间溶剂的作用下可以剥离，分散成更薄的单晶片，又使蒙脱石具有较大的比表面积，这种荷电性和巨大的比表面积使其具有更强的吸附性。通过向膨润土中加入交联剂，使交联剂中的聚合羟基金属阳离子借助离子的交换作用进入到膨润土的层间，将膨润土内的层与层撑开，形成黏土层间化合物，再通过加热，脱去层间插层剂中的羟基，最终转化为稳定的氧化物柱体。一些亲油性的化合物可通过有机阳离子或者有机物的形式取代蒙脱石层间或表面具有可交换性的无机阳离子或结构水，形成以共价键、离子键、耦合键或者范德华力结合的有机改性蒙脱石。它具有在有机介质中高溶胀性、高分散性和触变性的特性。常用的蒙脱石有机改性剂是季铵盐型的阳离子改性剂，其主要的作用机理是由于季铵盐阳离子进入蒙脱石的层间，不但使有机蒙脱石的层间距增大，而且改善了疏水性，从而增强了去除有机物的能力。蒙脱石的复合改性是指两种或两种以上的无机、有机改性分子或离子均进入层间域环境，共同作用于柱撑体并表现出协同作用而具有各种特殊属性。有机改性和无机改性蒙脱石都能起到层间距改变的作用。有机改性蒙脱石在层间所形成的是柔性柱子，而无机改性形成的是刚性柱子。复合改性蒙脱石综合两种以上柱撑物的性质，比单一柱撑具有一定的优越性。

（二）蒙脱石健康功能材料

1. 止泻产品

由于蒙脱石结构支柱的八面体中Al^{3+}被Mg^{2+}、Fe^{3+}、Fe^{2+}等的同晶置换，经常造成八面体畸变，进而迫使四面体片作出旋转、伸长、歪扭等形式来予以调正，直至出现断键，使多面体核心阳离子裸露，并在层间产生强弱不同的永久性负电荷。为了平衡电荷，蒙脱石就具有吸附阳离子到层间的特性，且只要所处介质中阳离子（不论有机阳离子或无机阳离子）浓度高于其层间的阳离子的浓度，层间域中的离子就会被交换出来，因此蒙脱石具有负电吸附特性。并且蒙脱石具有良好的生物相容性，无毒副作用，与消化道黏液蛋白静电结合，可以增加黏液量并改善黏液质量提高黏液的内聚力和弹性，从而对消化道黏膜起保护和修复作用，可用于治疗食管炎、胃炎和消化性溃疡，尤其对各种原因所致的腹泻有明显疗效。蒙脱石不进入血液，可完全排出体外，细菌病毒对其不产生耐药性，是绿色动物保健品。在医药领域有成熟产品蒙脱石散，几乎成为了蒙脱石的代名词，起到止泻功效。以蒙脱石作为主要原料的蒙脱石散对消化道内的病毒、病菌及其产生的毒素有固定、抑制作用；同时由于黏塑性和胶凝特性，蒙脱石层与层之间可以滑动打开，在消化道延展，层与层之间并不散乱分离，对消化道黏膜有很强的覆盖能力，可形成连续保护膜。蒙脱石颗粒表面积巨大，每克粉剂可覆盖 $100 \sim 110m^2$ 消化道表面，显著提高消化道黏液的质和量，加强黏膜屏障的作用，帮助消化道上皮细胞的恢复与再生，从质和量两方面修复、提高黏膜屏障对攻击因子的防御功能，已广泛用于食道、胃、十二指肠疾病引起的相关疼痛症状的辅助治疗。

2. 饲料脱霉剂

药理研究表明，蒙脱石无抑菌或杀菌作用，它对细菌的作用主要是吸附，包括对大肠杆菌、霍乱弧菌、空肠弯曲菌、金黄色葡萄球菌和轮状病毒以及胆盐都有较好的吸附作用；对细菌毒素有固定作用；蒙脱石只吸附、固定表面带有粒编码蛋白（CS31 A）的致病性带电病原菌，对表面不带 CS31 A 的正常菌群无固定清除作用，蒙脱石的不均匀带电性使其可以吸附各种消化道致病因子。例如，采用离子交换法将不同季铵盐插层到钠基蒙脱土中制备改性蒙脱土。改性蒙脱土对革兰氏阳性菌和革兰氏阴性菌均有很强的抗菌作用，双季铵盐改性蒙脱土的抗菌活性最好。细菌先吸附到改性蒙脱土的表面，随着浸泡时间的增加，季铵盐能从蒙脱土的层间解吸出来并进入溶液中直接杀死细菌，因此改性蒙脱土的抗菌活性是吸附与释放到溶液中的季铵盐离子协同作用的结果。

蒙脱石作为饲料辅助添加剂，凭借其自然性状和复合功能，在国外已广泛应用于家畜家禽的饲养。它不仅可补偿动物养分，提高畜禽生产性能，而且可以调节动物体内 CP 流动，对预防消化道疾病有一定作用。添加蒙脱石已成为在大规模饲料生产中脱霉措施的首选。纳米蒙脱石对霉菌毒素具有强力吸附作用：黄曲霉毒素，100%；玉米赤霉烯酮，88%；赭曲霉毒素，72%；麦角毒素，100%；串珠镰孢菌毒素，91%。大量临床实验表明，饲料中添加 0.2% 的蒙脱石足以解决饲料中霉菌毒素问题，并且不会吸附饲料中的营养成份[2-3]。

3. 重金属吸附剂

近年来，随着工业的迅速发展，重金属污染废水的排放已越来越严重，很多行业如冶炼、纺织、石油化工等在生产过程中会排放大量的含重金属废水，重金属具有不可生物降解、有毒、能在生物体内富集等特点，因此重金属的存在成为人类生存环境中一个主要问题，这也使得去除废水中的重金属物质成为保护环境和人类健康的一个重要任务。由于吸附法具有高效、节能、可循环等特点，使其成为处理含重金属废水的重要方法之一。蒙脱石单位晶层之间结合力小，容易破碎成极细的颗粒，水分子或极性分子很容易进入到两个晶层之间，因而蒙脱石在溶剂中具有良好的可膨胀性、分散性和悬浮性。因其较好的阳离子吸附特性和生物相容性，蒙脱石可用于吸附土壤和水体中的重金属、以及烟气中的焦油等有害物质。近年来，已有学者以蒙脱石为吸附剂进行水体中重金属离子 Cs^+、Yb^{3+} 的吸附研究，U（Ⅳ）、Se（Ⅳ）、^{137}Cs、Eu（Ⅲ）在蒙脱石及其他黏土矿物上的吸附也得到了研究，结果都表明在合适的条件下，蒙脱石对这些金属都有较好的吸附固定作用。2003年12月8日，中国在瑞典的斯德哥尔摩国际地质处置库大会的报告中提出，将蒙脱石为主的膨润土确定为我国的高放射性废物地质处置库的首选回填材料。因而，蒙脱石作为一类具有潜力的吸附材料应用于重金属废水尤其是放射性核素处理，正吸引越来越多国内外科研工作者的兴趣，通过改性技术强化其吸附性和选择性成为必要的处理手段。例如，通过结合蒙脱石本身的结构特点和水体中污染物种类，针对性的设计改性路线，制备出聚合物有机功能化改性的矿物复合吸附剂，将能有效实现吸附性能的提升和应用形式的改进，更利于工业化应用。

四、健康功能矿物复合材料研究进展

（一）生物健康功能高分子复合材料

作为不可再生的矿产资源，电气石、蒙脱石与其他材料复合是其资源化利用的手段之一。例如，电气石具有产生负离子的功能，同时能够抑菌，电气石辐射的远红外线波段恰好与人体吸收的波段相匹配，形成最佳吸收。电气石的远红外辐射率可以达到 0.92 以上，因此，电气石可以改善血液循环，提高人体免疫力。此外电气石与水作用后释放出的负离子对神经衰弱、心绞痛等疾病有辅助治疗和康复作用，还可活化细胞、净化血液，使氧自由基无毒化，使体液呈弱碱性，进而氧和营养成分能更充分吸收入细胞内，使细胞机能加强，提高人体自然治愈力。将电气石加工成纳米颗粒并复合在生物相容性良好的材料中，比单一功能更能激发人体的细胞活性，从而达到促进人体血液循环及新陈代谢的目的，有利于电气石在生物医学领域的高附加值应用。例如，将多孔载体和电气石颗粒复合入锦纶短纤维，这种复合材料能够产出远红外负离子，不仅可被制成家电的外壳，还可以纺织成防辐射布料制成服装，从而减弱电磁辐射对人体的伤害。缪国华、徐锦龙等人发明了一种保暖发热纤维，该发热纤维具有泡沫层和纺织布复合组成的且含有粉末状远红外发射材料的基层，保暖发热纤维中电气石粉体质量含量为 0.35% ~ 1.50%，该发明的结构特点可成倍地增强远红外辐射的热效应和生理生物效应[4]。韩国的 Leonard 课题组通过静电纺丝法制备出电气石/聚氨酯复合纤维膜，该复合膜机械性能，超亲水表面均得到了提高，并且有良好的抗菌性能，作为抗菌材料、纺织业的保健领域以及水处理领域具有潜在的应用价值。该课题组在接下来的工作通过在紫外灯照射下的光还原，将银纳米颗粒以类似电线结构的形式进一步修饰电气石/聚氨酯纳米纤维膜中[5-6]。张红等将电气石粉体与高分子材料复合用静电纺丝法制备了生物功能材料，能够有效抑制血管钙化[7]。

（二）生物健康功能陶瓷

随着生活水平的提高，人们对于陶瓷表面的清洁护理越发重视。研究一种易清洁的陶瓷可以显著减少人们对于清洁剂的依赖，且能在一定程度上节约用水，在环保节能方面有重要意义。梁金生等人通过在陶瓷釉中添加电气石成分，调整釉料的配比，成功制备了极亲水的易清洁陶瓷，通过实验观察，水可以迅速扩散在易清洗陶瓷表面，油滴可以迅速聚集成椭球并从陶瓷表面分离，自动浮起在水相中。通过进一步分析发现，此类陶瓷具有易洁性主要由于两方面原因：①与普通陶瓷相比，易洁陶瓷的釉层中气泡数量较少，体积较小，且大都分布在釉层与坯体的中间过渡层上，釉层较致密，减少了釉层表面的微观缺陷，降低了陶瓷釉的表面粗糙度，一方面是油污不再容易黏附在陶瓷表面，另一方面也有利于水在陶瓷釉表面上的铺展，提高了易洁陶瓷的抗污性能。②易洁陶瓷釉面易洁性较好和它本身具有较高的远红辐射率有关，一方面远红外辐射起到了活化水，减小水分子缔合度，降低水的表面张力作用；另一方面由于油酸分子中的（–COOH）、（–CH$_2$–）、（–CH$_3$）、（–CH=CH–）等官能团可以共振吸收波长为：5.75 ~ 5.81μm，5.80 ~ 5.88μm，5.83 ~ 5.91μm；6.83 ± 0.1μm；6.90 ± 0.1μm，7.25 ~ 7.30μm；7.63 ~ 7.72μm，12.99 ~ 15.04μm 的远红外辐射而振动加剧。通过这两个协同作用降低了油/水界面张力，促进了油水互溶现象的发生，釉面的易洁性也随之提高[8]。

（三）高效控制释放药物材料

蒙脱石具有高效吸附性，并且无毒副作用，可以做医药载体，起缓释控释功效，因此在医药中应用广泛于包覆半衰期短、易引起肠胃道反应等不良反应的需小剂量使用的药物。通过蒙脱石良好的溶胀性能和机械性能，可减少患者服药次数并保持血药浓度平衡，具有良好的缓释效果，因此对于价格昂贵、易失活、易引起过敏反应的药物是一种天然控释载体。将蒙脱石与合适的可生物降解高分子材料复合，可以应用于药物负载和缓释技术。例如，以药物包埋法制备壳聚糖/蒙脱石载药微球，将半衰期只有15分钟的阿司匹林载入微球中进行缓释，用于心血管系统疾病的预防和治疗，有效地降低药物易引起胃肠道反应和过敏反应等不良作用，减少患者服药次数并保持血药浓度平衡。将壳聚糖与蒙脱土进行复合制备有机/无机纳米复合微球，可以有效地改善壳聚糖的溶胀性能和机械性能，避免载药微球在缓释过程中的突释现象，改善其缓释效果。将药物与蒙脱石结合制备缓释制剂的研究发展迅速，药物种类也趋于多样化，包括一些 β - 阻断剂如心得安，醋丁洛尔，美托洛尔，纳多洛尔，心得平，多奈哌齐、布洛芬、舍曲林、维生素 B1、盐酸异丙嗪、盐酸丁双胍、维生素 B6 等[9]都采用蒙脱石作为缓释载体材料，蒙脱石、高岭土和纤维黏土等已经常用于制备缓释制剂，特别是对于小分子药物。蒙脱石由于很高的阳离子交换容量可以容纳大量药物分子而使用最频繁。

相较于单纯的载药体系，载药的聚合物改性的蒙脱石体系引起了更多关注。例如，先利用甲基丙稀酸甲醋乙烯基苄氯改性了蒙脱石，其后将其与具有生物活性的 1，2，4- 三嗪衍生物反应，构建了药物缓释体系。利用热熔挤出技术构建了载有扑热息痛的 PET/ 蒙脱石体系，实验发现扑热息痛能够在体系中均匀分散，并且能够达到 100% 的释放。蒙脱石的存在能够有效地减慢扑热息痛的溶解和分散速度。利用壳聚糖乳酸聚合物插层蒙脱石，之后将布洛芬纳负载于其上，发现该体系在不同 pH 下具有良好的稳定性，细胞毒性低具有良好的生物相容性，在 pH=7.4 的 PBS 缓冲体系中能够有效减缓药物的释放速度，达到药物的控制释放目的。值得一提的是，除了常见的载药体系，也有部分研究者通过修饰给予了蒙脱石携带靶标载体或者基因的能力。例如，利用人表皮生长因子受体 –2 抗体曲妥单抗进一步修饰载有紫杉醇的聚（D，L– 丙交醋 – 共 – 乙交醋）/ 蒙脱石体系，使得材料具有了靶标于肺瘤细胞的作用；利用十六烷基三甲基铵扩增蒙脱石层间距，随后负载 DNA，已证实蒙脱石具有保护 DNA 不被脱氧核糖核酸酶等降解，并且能够携带被细胞内吞的能力[10]。

（四）健康功能化齿科材料

电气石具有的红外辐射性能可以改善血液循环，提高人体免疫力，将其与齿科材料复合，可制备具有人体保健功能的人工齿科材料。朱东彬等[11-12]通过快速成型技术将电气石粉体作为添加剂的远红外牙科陶瓷浆料制备得到功能化陶瓷牙冠。由于电气石超细粉体的增加，悬浮液 zeta 电位绝对值得到增加，从而提高了陶瓷浆料的赝塑性，有利于实体自由成形制造中挤出物形状的控制。烧结后，电气石成功嵌入氧化锆矩阵，电气石添加剂的抗菌功能将有利于口腔保健，同时由于电气石的红外活性键，该陶瓷牙冠具有远红外发射性能，并随着电气石数量增加而改进，通过在室温下发射远红外线有利于身体健康。因此，这种新的牙科修复过程为牙科患者提供了功能化人工牙齿的可能性。

五、前沿研究方向及我国发展趋势与对策

健康功能矿物材料及相关产品已逐渐成为未来功能材料研究开发的新热点之一。在过去几年中，我国矿物材料科研工作者在上述研究领域取得了不错的成绩。鉴于健康功能矿物材料的强势发展与重要意义，提出以下未来我国以电气石为代表的健康功能矿物材料的前沿研究方向与未来发展趋势及对策：

（1）高附加值人体保健功能材料

作为不可再生的矿产资源，电气石复合材料是其资源化利用的手段之一，把电气石颗粒均匀地分散到其他材料中，其独特物理化学性质才能得到充分体现。电气石具有发射远红外、产生负离子的功能，同时能够抑菌，促进血液循环。将电气石加工成纳米颗

粒并复合在生物相容性良好的材料中（例如人造血管），有利于电气石在生物医学领域的高附加值应用。电气石复合的保健材料以其独特的负离子成分，正风靡欧美发达国家。在未来，负离子产品必将充斥整个市场。从目前来看，国内市场上的各种负离子保健产品良莠不齐，例如许多涂料都冠以负离子涂料但不具备负离子释放功能；许多具有远红外性能的陶瓷制品价格昂贵，一般消费者不敢问津。我国科技工作者应顺应时代的需求，不断研发新型电气石复合材料的同时，简化加工流程，降低其生产成本，真正做到与自然和谐统一，给社会带来一系列绿色健康环保产品。

（2）高性能节能环保矿物功能材料

目前科学界关于纳米材料的研究如火如荼，各类纳米材料层出不穷。由于纳米材料的尺寸已接近光的相干长度，加上其具有非常大的比表面积等特点，使得其物理化学特性不同于整体状态。电气石本身就具有远红外、自发极化、释放负离子等独特的特性，当电气石颗粒达到纳米级别时，这些独特的性质也应发生改变。电气石颗粒在催化燃烧节能、水垢调控节能和高难废水处理净化环保、催化汽车烟气尾气中甲烷等有害气体等方面已经取得了显著的成果，但是还不足以在工业上开展广泛的应用。因此，借助科学界纳米材料这一潮流作为契机，通过表面改性、超细粉碎等物理化学手段，研制出分散效果良好的电气石纳米颗粒，会对电气石在高性能节能环保方面开创新的研究前景。

此外，虽然国内外关于电气石节能环保应用的文献与发明很多，但仅仅只是局限于实验效果的描述，对其微观的反应机制并未展开深入研究，还有些机理的阐述也只是处于猜测的层面。其次，国内外对于电气石节能环保的研究与工业应用存在脱节，大部分研究者只是追求其片刻的高效催化性能，对其服役时失效与失活机制、材料表面与界面行为并未开展深入研究。对于电气石节能环保材料是否具有高效活性的同时也具有良好的使用寿命，以及电气石节能环保材料寿命预测理论、评价方法与判据，还需要研究人员在后续的研究中深入探讨。

（3）精密热电、压电器件

天然电气石晶体本身价格昂贵，用它加工成的热电、压电材料成本较高。除了应用于国防、科研等高精尖行业外，其他下游行业应用并不十分广泛。针对此类情况，可以采用电气石复合技术，对已有的压电陶瓷进行改性，利用电气石自发极化等特点，提升压电陶瓷的响应速率，减缓其迟滞、蠕变等特性，使得民用级别的压电陶瓷在性能上得到大幅提升。

最后值得一提的是，健康功能矿物材料的研究开发涉及的专业非常多，例如矿物学、材料学、生物学、物理学等，在今后健康功能矿物材料的研究开发中，应合理整合相关专业、协同研究开发，使产学研相互配合，将对健康功能矿物材料产业的形成和发展产生巨大影响。

参考文献

［1］ Meng J, Liang J, Liu J, et al. Effect of heat treatment on the far-infrared emission spectra and fine structures of black tourmaline［J］. Journal of Nanoscience & Nanotechnology, 2014, 14（5）: 3607-11.

［2］ Zhou H. Mixture of palygorskite and montmorillonite（Paly-Mont）and its adsorptive application for mycotoxins［J］. Applied Clay Science, 2016（131）: 140-143.

［3］ 梁金生, 韩筱玉, 张红, 等. 一种饲料用矿物脱霉剂及其制备方法［P］. 中国专利: 106578418A, 2017-04-26.

［4］ 缪国华, 徐锦龙. 一种保暖发热纤维及其加工方法与应用［P］. 中国专利: 104389043B, 2015-03-04.

［5］ Tijing L D, Ruelo M T G, Amarjargal A, et al. Antibacterial and superhydrophilic electrospun polyurethane nanocomposite fibers containing tourmaline nanoparticles［J］. Chemical Engineering Journal, 2012, 197（14）: 41-48.

［6］ Tijing L D, Amarjargal A, Jiang Z, et al. Antibacterial tourmaline nanoparticles/polyurethane hybrid mat decorated with silver nanoparticles prepared by electrospinning and UV photoreduction［J］. Current Applied Physics, 2013, 13（1）: 205-210.

［7］ Zhang H, Li P, Hui N, et al. PLCL electrospun fibers improved with tourmaline particles to prevent thrombosis［J］. Journal of Controlled Release, 2017（259）: e44-e45.

［8］ Zhang H, Meng J, Liang J, et al. Effect of the Dosage of Tourmaline on Far Infrared Emission Properties of Tourmaline/Glass Composite Materials［J］. J Nanosci Nanotechnol, 2016, 16（4）: 3899-3903.

［9］ Joshi G V, Patel H A, Bajaj H C, et al. Intercalation and controlled release of vitamin B6 from montmorillonite-vitamin B6 hybrid［J］. Colloid & Polymer Science, 2009, 287（9）: 1071-1076.

［10］ Vaiana Christopher A, Leonard Mary K, Drummy Lawrence F, et al, epidermal growth factor: layered silicate nanocomposites for tissue regeneration［J］. Biomacromolecules, 2011, 12（9）: 3139-3146.

［11］ Zhu D, Xu A, Qu Y, et al. Functionalized bio-artifact fabricated via selective slurry extrusion. Part 1: Preparation of slurry containing tourmaline superfine powders［J］. Journal of Nanoscience & Nanotechnology, 2011, 11（12）: 10891-10895.

［12］ Zhu D B, Liang J P, Qu Y X, et al. Functionalized bio-artifact fabricated via selective slurry extrusion. Part 2: Fabrication of ceramic dental crown［J］. Journal of Nanoscience & Nanotechnology, 2014, 14（5）: 3703.

撰稿人: 梁金生　张　红　韩筱玉　孟军平　解智博　霍晓丽　刘慧敏

能源功能矿物材料研究
进展与发展趋势

一、引言

　　能源是人类赖以生存和发展的物质基础，能源转换与利用技术是人类文明的重要标志。煤炭、石油、天然气等传统能源的使用受到地理位置、储量等制约，还存在环境污染、全球变暖等问题。太阳能、风能等能源取之不尽、用之不竭，成本低廉、高效清洁，受天气、季节等影响难以稳定使用。通过低廉清洁的能源转换、存储，把多余的能量储存起来，需要时再释放出来，克服能源的时间依赖性。广义上，凡是能源工业及能源利用技术所需的材料均为能源材料[1]，包括能源的开发、运输、转换、储存和利用过程中的材料。狭义上，能源材料是指能够存储能源的功能材料，例如，锂离子电池、"超级电容器"等各种能源转换、储能材料。

　　天然矿物成本低廉，作为新型能源功能材料有可能大幅度提高能源利用效率，降低出成本，具有重要的研究意义和实际应用潜力。本质上，能源材料是能够存储能源功能粒子、能够给能源功能粒子提供功能空间的功能材料。通过对能源粒子的储存、实现化学能、太阳能等能源转换，最终以高效、安全、清洁能源形式（例如电能）使用。这种储能功能材料简称能源材料。能够存储能源功能粒子、能够给能源功能粒子提供功能空间的矿物材料，称为能源功能矿物材料。能源材料主要由能源功能粒子和提供功能空间的材料两部分构成。功能粒子能够产生和提供能源，例如锂、钠、氢等。功能空间材料是能够存储能源的储能材料，例如石墨、多孔材料等。功能粒子存储在能源存储材料中，使得那些易燃易爆的功能离子以安全和平的状态提供持久有效的能源。功能粒子可以是原子、分子（例如氢气、水分子），也可以是功能离子（例如锂离子、钠离子）。在元素周期表中，与锂、钠同族，比锂、钠更轻的元素是氢，都是重要的储能功能粒子。存储能源功能粒子的

功能空间材料可以是某一种晶质材料，例如石墨，也可以是非晶态的材料，如多孔的非晶态碳材料。既可以是不规则的多孔碳材料，也可以是规则孔径多孔分子筛材料。

依据材料性能和使用效能，能源功能矿物材料可分为节能矿物材料和储能矿物材料。石棉、硅藻土、膨胀珍珠岩、微孔硅酸钙等多孔矿物，缺乏功能粒子载流子，导热率低、气孔率高，是性能良好的隔热保温节能矿物材料，在工业管道、锅炉、窑炉、热交换器、冷藏设备和房屋建筑中有广阔应用前景。目前，我国建筑物能源利用率低，能源消耗系数比发达国家高 4 ~ 8 倍，急需低导热系数、小容重、高强度节能材料，开发高反射系数的绝热矿物涂层。本文重点探讨能源功能矿物材料，即能够存储能源功能粒子、能够给能源功能粒子提供功能空间的能源功能矿物材料。例如，常用电极材料、超级电容器中的石墨材料、太阳能电池中的硅，以及新型能源矿物材料金属氧化物、硫化物等。

依据能源类型，将能源功能矿物材料分为三类，包括存储电能的电能功能矿物材料、存储热能的热能功能矿物材料、存储光能的光能功能矿物材料等。

从能量的吸收、贮存、转换和输出性质来研究矿物的物化性质及其在储电、储热、储光、储气及储化学能等储能、节能领域中的作用，有可能获得新型能源材料。通过研究活性炭吸附，实现了天然气的存储，成功解决了车载燃料问题。天然矿物种类不同，组成和结构各异，蕴含着许多特异功能。它们或具有多种同质异构体，或具有很高的热容和相变能，或具有良好的光、电、声转换效应，微孔沸石矿物、低温相变矿物等都有可能成为性能良好的能源材料。

我国能源功能矿物材料研究方兴未艾，事实上，我国有一系列天然矿物可作能源矿物材料。本文从矿物学角度和材料类型分析能源功能矿物材料的国内外研究发展现状、进展及趋势。主要包括能够存储电能、热能、太阳能等能源的矿物材料，介绍有可能应用的矿物种类及其能源转换、存储机理等，揭示能够存储能源功能粒子、能够给能源功能粒子提供功能空间的能源功能矿物材料。通过分析我国能源功能矿物材料发展现状、比较国内外发展，提出我国能源功能矿物材料发展趋势与对策等。

二、电能功能矿物材料研究进展

（一）石墨能源功能矿物材料

石墨导电、导热性、化学稳定性好、耐高温，是重要的能源功能矿物材料[2]。石墨中层面内的分子键使其内部包含丰富的载流子，表现出优异的传导性能，是重要的电子导体。这种结构特点使石墨能够传导电、导热，能够用作电极材料、传热材料、润滑材料，既是电能功能矿物材料，也是热能功能矿物材料，广泛应用于一次电池材料、二次可充电池、锂离子电池、超级电容器等储能器件、电热器件，在新能源汽车、风力发电、热工等行业。

1. 基于石墨层间化合物的石墨电能功能矿物材料

石墨具有层状结构，层面内，碳原子以 sp^2 杂化轨道电子形成的共价键形成牢固的六角网状平面，碳原子间具有极强的键合能（345kJ/mol）；层间以微弱的范德华力（16.7kJ/mol）相结合。层面与层间键合力的巨大差异，导致多种原子、分子、粒子团能顺利突破插入层间，形成石墨层间化合物，也使石墨兼具电子导体和离子导体的特性。采用石墨层间化合物可以引入纳米功能粒子，实现石墨中的纳米功能粒子组装，组装石墨储能材料。

（1）石墨锂离子电池矿物材料

通过制备锂的石墨层间化合物，实现锂离子在石墨层间的插入和脱插，进行充电、放电，使得石墨成为性能良好的二次电池材料[2]。石墨嵌锂 / 脱锂电位较低、充放电平台平稳、导电性好，是重要的锂离子电池负极材料。此外，石墨还可以用做一次电池的正极电池材料，例如锂氟电池正极材料、高能碱性电池正极导电材料，同时也可以用在燃料电池中双极板材料、核能等的结构材料。现在，可充电的锂离子电池已经广泛应用于能源产生、存储设备。

事实上，金属锂资源有限，一方面需要寻找富锂的氯化物、硫化物和碳酸盐矿物，探寻新的含锂矿物锂辉石、透锂长石、锂云母、铁锂云母[3]；另一方面，需要寻找锂的替代物。

（2）石墨钠离子电池矿物材料

钠与锂同处一个主族，有很多共性，有可能替代锂存储能源。以石墨作为宿主材料，钠离子作为功能粒子，形成钠的石墨层间化合物，有可能制备出石墨钠离子电池。采用这种资源丰富的钠离子，制备钠离子电池很有潜力。钠分布广泛、矿物资源丰富、价格低廉。现在，石墨钠离子电池已经受到关注。

（3）基于储氢的石墨能源功能矿物材料

储能材料的主要功能就是通过保存储能粒子来储存化学能源。氢气就是一种储能粒子，氢能是理想的清洁能源，具有良好的可再生性和环保效应，但易爆易燃、安全性差。将易爆的氢存储在能源材料，通过储氢材料存储，缓慢释放、燃烧，提供能源，就有可能安全使用氢能源。在元素周期表中，与锂、钠同族，比锂、钠更轻的元素是氢，都是重要的储能功能粒子。氢也可以插入石墨层间，形成的氢石墨层间化合物，氢的插入有可能使石墨成为储氢材料。

目前，储氢材料主要有合金、配位氢化物、碳质材料等。金属镁电极电位较低、储氢量较大，轻量化 Mg 合金是良好的储氢材料和电池材料，Mg 基储氢材料有重要应用潜力。钛合金也是重要的储能材料，用于镍氢电池负极材料、太阳能电池、碱性锌锰电池、铅酸蓄电池。

2. 基于石墨烯片的能源功能矿物材料

理想的石墨烯是二维晶体，基本结构就是标准的碳原子组成的六方网。理论上石墨也是石墨烯片有机堆叠而成[2]。通常状态下，石墨属于鳞片状的片状结构，只是石墨的鳞片大小厚度有别。理论上将石墨的鳞片打开，将本身堆积在一起的石墨碳原子层打开，就可以形成单层或多层的石墨烯。通常很难做到均匀厚度的大片石墨烯，通常也会将获得的纳米尺度薄层石墨成为"纳米石墨烯片"。

采用微波加热方法可以获得膨胀效果更好的膨胀石墨[4]，为了高性能膨胀石墨、甚至石墨烯片的制备提供了有效途径。通过剥离石墨鳞片，制备二维层状材料、可以获得纳米石墨烯片，单一碳原子层片内很强的共价键使石墨烯片具有无与伦比的机械强度，是优异的结构材料。这些石墨烯片也具有不错的电化学性能，是良好的超高电容器材料。

3. 基于多孔结构的超级电容器石墨矿物材料

通常，通过实体粒子组装修饰石墨的结构，可以获得优异的储能材料，然而，在石墨结构里制造缺陷，也可进行结构组装，获得优异的石墨储能材料。在多孔碳材料中增加孔隙，提高比表面积，能够引入功能空间，提高锂离子储存量，提高了双电层发生空间，从而增大了双电层电容器的能量存储和转换[5]。可以在石墨中设法引入孔隙，增加其比表面，同样也可能增大储能空间，获得超级电容器石墨储能材料。通过锂的石墨层间化合物制备的锂离子电池，以及孔隙效应制备的超级电容器的有机结合，有可能使更高功率、更高容量的储能器件变为现实，大幅度延长采用清洁能源的新能源电动车工作时间。通过石墨插层化合物方法，制备石墨残余石墨层间化合物，进而制备成膨胀石墨。采用硫酸石墨插层混合物高温热处理的方法，已经能够大批量制备膨胀石墨，压制石墨密封垫、散热片等。

石墨是柔性材料，很容易变形，采用球磨、搅拌磨和微细粒子复合化，对天然石墨进行球形化整形，可以使鳞片状的石墨转化为球形石墨，球形化和分级处理后的球形石墨用于锂电池的电极材料，使锂离子电池性能得到很大提高，得到很好地应用。通过石墨层间化合物提供的锂离子电池功能、多孔结构提供的超级电容器特性，有可能制备兼具锂离子电池、电化学电容器特点的新型储能材料。

4. 基于纳米组装的球形石墨储能材料

层状结构使单个石墨晶体具有力学、电学、热学等性能的异向性，影响使用效能。通过调节石墨晶体排布方向，减少石墨材料的性能异向性、提高均匀性。球形化就是一种有效的方法，通过石墨的微观结构设计，可以调整其性能，设计新型石墨功能材料，开发新型石墨储能材料。

成因不同使石墨的结构性能有差异。目前，对于天然石墨的结构认识只有菱形、六方两种石墨结构，可是，自然界的石墨形成条件多种多样，也存在天然已经组装的球形石墨结构状态。事实上，即使是常见的鳞片石墨，结晶颗粒、结晶程度也会有所不同，鳞片的排布规律也会有很大差异[2]。既可以表现为六次对称的六方晶体、三次对称结构的菱面体晶体，也可以形成完美的球形体，这种球形石墨的微观结构、特异性能还有待进一步深入研究[6]。加拿大的球形石墨中存在锥形石墨，采用电子显微技术，在天然的球形石墨中，我们发现大量大小不等的球形化石墨颗粒，天然石墨可能存在自然的微观组装结构。通过结构纳米组装，进行石墨加工改性，研制高性能石墨制品。通过分析天然石墨微观组装结构，开拓石墨作为新型碳功能材料的巨大潜力，推动石墨矿物资源的有效开发。

5. 石墨能源功能矿物材料的发展趋势与对策

我国石墨资源优势明显，目前，我国应该重点研究石墨能源功能矿物材料的开发和储能机理。国际上，基于石墨层间化合物的石墨锂离子电池矿物材料的研究基本成熟。但是，钠离子电池成本低廉，大力发展石墨钠离子电池矿物材料，开发安全的石墨储氢材料。通过开发多孔石墨超级电容器材料、研究纳米组装球形石墨储能材料，积极开发新一代高性能石墨烯片的能源功能矿物材料。

（二）天然金属硫化矿物能源材料

近年来，一系列金属硫化物、氧化物显示出优异的电化学性能，以其为化学成分的天然硫化物矿物，有可能成为重要的能源功能矿物材料，如辉钼矿、蓝铜矿、辉铜矿、黄铁矿、闪锌矿等。

1. 辉钼矿能源功能矿物材料

辉钼矿的化学成分是二硫化钼（MoS_2），是层状构造的片状晶体，导电性好、比表面积高、吸附能力强、催化活性高、化学稳定性好，是重要的电能能源矿物材料，在锂离子电池、超级电容器、光催化产氢储氢等领域有重要应用潜力[7]。

（1）辉钼矿锂离子电池材料

石墨虽然是商业化最早的锂离子电池材料，但理论比容量有限（372mAh/g），在电动汽车等长时间大规模储能中应用受限[8]。MoS_2具有类似于石墨的层状结构，两个硫离子层夹着一个钼离子层，构成辉钼矿基本结构单元——"三明治夹心结构"。层面内Mo^{4+}与S^{2+}离子靠强共价键紧密相连，"三明治夹心结构"层间靠 S 层之间微弱的分子键连接，S 原子暴露在MoS_2晶体表面，对金属表面有较强的吸附作用，分子结构层的间距为 0.62nm。层面、层间化学键强度差异很大，特殊结构使离子容易插入，独特的结构降低了锂离子插层的势垒[9-11]，使辉钼矿能够成为插层主体，嵌脱锂离子，是重要的电能能源矿物材料。

作为锂离子电池负极材料，MoS_2储锂容量可达到 900 ~ 1200mAh/g，远高于石墨，循环稳定性能良好[12]，可逆锂储存容量、倍率性能会更好[13]。但在循环过程中MoS_2导电率低、体积变化较大，影响结构稳定性。目前，采用了两种方法进行改性：①材料的纳米化、扩大MoS_2层间距、缩短锂离子迁移通道、扩大Li^+的嵌入空间；②与异相导电基质复合以提高导电率，改善材料的倍率和循环性能，同时抑制活性电极材料的体积效应[10, 14-15]，改性后循环性能和大电流充放电等电化学性能得到改善，但成本高、工艺复杂、污染环境，有待改进。最新研制的石墨烯与辉钼矿的复合材料在电储能方面潜力巨大。

（2）辉钼矿矿物超级电容器材料

MoS_2导电、比表面积高，功能粒子容易插入层间存储能源。此外，MoS_2中的Mo可以存在多种价态，意味着非法拉第电容和法拉第电容对MoS_2纳米材料的电容都有贡献，是良好的超级电容器材料[16-17]。近年来，纳米MoS_2和导电聚合物复合体系也表现良好的超级电容性能[18]。二硫化钼/聚吡咯复合材料超级电容器表现出优异的循环寿命[19]，但电极制备工艺仍需简化、电极接触有待改善，还需要考察其长期运行的稳定性，如物相结构、电子结构，以及嵌入脱嵌的稳定性[20]。

（3）辉钼矿光催化产氢储氢材料

辉钼矿（MoS_2）是一种窄带隙氧化型半导体，在可见光光催化、光催化氧化和光催化产氢等领域有应用潜力。在可见光照射下，吸收光子并生成空穴-电子对，空穴与水反应生成反应活性很高的·OH自由基，可将污染物或有机染料降解为有机小分子和无机离子[21]。MoS_2粒径越小，比表面积越大，吸附的有机小分子越多，形成的光生电子更容易从半导体表面逃逸，光催化性能越好，催化效率越高。

目前，对于MoS_2电催化性能的研究主要集中在储氢方面。氢能是重要的清洁能源，裂解水是理想获取方法，但铂催化剂很昂贵。相比之下，MoS_2成本低、易获取、可再生有明显优势[18]。MoS_2纳米管的比表面积高，表现出优异的释放氢和可逆吸收能力[22-23]。但要实现高纯度MoS_2的大规模低温制备，还需要解决反应能耗高、反应步骤复杂以及产物中杂相较多等问题。通过浓硫酸加热氧化法处理栾川辉钼矿，可以提高辉钼矿纯度，但浓硫酸氧化后，MoS_2层间距增加，比表面积增大，S^{2-}被氧化为S^{6+}，氧化处理的辉钼矿对硝基苯酚的还原作用增强，还原峰电位发生正向移动，氧化还原峰的峰值电位差减小，催化性能提高。我国辉钼矿物资源丰富，深入研究有可能开发出性能优异的辉钼矿化学电源、储氢材料等能源功能矿物材料。

2. 天然硫化铜矿物能源材料

铜的氧化物是半导体，做成薄膜，在锂电池和太阳能电池中可用做阳极材料，铜的硫化物蓝铜矿（CuS）具有可浮性和冶金点，显示良好的电化学特征，在固体太阳能电池和光催化反应中有应用潜力。在电化学氧化反应中，蓝铜矿（CuS, covellite）是辉铜矿（Cu_2S, chalcocite）的中间产物或最终产物，在无机硫酸电解液中，天然铜矿物CuS显示良好的超级电容器性能[24]。在强碱溶液中，硫化铜矿物蓝铜矿在太阳能电池中显示出良好的容量。在阳极极化过程中，蓝铜矿的反应显示等效电循环，容量很高，是良好的超级电容器电极材料。

天然含铜矿物辉铜矿在超级电容器方面也很有潜力。在1 M H_2SO_4、0.5 M $CuSO_4$的电解液中，最高容量达到200 F cm^{-2}。在1 M H_2SO_4、0.1 M $CuSO_4$时，容量达到110 F cm^{-2}。但是，电路在启动、关闭等情况下存在漏电电流，很有必要采用光学、电子学等手段分析可能存在的反应以改善其性能。

3. 天然金属硫化矿物能源材料的发展趋势与对策

国际上，金属硫化物 MoS_2、CuSx 研究是近年来能源材料的热点课题。实验室合成的 MoS_2、CuSx 等硫化物显示出优异的电化学性能。天然辉钼矿、硫化铜的化学成分就是 MoS_2、CuSx。辉钼矿、硫化铜等天然金属硫化矿物也是我国优势矿种，其作为功能矿物材料的研究很少。事实上，天然金属硫化矿物结晶度更高，完全有可能就是天然能源功能矿物材料。目前，应该开展天然金属硫化矿物作为能源功能矿物材料的研究。对于这些天然金属硫化矿物的深入研究，可能开发出新型的矿物能源材料。犹如当年石墨的性能远高于无定形碳材料，开创了石墨能源材料的新纪元。

（三）硅基材料锂电池负极材料

硅基材料可用做锂离子电池负极，是重要的储能材料，包括单质硅和二氧化硅等。石墨负极材料对溶剂的选择性强、锂扩散速度慢，低温或快速嵌锂时，石墨表面易沉积金属锂，存在安全隐患。合金负极材料虽然没有锂枝晶生长，但充放电前后体积变化较大，导致材料粉化，活性颗粒丧失电接触，容量发生快速衰减。锂的金属氮化物 $Li_{3-x}Co_xN$ 负极材料可逆比容量达到 900 mAh/g，虽然比石墨高，但对湿度敏感，在空气中稳定性较差，限制了其应用。硅基材料具有非常高的理论储锂容量（4200 mAh/g），安全性能好，有可能成为下一代锂离子电池和太阳能电池材料。

1. 硅基负极材料性能改善方法

以二氧化硅为原料，采用镁热或铝热还原法可以制备单质硅，用于太阳能电池和锂电池。然而，致命的缺点是在脱嵌锂的过程中硅基材料体积膨胀超过 300%，导致电极粉化进入电解液中，减少活性材料与集流体的接触，容量快速衰减。目前，人们主要试图采用三种方法来改善硅基负极材料性能。

（1）硅基材料结构纳米化

制备纳米结构硅基材料[25-26]。锂离子电池负极纳米化可以减小锂离子的扩散距离，能够缓解硅的体积膨胀效应，在大电流充放电时电极极化程度小，提高电池的可逆容量、循环稳定性、电化学反应速率等。

（2）制备硅基复合材料

通过制备硅基复合材料[27-28]，引入导电性好、体积效应小的基体。采用锂离子电池硅基复合材料，能降低硅脱嵌锂过程中的体积膨胀效应，提高材料的长期循环稳定性和容量[29]。目前，能够与硅复合，形成锂离子电池硅基复合材料负极的材料主要有碳基材料、弹性聚合物、合金等。

（3）硅基材料结构设计

对于硅基负极材料，在材料内部预留出体积膨胀的空间，是改善硅基负极循环性能的有效措施。可以通过材料结构设计，引入空隙，制备特殊结构硅基材料。通过研制特殊结构的硅基材料，例如，多孔结构的纳米硅、管状结构的硅纳米管、中空硅纳米结构，也可能获得高储锂量负极。目前，特殊结构的硅基材料的研发已经成为该领域的研究热点和发展新方向。硅基材料的特殊结构化，可能大幅度提升其电化学性能。然而，精确的纳米 Si 结构制备过程复杂，成本较高，导致其应用性大幅下降。

这几种方法有可能大幅度提升电化学性能。然而，精确的纳米 Si 结构制备过程复杂，成本较高，影响其应用范围。二氧化硅的比容量高达 1961mAh/g，虽然低于单质硅，但是，达到石墨的 5 倍多，而且二氧化硅是天然矿产资源，分布广泛，性质稳定，价格低廉，在循环过程中的体积变化要小于硅单质[30]，有可能成为单质硅的替代材料。现在，二氧化硅负极材料已经引起关注，逐渐成为该领域的研究热点。然而，硅 – 氧键很难被破坏，结晶的二氧化硅基本不会和锂离子发生反应。无定形二氧化硅在第一次放电嵌锂过程中生成不可逆的锂氧化物和锂硅酸盐等，会在纳米硅的表面形成一个缓冲层，限制纳米硅的膨胀。现在，硅基材料的广泛应用仍需要克服体积膨胀效应、首次库伦效率低、导电性差等障碍[31]。

2. 单质硅负极材料研究进展

目前，单质硅负极的研究基本上都是围绕缓冲体积变化、提高电导率等方面进行的。用超临界水热模板合成法能够合成具有整齐孔隙、垂直排列的硅纳米管（SiNT），倍率为 0.05C 时，硅纳米管（SiNT）阵列电极充放电容量达到 3860 mAh/g（接近 Si 的理论容量），首次效率是 87%，50 次循环后容量保持率是 81%[32]。这种电极材料首次效率高、容量保持率稳定、循环稳定性能好，这在一定程度上证实电极材料结构纳米工程在可充电电池设计中的有效性。对碳纳米纤维（CNF）、纳米硅粉和聚氯乙烯的混合物进行热处理，制备碳硅复合材料（Si/C/CNF），与 CNF 一起制成复合电极，在 0.5 C 下充放电，首次可逆比容量约为 1250mAh/g，首次效率为 71%，30 次循环后可逆容量为 931mAh/g[33]。复合材料中 CNF 的弹性基体对硅电极在充放电过程中的体积效应起到了很好的缓冲作用，此外，CNF 均匀分散，与活性材料、集流体之间电子接触较好，充放电循环后电荷转移阻抗降低，很大程度上提高了材料的循环稳定性。用喷雾热解方法可以制备的球形碳包覆硅复合电极，首次充放电容量为 2600mAh/g，效率为 71.4%，高于纯硅电极（59%）。20 次循环后，可逆比容量为 1489mAh/g（纯硅电极为 47mAh/g），容量保持率高达 99.5%，显示出良好的循环性能。这种球形碳包覆无定形 Si 纳米复合材料不仅能够缓冲脱嵌锂过程中的体积效应，还能避免均匀分散的硅纳米颗粒的团聚。

3. 二氧化硅负极材料研究进展

二氧化硅也可以颗粒纳米化、与炭复合，是抑制体积膨胀效应、提高首次库伦效率、改善导电性的有效方法。将石英（SiO_2）高能球磨 24h 得到尺寸为 5nm 左右的微小无定形二氧化硅颗粒，所获材料具有较高的容量，电流密度为 100 mA/g 时，比容量接近 800 mAh/g[27]。球磨后进行炭化，制备的 SiO_2/C 复合材料表现 600 mAh/g 的可逆容量[34]。

采用模板法制备的中空 SiO_2 纳米立方体、中空纳米球和纳米管等，也表现出良好的电化学性能[30, 31, 35]。甚至用沙子也能够制造锂电池，其寿命可延长两倍。近年来，以阳极氧化铝 AAO 为模板合成的纳米管状二氧化硅作为锂离子电池负极材料表现出很好的电化学性能[35]。

4.硅基材料锂电池负极材料发展趋势与对策

国际上，硅基材料已经成为锂电池负极材料新宠。然而，硅基负极材料存在体积膨胀、首次效率、循环性能等问题，改进 SEI 表面膜的性质和稳定性等，有可能提高材料的循环性能和库仑效率。探索新型纳米级硅基负极材料的设计、制备工艺与方法，制备有效缓解硅的体积效应的结构材料，也可以利用建模与仿真技术探明在循环过程中脱嵌锂的机理，改进性能。通常情况下，锂离子电池二氧化硅负极材料的合成方法、工艺复杂，污染环境。目前，一个重要目标是探寻相对简单方法，制备结构可控、比容量高的 SiO_2 纳米复合材料。

现在，我国也在积极研究硅基能源材料。单质硅负极材料理论容量很高，但缺陷明显，事实上，我国拥有丰富的硅基矿物资源。可以开展天然二氧化硅等硅基矿物作为硅基负极材料的性能研究，开发性能优越、价格低廉的天然硅基矿物硅基锂电池能源材料。

（四）其他电储能源功能矿物材料

很多天然矿物都有良好的电化学性能，也有可能成为良好的电储能源功能矿物材料。

1.菱铁矿锂离子电池电极材料

采用水热合成的微米菱铁矿（$FeCO_3$）用做锂离子电池阳极材料。起始放电容量接近 1587mAh/g，在电流密度为 200mA/g 时，库伦效率为 68%，120 次循环后仍然高达 1018mAh/g，在高电流密度 1000mA/g，120 次循环后仍然高达剩余比容量仍然高达 812mAh/g，远高于菱铁矿的理论容量（463mAh/g）[36]。菱铁矿的可逆转换性使其在锂离子电池电极方面有应用潜力。

2.黄铁矿钠离子电池电极材料

低成本的黄铁矿（FeS_2）是高功率、长寿命可充电的钠离子电池电极材料。在锂的原电池中，黄铁矿已经有商业应用。但是，在用炭电极的可充电电池中，因为会发生化学反应 $[FeS_2 + 4M \rightarrow Fe + 2M(_2)S, M = Li\ or\ Na]$，循环寿命有限。将 FeS_2 做成微球用于室温可充电钠离子电池，电压 0.8V、参比电解液（$NaSO_3CF_3$/ 二甘醇二甲醚）时仅仅发生插层反应[37]。在电流密度 20A/g 时，比容量达到 170mA h/g。循环 20000 次后，仍然保持了 90% 的容量，可能是形成了层状的 Na_xFeS_2，钠离子能够顺利实现可逆的插层和脱插。钠离子电池容量高达 4200mA h，在 126W h kg^{-1} 和 382W h/L，200 次循环后容量保持率为 97%。采用 FeS_2 微球制备的可充电钠离子电池有很大商用价值。

3. 云母能源功能矿物材料

云母是一种天然层状含水铝硅酸盐透明矿物，抗电性能高、耐热性强、电绝缘强度高、耐电晕、机械强度高，是电容器、振荡器、低压电器等设备上的绝缘材料及尖端工业上特殊零件。云母化学稳定性好、耐水性好、收缩率小、不吸湿、不易燃，有优异的电气绝缘性，作为绝缘材料，广泛应用于电子、电力、航空、轻工等领域。对云母粉进行深加工可用于耐火材料、建材、造纸、橡胶、染料等工业[38]。过去，采用天然树脂-虫胶、沥青和合成醇酸树脂为黏合剂，以纸、绸为补强材料制备片云母产品。最新研究发现，云母易分剥成很薄的、平坦的、光滑的和具有弹性的"类石墨烯"云母薄片。对天然云母矿物学深入研究有可能获得高性能电容器、绝缘材料等。

4. 天然矿物橄榄石族的磷酸铁锂能源功能矿物材料

磷酸铁锂（$LiFePO_4$）、正硅酸铁锂（Li_2FeSiO_4）是锂离子电池正极材料[39]，正在商业化应用。这两种物质都属于人工橄榄石族矿物。具有同样结构的天然橄榄石族矿物也可能具有良好的电化学性能，成为良好性价比的锂离子电池正极材料。

5. 锰氧化物-水钠锰矿超级电容器电极材料

锰氧化物-水钠锰矿（$Na_4Mn_{14}O_{27} \cdot 9H_2O$）和钾锰氧化物-锰钾矿$[K(Mn^{4+},Mn^{2+})_8O_{16}]$是层状矿物，能够用于超级电容器。钠修饰的Delta-氧化锰（$delta-MnO_2$）水钠锰矿也被证明是良好的超级电容器电极材料[40]。

将纳米二氧化钛（TiO_2）及其复合材料修饰于电极表面，可以制成多种纳米二氧化钛电极。以这些电极为基础，可以构建多种化学传感器、生物传感器，也可以构建染料敏化太阳能电池。二氧化钛结构类型与电化学性能的关系等问题值得深入研究。

6. 其他电储能源功能矿物材料发展趋势与对策

国际上近年来的研究显示一系列天然矿物已经显示出良好的电化学性能，我国尚缺乏此类研究。目前，应该积极拓展天然电储能源功能矿物材料的种类，开展菱铁矿、黄铁矿、云母、锰氧化物-水钠锰矿、橄榄石族等矿物作为能源功能矿物材料的性能研究。

（五）高石墨化度煤和煤基炭材料储能材料

煤不仅是价格低廉的工业能源，也是先进炭素材料的重要碳源[41]。对煤进行活化、氧化、石墨化等处理能够制备煤基炭材料，成为良好的储能材料。

1. 高石墨化度煤基储能材料

与石墨工作原理相似，经过高温石墨化处理的煤基炭材料、高石墨化度煤也可能是良好的储能材料。对太西煤进行的石墨化处理，以沥青液相包覆、经高温（1000℃）炭化处理，能够制备具有核壳结构的煤基炭石墨复合材料，用做锂离子电池负极材料时，首次可逆比容量为330.4 mAh/g，首次库伦效率为90%，50个循环后容量仍保持在90%。通过催化石墨化、化学氧化等手段制备的煤基石墨烯片，也能用做电池的电极材料。将气煤、焦煤、瘦煤粉成型，在 N_2 条件下 950℃高温炭化得到煤基炭材料，经过浸渍和表面修饰，用于太阳能电池，光电转化效率（η）达到了 7.16%[42]，开路电压（Voc）、短路电流密度（Jsc）和填充因子（FF）分别为 0.79 V、13.48 mA/cm^2 和 0.67，可替代昂贵的传统 Pt/FTO 电极。

2. 煤基超级电容器电极材料

超级电容器是近年来发现的最有潜力的储能手段，能量密度大、循环次数多。煤基活性炭材料有可能用于超级电容器。煤基活性炭的孔道结构与原煤关系密切。原煤变质程度越高，所制备的多孔碳的微孔越多，比表面积越大。变质程度越低，所制活性炭的比表面积低，但孔径变宽，微孔减少，中孔增多。无烟煤挥发分低、制备的活性炭微孔发达、吸附性好，通常用于制备超高比表面积的微孔活性炭。烟煤制备的活性炭孔隙范围宽，褐煤制备的活性炭孔容积大，中孔发达，适于吸附大分子化合物[41]。多孔炭的比表面积和孔结构对超级电容器的性能影响很大。与微孔相比，中孔（2～50nm）能够提供更好的电解质离子运移通道，比电容更高[42]，其原因在于大孔减小了离子扩散距离，中孔提供载流子的低阻运移通道而微孔则提高了比电容上限。多级孔表现出比单一孔道炭材料更好的电化学性能。

对原煤进行前处理，有可能获得中孔或多级孔结构的煤基活性炭。过渡金属中的磁性铁、镍等金属及化合物常用作赋磁剂制备磁性活性炭。一般先制备活性炭，再采用共沉淀的方法，在活性炭中负载赋磁剂。在原煤中添加 Fe_3O_4 可制备磁性活性炭[43]，采用水蒸气物理活化法制备的活性炭，KOH 活化法制备的氧化无烟煤，都表现出良好的电化学性能，将铁系催化剂与 KOH 活化法相结合，使用 γ -Fe_2O_3 和 KOH 催化活化煤沥青，制备的活性炭电极材料比电容高达 194F/g（6mol/L KOH 电解液）。

3. 煤基储能材料的发展趋势与对策

煤基储能材料的研究重点在于提高导电性和改进电化学性能。采用 KOH 活化处理的高阶煤，比表面积高，在 6M KOH 中以 5mV/s 的充放电速率呈现，比电容高达 384F/g。通过 N 掺杂方式直接将煤活化为多孔碳，在 0.5A/g 的低电流密度下，超导电容器的比容量高达 205F/g，在 50A/g 时保持 129F/g[44]。在 200mA/g 下，作为钠离子电池阳极的放电容量即使在 500 次循环后仍保持 190mAh/g。采用氧化煤制备煤/碳纳米纤维复合材料，电流密度 1A/g 时，比电容达到 259.7F/g。调整制备方法也可改进煤基炭材料的电化学性能。

国内外已经有很多研究认为，采用煤为原料可以研制煤基炭能源材料。但对于天然煤作为储能材料的研究较少。天然高石墨化度煤也可能是性能良好的超级电容器电极材料。我国煤炭资源丰富，存在小发路、太西煤等优质高碳高石墨化度煤，被作为普通燃料是明显的浪费。目前，加强天然高碳高石墨化度煤作为储能材料的研究，有可能获得性能良好的超级电容器等能源材料。

三、热能功能矿物材料研究进展

载流子对电能和热能的传导和存储都有效。锂离子作为载流子，不仅能够存储电能，还能够存储热能[45]。将能够存储热能的矿物材料称为热能功能矿物材料，包括石墨储热功能矿物材料、多孔储热矿物材料、相变储能矿物材料等。

石墨是重要的储热能源功能矿物材料。石墨碳原子层间为微弱的分子键，松散的自由电子也是良好的热能载流子，因此，石墨也是性能优异的热导体，已经被制成石墨纸、石墨散热膜，用作电脑、手机等多种电子产品的散热元器件，有效解决高性能电子产品的发热问题成为电暖器的加热散热器件；在户外服装中添加石墨片还能将电能转化为热能，起到采暖保暖作用，成为高寒地区、室外工作者的新宠。

多孔矿物通过吸水脱水能够存储热能，成为多孔储热矿物材料，例如沸石矿物。沸石结构中含硅氧四面体或铝氧四面体，内部有大量孔道和空隙，空间可达 7.85 m^3。此外，可以通过离子交换、调整 Si/Al 比例及脱铝等方式，对沸石进行改性。改性可以提高沸石对水的吸附性能，提升整体热能吸附性能。以锂离子为交换阳离子改性时，储存密度可明显从 149 Wh/Kg 提升至 225 Wh/kg。通过模板法还可以合成沸石质介孔材料，例如六方相（MCM-41）、立方相（MCM-48）和层状结构（MCM-50）等 M41S 系列介孔材料，都是多孔储热矿物材料。

能源的供应和需求有很强的时间依赖性，为了合理地利用它，常需要把暂时不用的能量储存起来，在需要时再让它释放出来。相变储能材料（Phase change materials，PCMs）能很好地解决此问题，是能源材料的热点问题。矿物、溴与锂的三元体系的低共熔点，可以存储热能，用来收集太阳能，通过相变储存热能，是一种重要的相变储能矿物材料。锂化合物以化学热力泵的形式，可以用于吸附冷却系统、储存热能。选择我国典型导电矿物、多孔矿物，研制新型热能功能矿物材料。

目前，国内外，有关碳纤维储热材料基本已经成熟。已经开发了一系列碳纤维散热元器件、加热散热器件、采暖保暖服装等，但是成本较高。天然石墨作为储热能源功能矿物材料研究不够，强度较弱，现在，应该重点发展天然石墨储热能源功能矿物材料，开发石墨散热元器件等，进一步优化石墨储热能源材料工艺，提高强度、降低成本。

在深入研究我国典型导电矿物、多孔矿物基础上，研究和开发热能功能矿物材料。开发多孔储热矿物材料，研制相变储能矿物材料，通过相变储存热能，把暂时不用的热能吸附储存起来，需要时再释放出来，有可能解决能源的供应和需求的矛盾。

四、太阳能功能矿物材料研究进展

太阳能"取之不尽，用之不竭"，是一种无污染、价廉易得的可再生清洁能源，但随着时间天气等变化会呈现出不连续性和不稳定性，造成其能量供应和消耗之间的悬殊[46-48]。若能将太阳能储存起来，则可以持久使用。通常，太阳能可以转换为热能、电能和化学能。通过光热、光电、光化学转换有可能将太阳能储存起来，降低或消除太阳能的不连续性和不稳定性。太阳能利用的关键问题是太阳能转换材料的研发。太阳能的存储包括三种方式：①太阳能转化为电能储存，主要涉及光伏技术；②太阳热能直接储存，主要涉及光热技术[49]；③太阳能转化化学能，以化学能形式存储。从矿物学角度，太阳能能源功能矿物材料也可以分为太阳能储热、太阳能化学储热、太阳能电储能等三类功能矿物材料。

（一）太阳能热转换能源功能矿物材料

太阳能储热有三种方式：显热储热（水、砖、岩石及土壤等）、相变潜热储热（冰、石蜡、脂肪酸、盐及其他复合材料等）和热化学反应储热[49]。储能方式不同，储存相同热能所需容量不同。吸附储热灵活、所需容量较小，但系统复杂、成本较高，需要探寻合适的吸附储热材料。相变材料是指随温度变化而物相改变，并能吸收或释放大量潜热的物质[50]，是一种潜热储能材料，具有热效率高、存储密度高及储能过程恒温等优点，在能量储存[51-52]、热泵、温度控制、太阳能利用、建筑节能、交通运输、工业余能等领域有重要的应用前景。常见相变材料包含结晶水合盐、长链脂肪类和醇类固－液相变材料等。

天然矿物材料结构稳定、比表面积大、吸附性能好、导热系数适中、价格便宜，是重要相变储能材料。泡碱、芒硝等矿物相变点和相变潜热合适，通过添加成核剂和增稠剂可以制备性能良好的相变储能材料，是很好的无机相变储能材料；矿物可用作复合相变储热载体，不仅需要有良好的热传导性能，还需要稳定负载有机相变材料。膨润土、珍珠岩等具有特殊的孔隙结构，可以作为相变储能材料液态时的良好载体，从而制成性能优良的复合定型相变储能材料。

1. 高岭土复合相变储热能矿物材料

高岭土是一种1:1型含铝的层状硅酸盐矿物，导热系数低，是较好的无机定型原料。以高岭土为原料，通过微波合成法制备比表面积大、孔容量高、孔径分布均匀的介孔材料，用作石蜡相变材料的载体，采用真空吸附法制备的石蜡/介孔复合相变储能材料有良好的热稳定性。通过真空浸渍法制备的月桂醇/高岭石基复合相变材料潜热能力达到48.08 J/g，可降低室内温度4℃。受毛细管和表面张力作用月桂醇留存在高岭石孔隙中，保留比例最大达到24%[53]。是良好的建筑储能材料。通过熔融插层法，将有机相变材料分散嵌插在煤系高岭土层间，可制得二元有机/煤系高岭土相变储能复合材料[54]，该材

料具有良好的热稳定性，且具适合室内调温的相变范围，相变过程中无液体泄漏，这种定形复合作用推动了有机／层状硅酸盐插层复合储能材料在建筑节能实际应用。

2.膨润土复合相变储热能矿物材料

蒙脱土属 2∶1 型层状铝硅酸盐，层间有可移动的带相反电荷的离子，用以补偿层板的电荷平衡，这些层间离子可以被交换而不破坏其基本结构。特殊的结构赋予蒙脱土可膨胀性、阳离子交换性能。钠基膨润土和钙基膨润土的储热能力分别高达 781cal J/g 和 480cal J/g，是良好的储热材料。液相插层法和熔融插层法可以制备膨润土插层型复合相变材料。液相法反应时间长、工艺复杂，熔融法则相对简单[50]。采用溶液插层法合成的硬脂酸 – 月桂酸／蒙脱土复合相变储能材料[55]，具有优良热稳定性。采用有机／无机纳米复合技术制备的复合 PCM 样品经 500 次连续循环储热／放热实验检测，材料的相变温度和相变潜热变化分别为 0.7℃、–3.61 J/ g，具有较好的储热稳定性。熔融插层法使石蜡进入有机膨润土的层间结构中，制备蒙脱土与三水乙酸钠（SAT）– 尿素（Urea）[50] 复合材料在不泄漏的情况下潜热能力可以达到 132.0 kJ/kg，反复循环相变热性能稳定，高温下无液态石蜡渗出。

膨润土既可直接作为建材、保温材料原料，也在塑料、纤维、涂料中作储能功能填料，显著提高制品的储能性能、硬度、耐磨性和降低材料收缩率等。这种以膨润土为载体的无机／有机复合 PCM 有广阔的应用潜力。

3.石墨复合相变储热能矿物材料

膨胀石墨耐高温、耐腐蚀、耐辐射，导热性能好，热导率远高于通常的无机相变储能材料。以膨胀石墨为载体、石蜡为相变储热介质，65℃加热共混吸附、过滤、烘干，可制备石墨复合相变储能材料[56]，石蜡／膨胀石墨复合材料兼具膨胀石墨的高导热性和石蜡的固 – 液相变温度和大相变潜热，储热密度较高，相变潜热与对应质量分率下的石蜡相当，储／放热时间比纯石蜡明显缩短。膨胀石墨具有网络状孔隙结构，孔隙度高、比表面积大、表面活性高[57]，将相变储能材料渗入到 85% 体积的膨胀石墨空隙，热导率可提高 50 ~ 100 倍。由于毛细作用力和表面张力的作用，石蜡在固 – 液相变时，很难从膨胀石墨的微孔中渗透出来，石蜡的质量分率可高达 90 %，相变潜热达到 161.2 J/ g，储热和放热时间分别比纯石蜡缩短了 27.4% 和 56.4%。

4.珍珠岩复合相变储热能矿物材料

珍珠岩是由一种火山喷发的酸性熔岩经急剧冷却而形成的玻璃质岩石。膨胀珍珠岩孔隙度高达 80%，可以吸收超过 70% 体积的相变储能材料[56]。用膨胀珍珠岩制备的复合相变储热能矿物材料是一种储能密度高、耐久性较好的功能建筑材料，这种材料可以在电力负荷低谷时段利用制冷设施在这些建筑构件中储藏冷量，而在电力负荷高峰时段释放储藏的冷量降低建筑物的室内温度，关闭或减少空调设施，从而降低电力负荷峰值，具有电力调峰功能。

5. 热能功能矿物材料展望

通过研究石墨、珍珠岩、膨润土、高岭土复合相变储热能矿物材料，有可能获得太阳能热转换功能矿物材料，降低或消除太阳能的不连续性和不稳定性。

天然矿物可能是廉价环保的高性价比的热能功能矿物材料，可用于储存太阳能、利用工业余热、电力调峰、医疗保健、农业温室、航空航天器材、电器防热外壳、保温盒、取暖器、具有严格温度适用条件的特种仪器，在电子器件中用作散热材料。天然多孔矿物材料性质稳定，可用做相变材料的定型材料，特别是节能建筑中。通过制备成保温板、相变水泥砂浆等吸收或释放相变潜热，使室内外温度波动明显减弱，达到调温节能和营造舒适环境等效果。目前，还需要研究相变材料与建筑材料的相容性，制备集耐用性、稳定性、传热和节能效果的相变材料，开发低成本、大相变潜热、相变过程更稳定且更为耐用的复合相变材料。

（二）太阳能热化学热储能矿物材料

沸石等多孔矿物是重要的太阳能热化学储热功能矿物材料，在热化学储热中有很大应用潜力。沸石结构中含硅氧四面体或铝氧四面体，周围有大量孔道和空隙，通常，沸石比硅胶更亲水，导致沸石需要在 150℃~200℃以上才能解析，这也是其在太阳能储能方面的最大缺点。通过离子交换、调整 Si/Al 比例及脱铝等方式，获得改性沸石，可提高水的吸收和整体热能吸附[58]，以锂离子为交换阳离子改性时，储存密度 149Wh/kg 提升至 225Wh/kg。将储存的 7000kg 的 13X 型沸石与热网系统连接，形成一个开放的吸附系统，沸石表现出 124kWh/m³ 的储存密度，在慕尼黑成功起到调峰作用。将 13X 型沸石用于洗碗机中，凭借开放的吸附系统减少能量消耗，与传统洗碗机相比能耗降低 24%（从 1.06kWh 降到 0.8kWh）。试验发现，沸石床的放电过程比在封闭系统中的充电过程快得多，合成沸石的传热性能更好。小规模车间沸石储能系统简单灵活，但系统中含水、放热比有限，限制大规模应用。通过离子交换和吸湿性盐浸渍方式对沸石和介孔材料进行改性[46]，有可能提高储热能力。

（三）太阳能电储能矿物材料

钙钛矿太阳能电池具有良好的吸光性和电荷传输速率，结构简单、制作工艺简单、性价比高，已经成为新四代太阳能电池，是光伏领域的新希望[59]。钙钛矿是 ABX_3 结构的矿物，其中，A 为大半径阳离子（Na^+、K^+、Ca^{2+}、Sr^{2+}、Pb^{2+}、Ba^{2+}、Re^{n+} 等），B 为小半径阳离子（Ti^{4+}、Nb^{5+}、Mn^{4+}、Fe^{3+}、Ta^{5+}、Th^{4+}、Zr^{4+} 等），X 为阴离子（O^{2-}、F^-、Cl^-、Br^-、I^- 等）。A 位、B 位和 X 位可容纳元素种类和数量非常广泛，半径大小相差悬殊的阴阳离子在钙钛矿结构中稳定共存。

天然钙钛矿矿物的化学组成主要为 $CaTiO_3$。在太阳能电池的钙钛矿中，A 主要为甲

胺基 CH_3NH_3，B 为 Pb^{2+}，X 主要卤素离子（I^-、Br^-、Cl^- 等），也是一种有机 – 无机杂化材料。单晶硅太阳能电池的光电转换效率只有 15% 左右，钙钛矿太阳能电池的光电转换效率接近 20%，优势明显。有机金属卤化物全固态钙钛矿（$CH_3NH_3PbI_3$）太阳能电池能隙约为 1.5 eV，消光系数高，缺陷容忍度高、载流子传导性能好，吸收系数高、几百纳米厚的薄膜即可充分吸收 800nm 以下的太阳光，在光电转换领域很有潜力[47]。钙钛矿奇特结构使其具有超导、铁电、反铁磁、巨磁 / 庞磁效应，即使产生大量晶体缺陷，结构仍然稳定[47, 59]。钙钛矿型太阳能电池使用了全固态的钙钛矿作为核心结构，具有优异的双极性电荷（电子 / 空穴）传输的性质，能够同时完成入射光的吸收、光生载流子的激发、输运、分离、转换等过程，具有优异的光吸收性质、高效的光电转换特性，有希望成为高转换效率、低成本、低能耗环境友好制备等重要优点的新生代太阳电池，并可以适用于家庭式、边远山区的独立清洁能源，甚至可能被制备在塑料、织物布料等柔性基底上，成为可穿戴、启动式等柔性能源器件。但是，仍然需要提高电池的转换效率、提升电池稳定性能等。

目前，使用的含铅钙钛矿材料电池转换效率高，但铅对环境有污染严重。需要探寻可替代的材料、尽量使太阳能电池无铅化。最直接的方法是利用同族元素（如 Sn）来代替 Pb 元素。实验表明，在 $MAXI_3$ 材料中，$CH_3NH_3SnI_3$ 的能隙仅为 1.3eV，远低于 $CH_3NH_3PbI_3$ 的 1.55eV，可使吸收光谱发生红移[47]。钙钛矿薄膜太阳能电池成本高、电池效率和稳定性也有待提高。深入研究钙钛矿等薄膜太阳能的基本性质和电池工作原理，不仅有助于进一步提高钙钛矿型电池性能，也能为寻找更简单、高效的新结构提供思路。太阳能取之不尽、用之不竭，太阳能的光电、光热、光化学有可能使太阳能成为清洁能源。太阳能电储能能源功能矿物材料有可能实现太阳能低成本廉价应用，甚至有可能成为空间太阳能能源材料。

天然钙钛矿作为太阳能电储能矿物材料尚未见公开文献报道，但相似结构天然钙钛矿有可能与合成钙钛矿有相似的性能，加之成本低廉。开展天然钙钛矿对于太阳能的吸光性和电荷传输速率、天然太阳能电储能矿物材料研究，有可能大幅度降低太阳能成本。

（四）太阳能功能矿物材料研究的发展趋势与对策

太阳能功能材料优势明显，世界发达国家、极地地区等研究太阳能功能材料很多，但主要局限于合成太阳能功能材料。除了沸石之外的天然太阳能功能矿物材料研究不多。我国相关资源较多，能源问题较大，可以发展太阳能功能矿物材料，开展我国典型矿物对太阳能的光热、光电、光化学转换和储能性能和机理研究。

开发天然太阳能电储能钙钛矿矿物材料，构筑石墨、珍珠岩、膨润土、高岭土复合相变储热能矿物材料，开发多孔矿物的太阳能热化学储热功能矿物材料，将清洁的太阳能通过光热、光电、光化学转换为热能、电能和化学能，降低或消除太阳能的不连续性和不稳定性。

五、纳米结构组装能源功能矿物材料研究进展

要想获得性能优异的能源功能矿物材料，需要进行针对性的矿物纯化加工研究，进行矿物的纳米结构组装[60]、精细加工研究。

（一）矿物模板多孔碳能源功能材料

炭材料具有质轻、比表面积大、电导率高、热稳定性和化学稳定性优良等优点，是重要的储能材料。传统合成方法难以准确控制炭的孔隙结构。采用模板法可以在微米纳米水平有效地控制多孔炭的孔结构，制备孔径分布窄、选择吸附性高的炭材料。但是，这一制备方法中所使用的模板多为人工合成的多孔材料，不仅制备过程复杂，而且成本较高，使模板多孔炭的规模生产和应用受到很大限制。天然矿物具有得天独厚的微米、纳米孔道结构，而且资源丰富、价格低廉。以天然矿物为模板，制备成本大为降低，有利于模板炭的规模生产，因此具有很高的研究价值。

二维层状矿物蒙脱石和云母可用作模板制备碳材料，将碳源插入到矿物层间，经聚合、炭化、脱除模板，得到薄片状炭材料。以钠基蒙脱石、含铁锌或铜的多孔异构蒙脱石为模板，经 H_2SO_4 活化的蔗糖为前驱体合成了比表面积为 659 ~ 1290 $m^2 g^{-1}$、中孔率为 61% ~ 75% 的炭材料。然而，通过浸渍将碳源插入到天然矿物层间并不容易，利用柱化剂中的大的水解无机金属阳离子与黏土层间的补偿阳离子电荷进行离子交换后在高温下脱水、脱羟基后将层面撑开，使有机物顺利进入层间聚合、炭化。据此用柱撑黏土作模板，在柱撑黏土的纳米空间中热解多环芳香碳氢化合物芘制得孔径为 1.5 ~ 5nm 的多孔炭。2000年，以 Y 型沸石为模板、糠醇浸渍和丙烯气相沉积（CVD）两步引入碳源的方法，制备了结构长程有序、比表面积大于 2000 $m^2 \cdot g^{-1}$ 的多孔炭。XRD 和高分辨率透射电镜分析，Y 型沸石晶体的（111）晶面衍射峰与多孔炭在小角（6°）附近的衍射峰一致，合成炭材料的晶格面间隔 1.3nm，与 Y 型沸石晶体的（111）晶面间距（1.43nm）一致，说明这种多孔炭完全复制了 Y 型沸石的有序结构。以土耳其天然沸石为模板、糠醇为碳源，合成了比表面积为 367 ~ 405 $m^2 \cdot g^{-1}$，孔径 5 ~ 10nm 的中孔炭材料。以内蒙古赤峰沸石矿为模板、蔗糖为碳源、硫酸为催化剂，可制备以 4 ~ 5nm 中孔为主、含有少量微孔和大孔的中孔炭。与人造沸石相比，沸石矿物模板炭的总孔容和中孔孔容更大，中孔率更高。

以天然纳米管状／柱状矿物为模板可以合成中孔炭。利用天然纳米多孔矿物的介孔结构，制备碳／矿物纳米复合材料，经过炭化脱模可以制备孔形貌规则的中孔炭材料。天然纳米管状铝硅酸盐矿物 - 埃洛石与阳极氧化铝具有相似的结构和内壁组成，采用埃

洛石为模板制备的多孔炭材料，可复制其形貌和孔结构，也大幅度降低模板的成本。以埃洛石为模板，蔗糖和糠醇为碳源，成功合成了中孔和大孔丰富的多孔炭材料，孔尺寸介于 3 ~ 30nm，该多孔炭材料在结构上复制了埃洛石的管状构造，是相互连通的管状纳米炭材料，比表面积较大（1130m²/g），孔体积大（2.32cm³/g），孔隙度高。在合成过程中，蔗糖或糠醇主要包覆在埃洛石管的外壁上，同时在制备过程中进行减压处理，碳源也会进入到管状结构孔道中，复制内壁的结构。将埃洛石模板炭用作双电层电容器材料储能时，具有较大的比电容，在有机电解液 LiPF₆/PE+CE 中具有高达 232F/g 的比容量，优于商业活性炭。在 1mol/L 的硫酸体系中，倍率性能也优于商业活性炭。以蔗糖为碳源，埃洛石为模板，可以制备模板炭[42]，随着炭化温度升高，模板炭材料的石墨化程度和热稳定性均有所提高。采用原子转移自由基聚合（ATRP）方法，对埃洛石进行改性，以聚丙烯腈为碳源合成管状炭，虽然属于无定形碳，但保存了埃洛石良好的管状结构，直径 60nm 左右。

天然镁铝硅酸盐矿物 – 凹凸棒土具有介孔结构，孔道尺寸大约为 4 ~ 20nm，比表面积约为 200m²/g，以短纤维状凹凸棒土为模板、糠醇为碳源，在 130℃进行沉积聚合，将糠醇引入到凹凸棒土孔隙结构和表面，炭化脱模可制备凹凸棒土模板炭，比表面积为 937m²/g，介孔率为 86%。在 140℃真空去除海泡石中的自由水，以其为模板、丙烯腈和丙烯为碳源，在空气中 220℃加热 24h，在氮气中 750℃加热 24h，合成能够合成直径 20 ~ 30nm、长度 1μm 的纤维状炭材料。对海泡石 – 碳纳米复合材料进行 Li⁺ 充放电测试，比容量为 830mAh·g⁻¹，优于块状和纤维状的聚丙烯腈石墨化得到的炭材料（约为 600mAh·g⁻¹ 和 200mAh·g⁻¹）。

硅藻土是一种生物成因的硅质沉积岩，化学成分以 SiO₂ 为主，孔隙结构丰富，是天然大孔和多级孔结构材料，自身具有一定的 Brønsted 酸性。以硅藻土为模板，糠醇为碳源，利用硅藻土自身的酸性催化糠醇炭化反应，在硅藻土孔壁上沉积炭，能够复制硅藻土的结构[61]。以硅藻土为模板可制备多级孔结构的炭材料。对硅藻土酸化处理有可能去除杂质，但表面酸性增强，对碳源的催化作用也增强，制备的炭材料的比表面积也相应增加[62]。

以天然纳米纤维矿物纤水镁石、纤蛇纹石为模板，蔗糖为碳源，合成的多孔炭材料复制了模板矿物的形貌和结构，具有一维管状结构，纳米管相互交叉连接，孔道结构互相连通，合成模板炭具有与模板尺寸相当的孔道，炭管堆叠和制备过程的活化形成许多微孔、介孔和大孔的孔道，是一种兼具微孔、介孔和大孔的三维多级孔道结构的炭材料。通过调控模板与碳源的比例，可以调控炭材料的孔结构分布和比表面积大小。这种多级孔道结构的模板炭材料作为双电层电容器（EDLC）储能材料时，比电容可达到 150F/g，在 20A/g 高倍率时，比电容仍能保持 75%。说明模板炭具有良好的双电层特性，是良好双电层电容器材料。用作锂离子电池和钠离子电池负极材料时，可逆比容量分别可达 480.2mAh/g、

134.4mAh/g，其优异的电化学性能主要得益于其丰富的中孔、微孔结构和三维连通的纤维状孔道结构，为锂/钠离子的嵌入提供了更多的活性位点，有利于贡献更高的容量[63]。含镁矿物纤水镁石和纤蛇纹石，在完成模板碳制备后，在去除模板的过程中还可回收和重复利用镁。

天然纳米多孔矿物储量大、成本低廉，在中孔模板炭的制备有很大优势。与传统模板法相比，矿物模板法可通过选择合适的矿物模板从一维到三维有效控制炭材料纳米结构，是一种成本低、较环保的多孔炭制备方法。如何充分地利用矿物的结构特征制备模板炭，还需要深入研究矿物与碳源的相互作用机理、模板炭纳米孔结构的形成机理等。如何去除模板、实现模板的循环利用与清洁生产，都是模板炭工业化的重要课题。自然界许多天然矿物具有特殊的孔道和形貌结构。矿物模板法有可能实现模板炭的规模生产和应用，可以扩展非金属矿的应用方式，提高其附加值，具有重要的理论和实际意义。

（二）石墨烯黏土基能源存储材料

利用天然黏土负载石墨烯制备的石墨烯黏土基纳米材料可做清洁能源存储材料，显示良好的循环性能和电化学性能（比容量 400 mA h/g，比电容 30 F/g）[64]。这种材料能吸附氢，可以用于氢的存储。在 77 K、40 MPa 吸附氢的量可以达到其自身重量的 0.6 wt.%，接近 1.7 wt.%。采用海泡石黏土做模板、乙烯、丙烯做碳源，制备的模板碳，用作纽扣电池电极，起始平均可逆容量达到 633 mAh/g，是纯石墨碳的 1.70 倍，库伦效率高出 90%。采用丙烯腈、蔗糖等高分子作为做碳源前驱体，制备的蒙脱石黏土模板碳，在锂离子电池、超级电容器中显示良好性能，可用于电化学设备。

（三）膨胀纳米黏土片制备多孔纳米硅片电极材料的化学制备

通过膨胀黏土纳米片层结构来制备多孔纳米硅片，从而实现二维纳米结构硅电极材料的化学制备。通过镁热反应、铝热反应还原黏土方法，制备多孔纳米硅片。获得的二维纳米结构硅多孔纳米硅片用作电极材料，50 次循环后仍然显示 2000 mAh/g 的高放电容量[65]。基于天然矿物的多孔碳+纳米硅、纳米碳纤维+纳米白钨矿制备的纳米复合材料可能成为锂离子聚合物电池的电极材料[66]。

蒙脱石、高岭石、叶腊石等矿物，可用于快离子导体和矿物固体电池电极，既可以用于一次电池、也可以用于二次可充电电池。纤维多孔黏土海泡石有良好的导电性、较高比表面，是锂离子电池、超级电容器等储能设备的良好电极材料。

不仅加强针对性的能源功能矿物的纯化研究，通过纳米结构组装、精细加工研究[60]，提升我国能源功能矿物材料的创新能力，有可能在矿物模板多孔碳能源功能材料、石墨烯黏土基能源存储材料、膨胀纳米黏土片等硅基能源材料等方面取得突破。

六、我国能源功能矿物材料发展趋势与对策

我国能源功能矿物材料研究方兴未艾，事实上，我国有一系列天然矿物可作能源矿物材料。在全面综合分析我国能源功能矿物材料发展现状、比较国内外发展基础上，提出了我国能源功能矿物材料发展的四条对策。

1）加强我国天然能源矿物资源的地质调查，勘探寻找支撑我国能源产业的矿产资源。

2）开展我国天然能源矿物种类、结构、性能特征研究，优化支撑我国能源产业的矿产资源。

3）加强我国典型能源功能矿物材料开发和储能机理，主要包括电能、热能、太阳能等能源功能矿物材料。①加强我国典型电能能源功能矿物材料开发和储能机理；重点研究石墨能源功能矿物材料的开发和储能机理；天然金属硫化矿物作为能源功能矿物材料的研究；开展天然硅基矿物作为能源功能矿物材料的研究；积极拓展天然电储能源功能矿物材料的种类；重视天然高石墨化度煤等作为储能材料的研究。②研究我国典型热能功能矿物材料开发和储能机理；重点发展石墨储热能源功能矿物材料，开发石墨散热元器件、加热散热器件、采暖保暖服装等；开发多孔储热矿物材料，把暂时不用的能量储存起来，在需要时再让它释放出来。③研究我国典型能源功能矿物材料太阳能转换储能机理；开展研究天然太阳能电储能钙钛矿矿物材料、构筑石墨、珍珠岩、膨润土、高岭土复合相变储热能矿物材料，开发多孔矿物的太阳能热化学储热功能矿物材料；将清洁的太阳能通过光热、光电、光化学转换为热能、电能和化学能，降低或消除太阳能的不连续性和不稳定性。

4）进行纳米结构组装能源功能矿物材料研究。进行针对性的能源功能矿物的纯化研究，通过纳米结构组装、精细加工研究，提升我国能源功能矿物材料的创新能力，有可能在矿物模板多孔碳能源功能材料、石墨烯黏土基能源存储材料、膨胀纳米黏土片等硅基能源材料等方面取得突破。

参考文献

［1］梁彤祥，付志强，李晨砂，等．清洁能源材料导论［M］.哈尔滨：哈尔滨工业大学出版社，2003：4-6.

［2］传秀云．天然石墨矿物与储能材料［J］.中国非金属矿工业导刊，2013，（103）3：1-3.

［3］Choubey P K, Kim M S, Srivastava R R, et al. Advance review on the exploitation of the prominent energy-storage element: Lithium. Part I: From mineral and brine resources［J］. Minerals Engineering, 2016, 89（4）：119-137.

［4］Chuan X Y. Graphene-like nanosheets synthesized by natural flaky graphite in Shandong, China［J］. International Nano Letters, 2013,3（1）：6-11.

［5］Noked M, Soffer A, Aurbach D. The electrochemistry of activated carbonaceous materials: past, present, and future［J］.

Journal of Solid State Electrochemistry, 2011, 15（7-8）：1563.

［6］ 传秀云，森原望，鲍莹，等．日本北海道音调津的球状石墨［J］.地质学报，2012，86（2）：241-246.

［7］ Ye J T, Zhang Y J, Akashi R, et al. Superconducting dome in a gate-tuned band insulator［J］. Science, 2012, 338（6111）：1193.

［8］ Yan L L, Feng R J, Yang S Q, et al. Rechargeable Mg batteries with graphene-like MoS2 cathode and ultrasmall Mg nanoparticle anode［J］. Adv Mater, 2011, 23：640-643. Liang Y L, Feng R J, Yang S Q, et al. Rechargeable Mg batteries with graphene-like MoS_2 cathode and ultrasmall Mg nanoparticle anode［J］. Advanced Materials, 2011, 23（5）：640-643.

［9］ 马晓轩，郝健，李垚，等．类石墨烯二硫化钼在锂离子电池负极材料中的研究进展［J］.材料导报，2014，28（6）：1-9.

［10］ 王猛.无机层状纳米材料的制备表征与应用［D］.山东：山东大学，2013.

［11］ Hwang H, Kim H, Cho J. MoS2 nanoplates consisting of disordered graphene-like layers for high rate lithium battery anode materials［J］. Nano Letters, 2011, 11（11）：4826-4830.

［12］ Zhang Y, Li J, Kang F, et al. Fabrication and electrochemical characterization of two-dimensional ordered nanoporous manganese oxide for supercapacitor applications［J］. International Journal of Hydrogen Energy, 2012, 37（1）：860-866.

［13］ Xiao J, Wang X, Yang X Q, et al. Electrochemically induced high capacity displacement reaction of PEO/MoS2/graphene nanocomposites with Lithium［J］. Advanced Functional Materials, 2011, 21（15）：2840-2846.

［14］ Ding S, Chen J S, Lou X W. Glucose-assisted growth of MoS2 nanosheets on CNT backbone for improved lithium storage properties［J］. Chemistry-A European Journal, 2011, 17（47）：13142-13145.

［15］ Chang K, Chen W X. L-cysteine-assisted synthesis of layered MoS2/graphene composites with excellent electrochemical performances for lithium ion batteries［J］. ACS Nano, 2011, 5（6）：4720-4728.

［16］ Acerce M, Voiry D, Chhowalla M. Metallic 1T phase MoS2 nanosheets as supercapacitor electrode materials［J］. Nature nanotechnology, 2015, 10（4）：313-318.

［17］ Yang Y, Fei H, Ruan G, et al. Edge-oriented MoS2 nanoporous films as flexible electrodes for hydrogen evolution reactions and supercapacitor devices［J］. Advanced Materials, 2014, 26（48）：8163-8168.

［18］ 王谭源，申兰耀，左自成，等．二硫化钼二维材料的研究与应用进展［J］.新材料产业，2016（2）：54-57.

［19］ Ma G F, Peng H, Mu J J, et al. In situ intercalative polymerization of pyrrole in graphene analogue of MoS2, as advanced electrode material in supercapacitor［J］. Journal of Power Sources, 2013, 229（1）：72-78.

［20］ 黄飞，赵辉，冯昊，等．二硫化钼纳米材料在化学电源中的研究进展［J］.新能源进展，2015，3（5）：375-383.

［21］ 耿丁新.二硫化钼分级纳米结构的制备与光催化性能［D］.广东：华南理工大学，2011.

［22］ 王毅，李刚，李朋伟，等．层状二硫化钼光催化产氢的研究进展［J］.半导体光电，2016，37（2）：461-466.

［23］ 纪姗姗.二硫化钼纳米复合材料的制备及其电化学性能研究［D］.上海：复旦大学，2014.

［24］ Stević Z, Radovanović I, Rajčić-Vujasinović M, et al. Synthesis and characterization of specific electrode materials for solar cells and supercapacitors［J］. Journal of Renewable & Sustainable Energy, 2013, 5（4）：307-312.

［25］ Liu N, Lu Z, Zhao J, et al. A pomegranate-inspired nanoscale design for large-volume-change lithium battery anodes［J］. Nature Nanotechnology, 2014, 9（3）：187-192.

［26］ Yu C, Li X, Ma T, et al. Silicon thin films as anodes for high-performance lithium-ion batteries with effective stress relaxation［J］. Advanced Energy Materials, 2012, 2（1）：68-73.

［27］ Chang J, Huang X, Zhou G, et al. Multilayered Si nanoparticle/reduced graphene oxide hybrid as a high-performance lithium-ion battery anode［J］. Advanced Materials, 2014, 26（5）：758-764.

［28］ Yi R, Dai F, Gordin M L, et al. Lithium-Ion Batteries：Micro-sized Si-C Composite with Interconnected Nanoscale

Building Blocks as High-Performance Anodes for Practical Application in Lithium-Ion Batteries [J]. Advanced Energy Materials, 2013, 3（3）：295-300.

［29］ 高鹏飞，杨军. 锂离子电池硅复合负极材料研究进展 [J]. 化学进展，2011，23（S1）：264-274.

［30］ Yan N, Wang F, Zhong H, et al. Hollow porous SiO2 nanocubes towards high-performance anodes for lithium-ion batteries [J]. Scientific Reports, 2013, 3（3）：1568.

［31］ Sasidharan M, Liu D, Gunawardhana N, et al. Synthesis, characterization and application for lithium-ion rechargeable batteries of hollow silica nanospheres [J]. Journal of Materials Chemistry, 2011,21（36）：13881-13888.

［32］ Song T, Xia J L, Lee J, et al. Arrays of sealed silicon nanotubes as anodes for lithium ion batteries [J]. Nano Letters, 2010,10（5）：1710-1716.

［33］ Si Q, Hanai K, Ichikawa T, et al. A high performance silicon/carbon composite anode with carbon nanofiber for lithium-ion batteries [J]. Journal of Power Sources, 2010, 195（6）：1720-1725.

［34］ Lv P P, Zhao H L, Wang J, et al. Facile preparation and electrochemical properties of amorphous SiO2/C composite as anode material for lithium ion batteries [J]. Journal of Power Sources, 2013, 237（259）：291-294.

［35］ Favors Z, Wang W, Bay H H, et al. Stable cycling of SiO2 nanotubes as high-performance anodes for lithium-ion batteries [J]. Scientific Reports，2014, 4（8）：7.

［36］ Zhao S, Yu Y, Wei S, et al. Hydrothermal synthesis and potential applicability of rhombohedral siderite as a high-capacity anode material for lithium ion batteries [J]. Journal of Power Sources, 2014, 253（5）：251-255.

［37］ Chen J, Hu Z, Zhu Z, et al. Pyrite FeS2 for high-rate and long-life rechargeable sodium batteries [J]. Energy & Environmental Science, 2015, 8（4）：1309-1316.

［38］ 余力，戴慧新. 云母的加工与应用[J]. 云南冶金，2011, 20（5）：25-28.

［39］ Liivat A, Thomas J. Minerals as a source of novel Li-ion battery electrode materials [J]. Macedonian Journal of Chemistry & Chemical Engineering, 2015, 34（1）：145-149.

［40］ Boisset A, Athouel L, Jacquemin J, et al. Comparative performances of birnessite and cryptomelane MnO2 as electrode material in neutral aqueous lithium salt for supercapacitor application [J]. Journal of Physical Chemistry C, 2013, 117（15）：7408-7422.

［41］ 传秀云，鲍莹，煤制备新型先进炭材料的应用研究 [J]. 煤炭学报，2013, 38（S1）：187-194.

［42］ 周述慧，传秀云. 埃洛石为模板合成中孔炭 [J]. 无机材料学报，2014,29（6）：584-588.

［43］ 黄辉，樊一帆，张国飞. 磁性活性炭的制备及吸附去除水中甲基橙的研究 [J]. 现代化工，2012（12）：57-60.

［44］ 郭继玺，宋贤丽，郭明晰. MnO2/ 煤基碳纳米纤维的制备及其在柔性超级电容器中的应用 [J]. 化学通报，2016（10）：942-946.

［45］ Cabeza L F, Gutierrez A, Barreneche C, et al. Lithium in thermal energy storage：A state-of-the-art review [J]. Renewable & Sustainable Energy Reviews, 2015, 42（42）：1106-1112.

［46］ Xu J, Wang R Z, Li Y. A review of available technologies for seasonal thermal energy storage [J]. Solar Energy, 2014, 103（5）：610-638.

［47］ 白宇冰，王秋莹，吕瑞涛，等. 钙钛矿太阳能电池研究进展 [J]. 科学通报，2016（S1）：489-500.

［48］ Chidambaram L A, Ramana A S, Kamaraj G, et al. Review of solar cooling methods and thermal storage options [J]. Renewable & Sustainable Energy Reviews, 2011,15（6）：3220-3228.

［49］ 李传常，罗杰，江杰云，等. 基于矿物特性的太阳能储热材料研究进展 [J]. 中国材料进展，2012（09）：51-56.

［50］ 王小鹏，张毅，沈振球，等. 熔融插层法制备蒙脱石基石蜡复合相变储能材料 [J]. 硅酸盐学报，2011, 4（39）：624-629.

［51］ Oró E, de Gracia A, Castell A, et al. Review on phase change materials（PCMs）for cold thermal energy storage applications［J］. Applied Energy,2012,99（6）：513–533.

［52］ Ling T C, Poon C S. Use of phase change materials for thermal energy storage in concrete：An overview［J］. Construction & Building Materials, 2013, 46（8）：55–62.

［53］ Memon S A, Lo T Y, Shi X, et al. Preparation, characterization and thermal properties of Lauryl alcohol/Kaolin as novel form–stable composite phase change material for thermal energy storage in buildings［J］. Applied Thermal Engineering, 2013, 59（1－2）：336–347.

［54］ 仇影, 吴其胜, 黎水平, 等. 二元有机/煤系高岭土复合相变储能材料的制备及其热性能［J］. 材料科学与工程学报, 2013, 31（2）：268–272.

［55］ 王月祥, 王执乾. 硬脂酸－月桂酸/蒙脱土复合相变储能材料的合成及性能研究［J］. 化工新型材料, 2015（12）：67–6.

［56］ 余丽秀, 孙亚光, 张志湘. 矿物复合相变储能功能材料研究进展及应用［J］. 化工新型材料,2007,35（11）：14–16.

［57］ 赵建国, 郭全贵, 高晓晴, 等. 石蜡/膨胀石墨相变储能复合材料的研制［J］. 新型炭材料,2009,24（02）：114–118.

［58］ Henninger S K, Schmidt F P, Henning H M. Water adsorption characteristics of novel materials for heat transformation applications［J］. Applied Thermal Engineering, 2010, 30（13）：1692–1702.

［59］ 魏静, 赵清, 李恒, 等. 钙钛矿太阳能电池：光伏领域的新希望［J］. 中国科学：技术科学,2014,44（08）：801–821.

［60］ 传秀云. 石墨的纳米结构组装［J］. 无机材料学报, 2017, 32（11）：1121–1127.

［61］ Liu D, Yuan P, Tan D Y, et al. Facile preparation of hierarchically porous carbon using diatomite as both template and catalyst and methylene blue adsorption of carbon products［J］. Journal of Colloid and Interface Science, 2012, 388（1）：176–184.

［62］ 冷光辉, 秦月, 叶锋, 等. 硅藻土基复合相变储热材料研究现状［J］. 储能科学与技术, 2013, 2（3）：199–207.

［63］ 曹曦. 纳米纤维矿物模板制备多孔炭、二氧化硅及其电化学性能研究［D］. 北京：北京大学, 2016.

［64］ Ruizgarc í a C, Jim é nez R, P é rezcarvajal J, et al. Graphene–clay based nanomaterials for clean energy storage［J］. Science of Advanced Materials, 2014, 6（1）：151–158.

［65］ Adpakpang K, Patil S B, Oh S M, et al. Effective chemical route to 2D nanostructured silicon electrode material：phase transition from exfoliated clay nanosheet to porous Si nanoplate［J］. Electrochimica Acta, 2016, 204（6）：60–68.

［66］ Onishchenko D V, Reva V P, Chakov V V, et al. Nanocomposites based on vegetable and mineral raw materials［J］. Inorganic Materials, 2013, 49（7）：740–744.

撰稿人： 传秀云　杨　扬　李爱军　曹　曦　黄杜斌

杨再巧　程思雨　强静雅　李建海

石墨烯研究进展与发展趋势

一、引言

　　石墨烯以其独特的性能，已经迅速成为化学、物理学以及材料学领域的研究热点，其主要应用领域有：①石墨烯复合材料。石墨烯作为填料，加入到橡胶、聚合物、金属基等材料中，提高复合材料性能。②石墨烯涂料。石墨烯可以全面的提升涂料性能，未来在高端防腐涂料、导电涂料、防火涂料、抗电磁辐射屏蔽涂料、金属表面抗氧化涂层等领域将大有可为。③石墨烯电子材料。透明导电薄膜、透明触摸屏、透明电极、柔软可折叠电子纸、锂离子电池正极和负极材料的添加剂、导电剂、超级电容器电极材料、太阳能电池材料、石墨烯喷墨打印导电材料等。④石墨烯传热材料。加入到聚合物、金属等材料中，提高复合材料的传热性能，可以作为优良散热材料的添加剂。⑤石墨烯润滑添加剂。降低摩擦系数、提高抗摩擦抗磨损性能等。⑥石墨烯净化过滤材料。海水净化、污水净化等。⑦石墨烯传感器。高灵敏传感器、生物传感器、光电探测器、扬声器、物联网及可穿戴电子产品等。⑧石墨烯生物材料。电脑芯片、消毒纱布等。⑨石墨烯电子产品。高频晶体管、集成电路、高频天线、石墨烯晶圆、微处理器（CPU）等。

　　目前，石墨烯的应用还没有达到所期望的状态。石墨烯是一种"高大上"的多功能材料，被应用的难度比较高，其发展进程相对比较慢，但是其应用前景是被广泛看好的；另一个制约石墨烯应用的瓶颈是，石墨烯制备的成本高，某些性能还达不到"高大上"的要求。目前，国内石墨烯应用的主要方面是石墨烯粉，主要是氧化石墨烯（GO）或还原氧化石墨烯（rGO）[1-4]，物理法石墨烯的应用量还相对较少，由于物理法石墨烯所具备的特点，其应用量将会快速增长，但石墨烯膜产品相对较少。

　　本报告主要综述了近年来国内外学者在石墨烯制备技术、应用研究取得的成果，并对未来我国石墨烯发展趋势进行了展望。

二、石墨烯的制备技术研究进展

石墨烯被认为是一种战略材料，有望成为新一轮科学技术变革的强力助推剂。但是，在石墨烯的制备与应用中仍存在几个重要的难题需要解决，其中以石墨烯的制备最为关键，实现高效优质的石墨烯制备技术，有助于深化石墨烯的应用研究，从而最终实现石墨烯的高应用价值和高经济效益。根据目前已公开的文献资料报道，石墨烯的形态主要有两种，一种是石墨烯粉，另一种是石墨烯薄膜。石墨烯的相对成熟制备技术见下图。

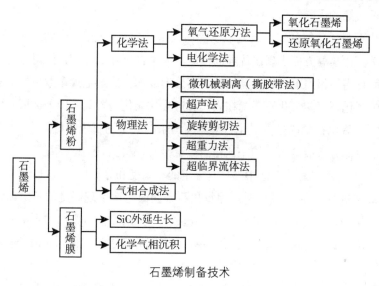

石墨烯制备技术

（一）化学方法制备技术进展

1. 氧化石墨烯

氧化石墨烯是石墨烯的重要衍生物，其表面含有大量的羟基和环氧基团，边缘含有大量的羧基和羰基。Hofmann 和 Holst 提出氧化石墨烯是石墨表面的环氧基构成了网状的结构[5]。1998 年，Anton Lerf 和 Jacek Klinowski 首次利用固体核磁共振（NMR）和红外光谱（FT–IR）等测试手段，确定了氧化石墨烯的构型，即 Lerf–Klinowski 模型[6]。事实证明了环氧基和羟基主要位于氧化石墨烯的平面上，而羧基和羰基则主要在氧化石墨烯的边缘。

氧化石墨的制备最早可以追溯到 1840 年[7]。到目前为止，最常见的氧化石墨的制备方法有以下 4 种，分别是 Brodie 法、Staudenmaier 法、Hofmann 法、以及 Hummers 法。四种基本方法的区别主要是氧化剂的选用、石墨的来源和反应条件的控制。Brodie 法和 Staudenmaier 法都使用了 $KClO_3$ 和发烟硝酸，硝酸能够与芳香类碳结构材料的表面强烈地反应形成羧基、内酯和酮等基团；$KClO_3$ 一方面作为强氧化剂持续提供石墨氧化所需的分子氧，同时还发挥催化剂的作用。Hummers 法将 $KMnO_4$ 和浓 H_2SO_4 混合制备氧化石墨，虽然 $KMnO_4$ 是一种常见的氧化剂，但真正起氧化作用的是 Mn_2O_7。由于 Hummers 法相对安全，对环境污染小，而且耗时少，一般常采用 Hummers 法制备氧化石墨。近年来，化学法制备氧化石墨大都采用各种改进的 Hummers 法。最常用的一种改进方式在 2010 年由 Marcano 所提出[8]，该方法弃用了含氮的氧化剂，因此不会产生有毒气体（NO_2、N_2O_4）。另一种能够大规模生成氧化石墨的改进 Hummers 法，采用强氧化剂过氧化苯甲酰在 110℃反应 10min 即可得到氧化石墨[9]。该方法提供了一种高效、快速的制备氧化石墨的方法。

2. 氧化石墨烯的还原

由于氧化石墨烯独特的二维结构以及表面大量的含氧官能团，使得其在光学、电学、热学、电化学、化学等方面表现出优异的性能。大量含氧基团的存在使得氧化石墨具有高度亲水性，而且借助超声可以很容易的被剥离，形成均一稳定绝大多数单层的氧化石墨烯分散液。虽然氧化石墨与氧化石墨烯在表面和边缘功能化的含氧基团上类似，但是结构存在很大的差别。氧化石墨烯是由氧化石墨剥离出来的单层的石墨烯材料[10]。充分稀释后的氧化石墨烯胶体分散液透明、均一，相当稳定[11]。氧化石墨在二甲基亚砜、四氢呋喃、N–甲基吡咯烷酮、乙二醇等溶液中都具有一定的剥离度和分散性[12]。Li 等人发现对氧化石墨烯水分散液进行 Zeta 电位分析认为氧化石墨表面电荷呈现高度的负电荷，这主要是由于石墨烯结构中羧基和酚羟基出现的电离造成[13]。因此，石墨烯在水中有良好的分散性，并形成稳定的胶体溶液，此性质不仅由于其高度的亲水性，另外还由于其静电排斥的作用所致。

氧化石墨烯的电学性能，尤其是导电性与大量的 sp^3 碳原子的引入对结构造成的无序度有很大关系。通常，由于大量 sp^3 碳的存在，氧化石墨烯的电阻能够达到 $10^{12} \Omega sq^{-1}$，因此氧化石墨烯基本是绝缘的。但是，利用化学或者热处理对氧化石墨烯进行还原处理之后，电阻率会大幅降低。氧化石墨烯随着氧含量的降低，逐渐由绝缘体转变为半导体，最终成为类石墨烯的半金属导体[14]。还原氧化石墨烯的导电性能可以高达约 1000S/m，活化性能可以达到 32 ± 5 kcal/mol[13]。

除了电学性能之外，氧化石墨烯还具有独特的光学性能。从氧化石墨烯的光致发光图谱（PL）中看到氧化石墨烯从紫外到可见光到红外光都有发光现象，这一性能使得氧化石墨烯能够广泛的应用于生物传感、荧光标记以及光电领域等。

氧化石墨烯独特的单原子层厚度以及大的比表面积，可以容纳大量的活性物质从而促进其电极表面的电子转移。研究表明，氧化石墨烯具有高的电化学容量，并拥有优异的循环性能，使得氧化石墨烯能够作为很好的超级电容器的材料。

氧化石墨烯表面引入了大量的含氧官能团以及缺陷，相比于石墨烯而言其结构的完整性被破坏，氧化石墨烯的电学、光学和力学性质大大降低，因此将氧化石墨烯还原为石墨烯非常重要。当今氧化石墨烯还原的方法越来越多，化学还原对设备和环境要求低，因此适合还原氧化石墨烯的批量制备。最早的化学还原氧化石墨烯可以追溯到 1963 年，Brauer 利用肼，羟胺，氢碘酸，铁（Ⅱ）和锡（Ⅱ）离子对氧化石墨烯进行了还原处理。化学还原氧化石墨烯的流程包括：对氧化石墨的溶液进行超声处理得到均匀分散的氧化石墨烯溶液；然后利用适量的还原剂对氧化石墨烯进行还原处理得到还原氧化石墨烯[13]。在整个还原过程中，大部分的含氧官能团被消除，sp^2 电子得到修复。虽然仍然会有少量的含氧基团和缺陷残留在还原氧化石墨烯中，但是其性质已经与物理剥离方法得到的石墨烯相似。氧化石墨烯还原过程中，微观结构和性能都会带来比较大的变化，这些变化往往成为判定氧化石墨烯还原程度的指示性标志。还原的氧化石墨烯表面电荷载流子浓度和移动速率得到提高，增大了对入射光的反射，还原的氧化石墨烯膜往往展现出一定的金属光泽。在还原氧化石墨烯的过程中，棕色的氧化石墨烯溶液转变为黑色，常常被认为是还原反应的一个特色变化，特别是在溶液中进行反应，可能的原因是氧化石墨烯的诸多亲水性的含氧基团由于还原而消除[30]，得到的产物由于疏水性的提高所致。

　　氧化石墨烯自身属于绝缘体，丧失了石墨烯本身具有的电学特性，还原氧化石墨烯的一个重要目的就是恢复其石墨烯的结构特征，提高其导电率。因此，电导率的提高自然也成为氧化石墨烯还原的一个重要而直接的证据。从结构上来讲，从氧化石墨烯到石墨烯，表面含氧基团的大量消除必然带来 C/O 比的大幅提升。石墨烯或者氧化石墨烯表面的碳氧比通常由元素分析或者表面电子能谱（XPS）得来。从测试的原理来说，元素分析表征是材料整体的元素比例，而 XPS 测试的只是材料表面的一个状况，但是二者的数据是相当一致的。在大量有关氧化石墨烯还原的报道中，XPS 谱图是一个重要的证据，因为 XPS 图谱不仅能提供一个简单的 C/O 比，通过对 XPS 中 C1s 峰进行拟合分峰之后能从中得到许多关于氧化石墨烯与还原产物表面化学键合状态的信息。

　　$NaBH_4$ 是硼氢化物中最常用作还原反应的还原剂。Kamat 等首次报道了利用 $NaBH_4$ 还原氧化石墨烯，随后，Si 和 Samulski、Ajayan 等人相继尝试使用 $NaBH_4$ 还原氧化石墨烯得到了还原氧化石墨烯[5, 15, 16]。Lee 等详细研究了 $NaBH_4$ 的浓度对还原氧化石墨烯的导电性能的影响进行了研究，当 $NaBH_4$ 的浓度为 150mM，得到的石墨烯的导电性为 45Sm^{-1}[17]。有研究对 $NaBH_4$、$NaBH(OAc)_3$ 以及 $NaBH_3(CN)$ 的还原能力进行了测试，不同硼氢化物还原氧化石墨烯得到的石墨烯的电阻分别为 1.64、1.72 和 4.92kΩ[16]。NH_3BH_3 也被用来作为氧化石墨烯的还原剂。NH_3BH_3 是一种温和的还原剂，具有和 $NaBH_4$ 相似的还原能力，由 NH_3BH_3 还原得到的石墨烯具有 100 ~ 130F g^{-1} 的电容。

　　肼是一种无色发烟的、具有腐蚀性和强还原性的液体化合物。常用的肼类还原剂主要有肼（N_2H_4）、水合肼（$N_2H_4 \cdot H_2O$）、二甲基肼（$C_2H_{10}C_{12}N_2$）、苯肼（$C_6H_8N_2$）、对甲基苯磺酰肼（$C_7H_{10}N_2O_2S$）等，其中最常用的为水合肼。肼类还原剂是一种高效的还原氧化石墨烯的试剂，但由于该类还原剂存在成本高和毒性大的缺点，限制了其应用。Park

等[18]采用水合肼作为还原剂，对未剥离的氧化石墨和剥离后的氧化石墨烯进行还原，并采用多种表征手段研究两种还原产物的化学和结构性能。研究发现，二者在化学和结构性能方面表现出明显的差异：还原氧化石墨烯发生明显的团聚现象；氧化石墨烯的还原程度高于氧化石墨；还原氧化石墨烯比表面积远高于还原氧化石墨。该研究表明，先对氧化石墨进行剥离有助于进一步的化学还原，且有利于形成比表面积较大的石墨烯材料。Pham等[12]以苯肼为还原剂，室温下对氧化石墨烯进行还原，通过抽滤、干燥得到的石墨烯称为石墨烯纸。研究发现，干燥温度和时间对石墨烯纸的电导率具有非常大的影响，150℃干燥3h得到的石墨烯纸电导率可达2.095×10^4S/m，是50℃干燥12h得到石墨烯纸电导率的4.4倍。该方法得到的石墨烯导电性远远高于其他还原方法制备的石墨烯，而且可以快速溶解于有机溶剂中，使其在制备石墨烯基复合材料方面具有潜在的实际应用。

金属在自然界中广泛存在，是在现代工业中非常重要和应用最多的一类物质。哈尔滨工程大学的Fan等[19]采用铝粉在室温下、酸性环境中还原氧化石墨烯，还原过程仅需30分钟。分析结果表明，还原产物C/O为18.6，氧化石墨烯被高度还原；还原后石墨烯的电导率为2.1×10^3S/m，相比原始石墨的电导率（3.2×10^4S/m）仅低了一个数量级；由于含氧基团的有效还原，产物具有良好的热稳定性；比表面积为365m²/g。随后，该课题组继续采用铁粉作为还原剂[22]，还原后石墨烯还原程度高（C/O为7.9），热稳定性好（600℃时质量损失为7%），导电性能好（电导率为2.3×10^3S/m）。金属锌也是一种较为常用的活性金属，其金属活性介于铝和铁之间。Liu等[21]采用锌粉在酸性环境下还原氧化石墨烯，通XRD、TEM、AFM、XPS、Raman、FT-IR、UV等多种表征对还原产物进行多角度的分析，结果表明还原产物C/O为8.2，还原后石墨烯的电导率为6.5×10^2S/m，是硼氢化钠还原石墨烯的电导率（46.4S/m）的14倍。

一些弱酸性的酸或酚如抗坏血酸、焦棓酸、对苯二酚、茶多酚等也可以作为氧化石墨烯的还原剂，此类还原剂的特点是溶解性好。例如，L-抗坏血酸（L-AA，又称维生素C）是一种无毒的水溶性弱还原剂，上海交通大学Zhang等[23]在室温下水溶液中以L-AA为还原剂还原氧化石墨烯，研究发现L-AA不仅起到还原剂的作用，还起到封端剂的作用。该还原方法避免了使用有毒的肼或水合肼试剂，也无需加入任何封端剂或表面活性剂，是一种环境友好的还原方法。焦棓酸又称焦棓酚或焦性没食子酸，化学名为1,2,3-三羟基苯，易溶于水和乙醇，具有较强的还原性。

虽然通过还原氧化石墨烯制备石墨烯方法简单、成本低廉且有可能大规模生产，但是这种方法制备的还原氧化石墨不一定能够完全还原，相比于物理方法得到石墨烯而言，会导致一些物理、化学等性能被破坏，尤其是导电性方面。因此，如何在保证成本低廉的同时，提高还原氧化石墨烯的还原程度是未来研究的一个重点。另外，常用的还原剂，如酸、有机物等对环境都有一定的毒性，因此寻找能够替代有毒还原剂、发展环境友好的制备还原氧化石墨烯的路线是十分必要的。

（二）物理方法制备技术进展

1. 微机械解理（撕胶带法）

微机械解理是制备石墨烯最为经典的方法，Geim 和 Novoselov 首次利用"撕胶带"的方式从 HOPG（高定向热解石墨）上解理出单层石墨烯[24]，并以此方法为基础，发现了石墨烯大量的奇异性能，两人也因这方面的工作而获得了 2010 年的诺贝尔物理学奖。这种"撕胶带"式的微机械解理方法，其主要通过胶带在 HOPG 片层上反复作用正应力，使得石墨片层逐渐减薄，并利用光学显微镜和原子力显微镜（AFM）的反复搜寻，最终可获得石墨烯。这种方法的优点在于可以制备出高质量的石墨烯，为研究石墨烯的性质提供了高品质实验样品。石墨烯的很多奇异性能的发现，都归功于"撕胶带"式的微机械解理所提供的样品。但是这种方法仅仅限于实验室的基础研究，无法大规模生产。

2. 超声法

超声剥离的力学机理在于超声所产生的液体空化效应。超声波在石墨分散液中疏密相间地作用，在超声负压区时，会对液体作用拉应力，当液体的当地压强低于自身的饱和蒸气压时，液体内部将产生数量众多的微小气泡并长大，这些气泡在超声波正压区又迅速溃灭，形成超声空化。气泡溃灭瞬间会产生几千个大气压的高压和几千 K 的高温[25-26]，连续不断产生的高压会以形成微射流和冲击波的形式不断地冲击石墨块体表面，在石墨块体内产生压缩应力波。根据应力波理论，当压缩应力波传播到石墨的自由表面时，会产生一个拉伸应力波，大量气泡溃灭所形成的拉伸应力波的集合，就像一个强大的吸盘作用在石墨块体表面，使石墨片迅速剥落而生成石墨烯。因此，超声法是一种基于液体空化的、主要以正应力方式来实现剥离的方法。

爱尔兰都柏林圣三一学院的 Coleman 课题组，根据其利用超声分散碳纳米管的经验，探索了在液相中剥离晶体石墨的方法。2008 年，Coleman 课题组首次在 Nature Nanotechnology 上报道了利用超声液相剥离制备石墨烯的工作[26]，他们将晶体石墨粉分散在诸如 N- 甲基吡咯烷酮（NMP）、二甲基甲酰胺（DMF）等特定有机溶剂中，通过一定时间和一定功率的超声处理，并对样品进行离心，即可得到石墨烯分散液。基于 AFM、TEM 和 Raman 光谱等表征手段，他们证实了石墨烯的剥离程度及其质量，并通过 TEM 数据的统计分，发现单层石墨烯约占 28%。这个基于超声液相剥离的开创性工作，为石墨烯制备技术的发展开拓了新的视野，使石墨烯制备变得简单可行，为石墨烯的大规模低成本制备提供了可能。但是，在 Coleman 课题组 2008 年发表的文章中，所制备石墨烯的浓度极低，只有约 0.01mg/mL，基本无法满足实际应用。此后的六年中，研究人员在超声制备石墨烯方面开展了大量工作，不断对此方法进行改进，通过延长超声时间、增加初始石墨粉浓度、添加改性剂或聚合物、优选溶剂、溶剂交换和混合溶剂等方法，大大提高了所制备石墨烯的浓度。

自从 Coleman 课题组于 2008 年在 Nature Nanotechnology 上首次报道了以超声法在液

相中剥离石墨而制备出石墨烯的工作后，超声法逐渐被认为是一种简易且可规模化的石墨烯制备技术，也使得石墨烯的制备变得不再那么触不可及、深不可测。对超声空化的大量研究表明，超声空化场的分布和强度对所用超声容器的尺寸和形状极其敏感，容器尺寸或形状的微小变化，都有可能大幅改变超声空化场的分布和强度，并且经常可导致极小范围内的局部空化现象，使得空化只发生在某些特定的地方。从超声制备石墨烯的规模化和工业化来看，超声容器的放大十分必要，从实验室制备到工业生产，超声容器都需要重新设计，而这方面的放大准则还没有，就此而言，研究容器参数对超声制备石墨烯的影响也非常有意义[27]。

3. 旋转剪切法

北京航空航天大学沈志刚课题组于 2013 年采用搅拌驱动流体动力学制备出石墨烯，并申请了发明专利[28]。之后，爱尔兰都柏林圣三一学院的 Coleman 课题组也于 2014 年采用类似的方法制备了石墨烯及其类似物[29]。搅拌驱动流体动力学在石墨烯制备中的应用，因搅拌装置简单，在现有工业技术条件下较易获得，故而在石墨烯的简单便捷制备中展现出优势。

根据搅拌驱动全湍流场的特点，可以定性的提出以下四个剥离机理：①由于液体具有黏性，速度梯度可导致剪应力。当石墨颗粒沿着流线在液体中流动时，会受到来自液体的剪切力，进而在自身横向润滑特性的作用下实现剪切剥离。②湍流中存在的很强的脉动速度也可导致 Reynolds 剪切应力，同样可以实现剪切剥离。③湍流的 Reynolds 数很大，惯性力占主导地位，有助于石墨颗粒间的碰撞，实现剥离和碎化。④湍流导致的压强波动也是剥离石墨的一种可能原因。Shih 等人发现[30]，与石墨烯亲和力极强的溶剂有可能渗透入石墨层间，因此，当压力迅速波动时，石墨层内可能还停留在上一时刻的高压状态，而当前时刻的外界液体却已经处于低压状态，这种内外压差可导致正应力剥离。总体而言，搅拌驱动流体动力学主要依靠湍流产生的剪应力和碰撞实现剪切剥离，并辅以可能存在的正应力剥离。

4. 超重力法

超重力技术，其原理是利用高速旋转产生的离心力来模拟超重力环境，能够极大地强化传递过程和微观混合过程，实现这一过程所用的机器被称为超重力机或旋转填充床。

旋转填充床在高速旋转过程中，丝网填料与物料的相对运动，能够产生多重强力剪切作用，这种剪切力将对石墨产生可控强力剥离作用。丝网填料与溶剂相互作用，会产生微小液滴，该液滴能够进入到石墨片层中间，对剥离起到辅助作用。利用旋转床的强化传递过程和微观混合作用，也可以强化氧化石墨烯的还原。

北京化工大学研究人员将超重力旋转床与氧化还原法结合在一起制备石墨烯。与常规的超声法对比，制备的氧化石墨烯片层面积提高十几倍以上，片层厚度降低近 50%，比电容量和电容保持率提升 20% 以上，电导率比常规方法制备的提高 30%。将石墨分散在有机溶剂和含表面活性剂的水溶液中用超重力旋转床直接剥离，同样获得了少层的石墨烯[31-32]。

（三）绿色石墨烯溶液的选择

直接在真空或空气环境下克服片层间的范德华力来剥离石墨片，一方面需要消耗较多的能量，另一方面即使实现了剥离，也极易发生重新团聚。如果在液相介质中发生剥离，所需的能量不但会减小，同时也为防止石墨烯再团聚。具有大规模、简易和高效率特点的力学方法，基本上都是在液相中实现石墨片的剥离，因此液相介质极其重要，其不仅关系到剥离效率，还关系到石墨烯分散液的稳定性以及后续可加工性。目前液相介质的选择可分为两类：第一类是溶剂，包括有机溶剂、离子液体、全氟化芳香烃等，以有机溶剂最为常用；第二类是改性剂和聚合物溶液，主要是指将改性剂或聚合物添加在水或有机溶剂中形成的溶液。

国外许多课题组在采用不同溶剂制备石墨烯上开展了研究工作，为液相剥离制备石墨烯奠定了基础。Bourlinos 等[33]给出了一系列可超声剥离制备可溶性石墨烯的新溶剂，这些溶剂属于全氟化芳香烃分子，主要有 C_6F_6、$C_6F_5CF_3$、C_6F_5CN 和 C_5F_5N 等，超声 1 h 后制备的石墨烯最高浓度达 0.1mg/mL。最早开展这方面工作的是爱尔兰都柏林圣三一学院的 Coleman 课题组，他们研究了大量剥离石墨的溶剂，发现当一些有机溶剂（比如 NMP、DMF、γ-丁内酯等）的表面张力接近石墨的表面张力（40 mN/m）时，石墨片层与溶剂间表面能的匹配就会使得混合焓最小，进而使剥离过程所需净能量最小，一旦施以超声即可将石墨烯片层剥离出来，而且还能使石墨烯片在这些溶剂中稳定分散。比如在 NMP 中，制得的石墨烯分散液浓度约 0.01mg/mL，其中单层产率可到 7 ~ 12wt%，且缺陷很少。进一步通过控制超声功率和延长超声时间，他们在 NMP 中将初始浓度为 3.3mg/mL 的石墨分散液超声 460 h，最终得到高浓度的石墨烯分散液（1.2mg/mL），单层产率 ~ 4wt%，但是长时间超声会降低所制备石墨烯的横向尺寸和增加边界缺陷[34]。随后，他们注意到有些有机溶剂的表面张力虽然接近 40 mN/m，但其所制备的石墨烯分散液浓度依然很低、稳定性依然较差，他们推测表面张力只能表征石墨烯表面与溶剂间的整体相互作用效果，而不涉及相互作用的具体细节，于是他们根据 Hansen 溶解度参数理论和对大量溶剂的实验结果，计算出了石墨烯的溶解度参数，并得出结论认为，能够有效剥离和分散石墨烯的溶剂须具有和石墨烯相近的 Hansen 溶解度参数（色散分量 δ_D-18MPa$^{1/2}$，极性分量 δ_P-9.3MPa$^{1/2}$，氢键分量 δ_H-7.7MPa$^{1/2}$）[35]。然而，这些优良有机溶剂大多数有毒，比如 NMP 对眼睛具有强刺激性，且是一种影响生育的有毒物质，DMF 对眼、皮肤和呼吸道有刺激作用，可对多种生物器官造成毒害。这些优良溶剂沸点较高，不便于分散液后处理，且残余高沸点溶剂会影响石墨烯性能，有些特定的应用还必须使用特定的溶剂配方。

改性剂和聚合物溶液也是一大类可用的液相介质，主要是将改性剂或聚合物溶解在水或有机溶剂中形成的溶液，利用改性剂或聚合物分子与石墨烯表面的相互作用，实现石墨烯的高效剥离和稳定分散。一般采用常用的表面活性剂[36]、芘类衍生物[37-39]、有机染料[40]、聚合物[41]等。因水是最廉价和绿色的溶剂，改性剂或聚合物的水溶液，避免了有毒高沸点有机溶剂的使用，使简易绿色制备石墨烯成为可能，但是改性剂和聚合物的种类及其浓度优化选择的相关准则并未建立，且不同改性剂或聚合物与石墨烯之间的相互作用及其稳定机制，仍然是有争议的悬而未决的问题。比如 Coleman 课题组以十二烷基苯磺酸钠（SDBS）为阴离子改性剂、超声处理石墨粉分散液 30 min，制得的石墨烯最高浓度为 0.05mg/mL，并发现最佳的 SDBS 浓度接近其临界胶束（CMC）浓度，且认为石墨烯通过吸附 SDBS 而产生片层间的库伦斥力是其稳定不团聚的机理；继而，他们在阴离子改性剂胆酸钠（SC）改性的水溶液中超声石墨粉分散液 430 h，得到了浓度高达 0.3mg/mL 的石墨烯溶液，但是最佳 SC 浓度为 0.1mg/mL，远远偏离 SC 的临界胶束浓度（5mg/mL），这与前面 SDBS 的结果不符，但具体原因尚不清楚；Vadukumpully 等在阳离子改性剂十六烷基三甲基溴化铵（CTAB，0.5mol/L）改性的 HOPG 醋酸溶液中，超声处理 4 h 制备出了石墨烯，但未研究 CTAB 的最佳浓度；Guardia 等研究了 9 种非离子改性剂和 9 种离子改性剂在同等浓度下对制备石墨烯的浓度和稳定性的影响，发现非离子改性剂 Pluronic-123 和 Tween 80 效果最好，可使石墨烯浓度达 0.5 ~ 1mg/mL，但未给出最佳改性剂浓度下的数据，未研究非离子改性剂的稳定机理；Bourlinos 等以聚乙烯吡咯烷酮（PVP）为稳定剂，超声 9h 得到浓度 ~ 0.1mg/mL 的石墨烯分散液，但未优化 PVP 浓度，且 PVP 稳定机理尚不清楚。另外有些地方还有待提高，比如，残留改性剂会影响石墨烯薄膜的电学性能，在以改性剂或聚合物为稳定剂的水溶液中，要想获得较高的石墨烯浓度和产率，就必须延长超声时间（有的长达 430h），而这又会使所制备的石墨烯尺寸大幅下降，甚至引入氧化缺陷，所以基于水溶液制备出浓度高、尺寸大、无缺陷的石墨烯是重要的科学议题。首先需要解决的是，揭示这些稳定剂稳定石墨烯的物理化学机理。Coleman 课题组研究了 8 种离子改性剂、4 种非离子改性剂在相同浓度下对石墨烯分散浓度的影响，通过 zeta 电位测量和 DLVO 理论分析，发现离子改性剂是以静电斥力势垒来稳定石墨烯，而非离子改性剂则主要是以空间位阻势垒来稳定石墨烯；与此相反，课题通过分子动力学模拟了石墨烯与阴离子改性剂胆酸钠在水中的相互作用，却发现稳定石墨烯的斥力势垒并不是主要源于石墨烯和改性剂间的静电相互作用，而是主要源于空间位阻效应[42]。

综上概之，对于物理方法制备石墨烯而言，液相介质的选择非常重要，其直接关系到所制备石墨烯的浓度、产率、尺寸和缺陷程度，以及制备工艺的绿色、简易特性，而且有关溶剂的自由设计、改性剂和聚合物种类及其浓度的优化选择、改性剂和聚合物与石墨烯表面的作用机制、改性剂和聚合物稳定石墨烯的机理等基础问题仍有待解决。常用的廉价低沸点溶剂，比如水、乙醇和丙酮，一般被认为无法用于石墨烯的制备。那么，能否开发或设计出价格低廉、无需改性剂和聚合物、无毒无污染、沸点低的绿色溶剂，将水、乙醇和丙酮纳入溶剂候选成分，并给出相关设计准则呢？

为了建立用于石墨烯制备的溶剂的选择准则，Coleman 课题组在提出表面张力准则后[26]，又认为表面张力准则虽然简单易用，但依然比较粗糙，并不涉及石墨烯与溶剂的具体相互作用。于是，他们又仔细研究了几十种溶剂的 Hansen 溶解度参数和所制备石墨烯浓度的关系，建立了更为精细的 Hansen 溶解度参数准则，得出结论认为，优良溶剂的 Hansen 溶解度参数应该与石墨烯的 Hansen 溶解度参数接近[43]。此外，Hansen 溶解度理论表明，一种溶质虽然不溶于其他两种溶剂中的任何一种，但有可能溶于这两种溶剂的混合物[44]。据此，将研究石墨烯制备中的混合溶剂法，即将石墨烯的劣等溶剂混合，以获得可用于石墨烯制备的混合溶剂，所选取的劣等溶剂主要是常用的廉价低沸点的水、乙醇、异丙醇和丙酮等。

混合溶剂最优配比的获得，若仅仅依赖于反复实验，未免过于繁琐。另外，只要保证互溶性，混合溶剂的成分可随意变化，也可以是三种以上溶剂的混合。若能从理论上对最优配比进行预测，则可为石墨烯的制备和分散提供简便的混合溶剂筛选方法。这里将采用 Hansen 溶解度理论对最优配合比进行预测。

Coleman 课题组的研究表明，优良溶剂的 Hansen 溶解度参数需与石墨烯的 Hansen 溶解度参数相匹配[26]。而 Hansen 认为将两种溶剂按不同比例混合，可以得到一系列具有不同 Hansen 溶解度参数的混合溶剂。因此，将两种溶剂混合，也有可能使混合溶剂的 Hansen 溶解度参数与石墨烯的 Hansen 溶解度参数接近。根据 Hansen 溶解度理论，一种材料或溶剂可以用三个溶解度参数来表示：色散分量 δ_D，极性分量 δ_P，氢键分量 δ_H，这三个参数在三维 Hansen 空间中代表一个点。在 Hansen 空间中，溶剂 1 和溶质 2 之间的溶解度参数距离可表示为：

$$R_a = \sqrt{4\left(\delta_{D1}-\delta_{D2}\right)^2 + \left(\delta_{P1}-\delta_{P2}\right)^2 + \left(\delta_{H1}-\delta_{H2}\right)^2}$$

此外，混合溶剂的 Hansen 溶解度参数，与其各个组分的体积分数成正比，对于这里两种溶剂（其中一种为水）的混合有：

$$\delta_{i,\,mix} = \frac{\dfrac{1-\phi_S}{\rho_w}\delta_{i,w} + \dfrac{\phi_S}{\rho_s}\delta_{i,s}}{\dfrac{1-\phi_S}{\rho_w} + \dfrac{\phi_S}{\rho_s}}$$

其中 i 表示 D、P 和 H 分量，ϕ_S 代表第二种溶剂的质量分数，ρ_w 和 ρ_s 分别代表水和第二种溶剂的密度。

这里主要涉及的溶剂有水、乙醇、异丙醇和丙酮，其 Hansen 溶解度参数如表 3-1 所示[79-80]。据此，可计算出不同乙醇、异丙醇和丙酮质量分数对应的 R_a 值，根据 R_a 的最小值可以预测混合溶剂的最优配比。

溶剂和石墨烯的 Hansen 溶解度参数

substance	δ_D（$MPa^{1/2}$）	δ_P（$MPa^{1/2}$）	δ_H（$MPa^{1/2}$）	r（g/cm^3）
water	18.1	17.1	16.9	1
ethanol	15.8	8.8	19.4	0.79
isopropanol	15.8	6.1	16.4	0.785
acetone	15.5	10.4	7	0.8
graphene	18	9.3	7.7	——

值得注意的是，在 R_a 最小值附近，当 R_a 发生微小变化时，石墨烯浓度却大幅下降，这意味着 R_a 虽然可以预测最优配比，但无法准确预测石墨烯浓度的变化趋势。因此，下面将采用更为精细的模型，在 Hansen 溶解度参数理论框架内，将混合焓与石墨烯浓度关联起来。类似于碳纳米管的分散，石墨烯的浓度 C_G 可近似表示为：

$$C_G \propto \exp\left[-\frac{\bar{v}}{RT}\frac{\partial(\Delta H/V)}{\partial\varphi}\right]$$

其中 $\bar{v}$ 是石墨烯的摩尔体积，可近似为常数；$\Delta H/V$ 是单位体积石墨烯/溶剂混合物的混合焓；φ 是石墨烯的体积。由 Hansen 溶解度参数理论，混合焓可写为：

$$\frac{\Delta H}{V} \approx \varphi(1-\varphi)\left[\left(\delta_{D,mix}-\delta_{D,G}\right)^2+\frac{1}{4}\left(\delta_{P,mix}-\delta_{P,G}\right)^2+\frac{1}{4}\left(\delta_{H,mix}-\delta_{H,G}\right)^2\right]$$

注意到石墨烯的体积分数很小 $(1-\varphi\approx1)$ 且是常数，故可以得到：

$$C_G \propto \Gamma_G = \exp\left[-\left(\delta_{D,mix}-\delta_{D,G}\right)^2-\frac{1}{4}\left(\delta_{P,mix}-\delta_{P,G}\right)^2-\frac{1}{4}\left(\delta_{H,mix}-\delta_{H,G}\right)^2\right]$$

于是可获得 Γ_G 与溶剂质量分数之间的关系。可以看出，Γ_G 和石墨烯浓度的变化趋势符合的很好。

最后可以得出结论认为，将不同溶剂混合使其 Hansen 溶解度参数与石墨烯的 Hansen 溶解度参数接近，可获得用于剥离和分散石墨烯的优良溶剂，且混合溶剂的最优配比对应于溶解度参数距离 R_a 的最小值，而石墨烯浓度的变化趋势可由浓度与混合焓之间的关系式来预测。混合溶剂法的物理本质是，通过溶剂的混合改变 Hansen 溶解度参数，使得石墨烯与混合溶剂的混合焓最小。

三、国内外发展比较及发展趋势

（一）概况

目前我国石墨烯产业在高速发展的同时，也存在着泡沫化、低端化、应用乏力等困境，阻碍了其产业化的进程。从政策角度看，当前已有不少国家和地区制订出了不同的石墨烯技术应用路线图，都在为该产业发展指明方向，制定发展路径。我国对石墨烯产业也非常重视，提出了许多国家层面上的政策或发展规划，国务院发布的《中国制造 2025》《关于加快石墨烯产业创新发展的若干意见》《国家创新驱动发展战略纲要》以及《国民经济和社会发展第十三个五年规划纲要》，都反复强调了石墨烯在战略前沿材料中的关键地位，提出应在 2020 年形成完善的石墨烯产业体系[45]。

全球石墨烯产业重点区域发展状况概括如下[46]：

英国。英国是石墨烯的"诞生地"，但是相关研发和产业化却落后于中国、韩国、日本和新加坡等。为改变这种局面，近几年，英国政府投入巨资加速石墨烯的研发。2011 年，英国政府宣布投入 5000 万英镑支持石墨烯研究，包括建立总投资达 6100 万英镑的国家石墨烯研究院；2012 年 12 月，英国政府增拨 2150 万英镑用以资助石墨烯材料应用领域的研究。2013 年，英国政府联合欧洲研究与发展基金会共同出资 6100 万英镑在曼彻斯特大学成立国家石墨烯研究院。2014 年，英国政府联合马斯达尔公司宣布继续投资 6000 万英镑在曼彻斯特大学成立石墨烯工程创新中心，维持英国在石墨烯及其他二维材料方面的世界领先地位。不仅如此，英国还涌现了众多致力于石墨烯生产和应用的公司。

美国。美国对石墨烯的研究投入开始较早，投入力度也相对较大。美国国防部高级研究计划署 2008 年 7 月就发布了总投资 2200 万美元的碳电子射频应用项目，旨在开发超高速和超低能量应用的石墨烯基射频电路。2006—2011 年，美国国家自然科学基金关于石墨烯的资助项目有 200 项左右，涵盖了石墨烯研究和应用的各个领域。2014 年，美国国家自然科学基金投入 1800 万美元，美国空军科研办公室投入 1000 万美元对石墨烯及相关的二维材料开展基础研究。美国良好的创业环境也促使了众多小型石墨烯企业的诞生，产业化和应用进程相对较快。美国具有众多研发实力强劲的大型企业参加石墨烯的研发，如 IBM、英特尔、波音等投入大量的科研力量。2012 年，美国 IBM 公司成功研制出首款由石墨烯圆片制成的集成电路，使石墨烯特殊的电学性能彰显出应用前景，预示着未来可用石墨烯圆片来替代硅晶片。2014 年 10 月，IBM 研究人员发现石墨烯材料能大幅降低蓝光 LED 成本，而这种技术有机会催生高频晶体管、光探测器、生物传感器以及其他"后硅时代"组件，为此，该公司计划未来 5 年内投入 30 亿美元研究下一代芯片技术。

欧盟。欧盟近年来对石墨烯的研发也投入较大。截至 2011 年，欧盟总共投入了约 1.5 亿欧元推动石墨烯的相关研发。欧盟现有 50 余家公司在开展石墨烯的研发、产业化以及应用的推进。除了政府推动的学术研究，许多工业巨头，如巴斯夫及拜耳公司等，也投入了相当的人力和财力加强对石墨烯相关应用的研发。2013 年 1 月，欧盟委员会更是将石墨烯列为"未来新兴技术旗舰项目"之一，计划 10 年内提供 10 亿欧元资助，将石墨烯研究提升至战略高度，旨在把石墨烯和其他二维材料从实验室推向社会，促进产业革命和经济增长，创造就业机会。目前，在欧盟"第七框架计划（FP7）"下的过渡阶段（2013 年

10 月 1 日—2016 年 3 月 31 日）已经完美收官。这 8 项研究成果分别是石墨烯神经元研究、石墨烯压力传感器、无摩擦石墨烯、石墨烯皮划艇、搅拌法生产石墨烯、石墨烯柔性显示屏、石墨烯光纤、石墨烯可充电电池。

韩国。韩国石墨烯相关研究与产业发展迅猛，韩国原知识经济部预计 2012—2018 年间向石墨烯领域提供总额为 2.5 亿美元的资助，其中 1.24 亿美元用于石墨烯技术研发，1.26 亿美元用于石墨烯商业化应用研究。2013 年，韩国产业通商资源部宣布整合韩国国内研究机构与企业力量推进石墨烯商业化发展，包括韩国科学技术院在内的 41 家研究机构将与 6 家企业形成石墨烯联盟，合作攻关，政府将在未来 6 年投入 4230 万美元，希望打造每年 153 亿美元的市场，形成 25 家全球领先企业。韩国注重保护和申请石墨烯专利，专利量居全球第三。产业企业层面，韩国三星投入了巨大研发力量，保证了其在石墨烯应用于柔性显示、触摸屏以及芯片等领域的国际领先地位，在 2011 年研发出 40 英寸的石墨烯触摸屏面板。2014 年，三星先进技术研究院与韩国成均馆大学联合宣布合成了一种能在更大尺度内保持导电性的石墨烯晶体，是一种可以用在柔性显示屏和可穿戴设备上的屏幕显示技术。

日本。日本作为碳材料产业最发达的国家之一，从 2007 年起就对石墨烯的开发进行资助。日本科学技术振兴机构 2007 年就对石墨烯材料和器件的技术开发项目进行资助；经济产业省 2011 年实施的"低碳社会实现之超轻、高轻度创新融合材料"项目，重点支持了碳纳米管和石墨烯的批量合成技术。除了日本政府的相关投入外，日本众多企业，如日立、索尼、东芝等投入了大量资金和人力从事石墨烯的基础研究以及应用开发，并取得了显著进展。

我国在石墨烯领域的研究起步与发达国家相比较晚，但在近些年的努力下，文献发表量和专利数量都已经位居全球首位。2015 年 5 月，国家金融信息中心指数研究院发布了全球首个石墨烯指数评价结果显示，我国全球石墨烯产业综合发展实力位列全球第 3 位（前 2 位分别为美国和日本）。从宏观政策看，我国石墨烯的发展得到了国家和各级地方政府的大力扶持，国内石墨烯产业制备技术和应用技术均取得了长足发展。民间资本纷纷介入石墨烯产业。在产业园和创业基金等的积极引导下，一些创业者以技术为资本成立公司，一些上市公司以资金为优势介入石墨烯领域。

目前，新材料"十三五"规划编制已经结束。公开信息显示，其中前沿新材料领域，将重点发展石墨烯、3D 打印、超导、智能仿生等 4 大类 14 个分类材料，并形成一批潜在市场规模约在百亿至千亿级别的产业集群。石墨烯作为性能优异的前沿材料，其产业化将迎来跨越式发展的历史机遇。

（二）石墨烯专利状况

从 1994—2015 年，全球共有 13688 件石墨烯相关专利。从技术原创国专利申请数量看，中国、韩国、美国、日本申请的专利量位居全球前四，中国石墨烯相关专利量具有绝对优势[47]。从各原创国的技术申请范围看，韩国、美国和日本都在积极进行专利全球布局，但我国专利海外布局薄弱，亟待加强。

从石墨烯专利技术申请领域看，2013 年之前，石墨烯相关研究主要集中在制备领域；2011—2013 年，制备技术专利占石墨烯专利申请比例达 38%。随着制备技术的完善与成熟，石墨烯专利申请不断向下游应用拓展，并开拓出新的领域。2013—2015 年，全球新增大量关于复合纤维、涂层、功能薄膜、水处理等应用领域的石墨烯技术专利申请，其中关于石墨烯基复合材料的专利申请几乎翻番，而制备技术专利的申请比例降至约 29%。

专利申请数最多的前三名为申请人为韩国三星、韩国高科技学院及美国 IBM；第 7～10 名为韩国成均馆大学、浙江大学、韩国 LG、清华大学、上海交通大学、哈尔滨工业大学、东南大学。可见全球石墨烯研发技术领先机构主要分布在韩国和中国[49]。

石墨烯专利技术在不同应用领域的分布如下（%）：复合材料 27，结构材料 24，功能材料 17，储能材料 15，电子信息 10，传感器 4，生物医药 2[50]。

我国前十位石墨烯专利申请机构是海洋王照明科技有限公司（417 件）、浙江大学（228 件）、清华大学（174 件）、上海交通大学（151 件）、哈尔滨工业大学（146 件）、东南大学（133 件）、中科院宁波材料科学与工程研究所（101 件）、上海微系统与信息技术研究所（97 件）、西安电子科技大学（96 件）、电子科技大学（92 件）[51]。

（三）石墨烯市场

全球石墨烯市场可以分为：氧化石墨烯（GO）、石墨烯纳米片（GNP）和其他。其他类型的石墨烯包括石墨烯膜、还原氧化石墨烯（rGO）等，每一种类型都有不同的特点和用途。其中，氧化石墨烯在全球市场中份额最高，紧接着是石墨烯纳米片。

2014 年和 2015 年，全球石墨烯市场规模估计分别为 290 万美元、336 万美元。石墨烯正处于大规模产业化前夕，预计到 2020 年市场规模可以达到 3.85 亿美元[50]。

2014 年，中国的石墨烯市场规模约为 150 万美元；2015 年，中国石墨烯产业市场规模达到 1630 万美元；预计 2020 年其市场规模将达到 2 亿美元，并成为全球最大的石墨烯消费国家。

由于石墨的锂电池电极添加剂的研发技术较为成熟，在合成控制及成本方面具有优势，因而相比其他电子领域，其产业化时间更早。其次为为导热膜及触摸屏，由于研发技术较为成熟，产业化预期比柔性导电膜及超级电容提前 1～2 年[49]。

石墨烯导电剂按照溶剂类型，可分为水浆料、NMP 浆料、粉末类导电剂。粉末类石墨烯导电剂，需要添加水或 NMP 及分散剂，配制成水浆料及 NMP 浆料型导电剂后才可添加于锂电池正负电极中。石墨烯相比传统导电剂，其接触方式主要为"面对点"，由于其极薄的颗粒尺寸及晶相内自由移动的电子使得石墨烯的粉体导电率达到 1000S/cm，为导

电碳黑的 100 倍。

（四）我国石墨烯发展趋势

石墨烯是 21 世纪最具颠覆性的新材料，成为引领新一代工业技术革命的战略性新兴产业。目前，石墨烯行业正处于从技术向商业演变的关键时期，大规模应用即将到来。预计未来 5 到 10 年，各国对石墨烯行业的支持仍将集中在石墨烯中游产业链，以进一步加快石墨烯产业化。2021—2035 年，石墨烯产业将进入成熟阶段，石墨烯的独特优势及其高端产品将大量涌现，如石墨烯太赫兹检测器、生物传感器、海水淡化过滤膜、激光发射器等。

参考文献

［1］ Liu X, Li Z, Zhao W, et al. A facile route to the synthesis of reduced graphene oxide–wrapped octahedral Cu₂O with enhanced photocatalytic and photovoltaic performance［J］. J. Mater. Chem. A, 2015（3）: 19148–19154.

［2］ Liu X., Yang J, Zhao W, et al. A Simple Route to Reduced Graphene Oxide–Draped Nanocomposites with Markedly Enhanced Visible–Light Photocatalytic Performance［J］. Small, 2016（12）: 4077–4085.

［3］ Wang Y, Li Z, He Y, et al. Low–temperature solvothermal synthesis of graphene–TiO₂ nanocomposite and its photocatalytic activity for dye degradation［J］. Materials Letters, 2014（134）: 115–118.

［4］ Wang Y, Li Z, Tian Y, et al. A facile way to fabricate graphene sheets on TiO₂ nanotube arrays for dye–sensitized solar cell applications［J］. Journal of Materials Science, 2014（49）: 7991–7999.

［5］ N Konstantin Kudin Ozbas Bulent, Schniepp Hannes C, et al. Raman Spectra of Graphite Oxide and Functionalized Graphene Sheets［J］. Nano Letters, 2012（8）: 36.

［6］ He Heyong, A Thomas Riedl, Lerf Anton, et al. Solid–State NMR Studies of the Structure of Graphite Oxide［J］. Journal of Physical Chemistry, 2014（100）: 19954–19958.

［7］ Y Obeng, P Srinivasan. Graphene: Is it the future for semiconductors? An overview of the material, devices, and applications［J］. Electrochemical Society Interface, 2011（20）: 47–52.

［8］ D C Marcano, D V Kosynkin, J M Berlin, et al. Improved Synthesis of Graphene Oxide［J］. Acs Nano, 2010（4）: 4806.

［9］ 杨剑波. 石墨烯/ZnO 纳米阵列复合材料制备及性能［D］. 武汉：中国地质大学（武汉），2015.

［10］ Moon I K, Lee J, Ruoff R S, et al. Reduced graphene oxide by chemical graphitization［J］. Nature Communications, 2010, 1（6）: 73.

［11］ D A Dikin, S Stankovich, E J Zimney, et al. Preparation and characterization of graphene oxide paper［J］. Nature, 2007（448）: 457.

［12］ Cai W, Piner R D, Stadermann F J, et al. Synthesis and solid–state NMR structural characterization of ¹³C–labeled graphite oxide［J］. Science, 2008, 321（5897）: 1815–1817.

［13］ D Li, M B Mueller, S Gilje, et al. Processable aqueous dispersions of graphene nanosheets［J］. Nature Nanotechnology, 2008（3）: 101.

［14］ Z Wei, D Wang, S Kim, et al. Nanoscale tunable reduction of graphene oxide for graphene electronics［J］.

Science, 2010（328）：1373-1376.

［15］ D Pacilé, J C Meyer, A F Rodr í guez, et al. Electronic properties and atomic structure of graphene oxide membranes ［J］. Carbon, 2011（49）：966-972.

［16］ A Ganguly, S Sharma, P Papakonstantinou, et al. Probing the Thermal Deoxygenation of Graphene Oxide Using High-Resolution In Situ X-ray-Based Spectroscopies ［J］. Journal of Physical Chemistry C, 2011（115）：17009-17019.

［17］ O Akhavan. The effect of heat treatment on formation of graphene thin films from graphene oxide nanosheets Carbon ［J］. Carbon, 2010（48）：509-519.

［18］ C Mattevi, G Eda, S Agnoli, et al. Evolution of Electrical, Chemical, and Structural Properties of Transparent and Conducting Chemically Derived Graphene Thin Films ［J］. Advanced Functional Materials, 2009（19）：2577-2583.

［19］ Fan X, Peng W, Li Y, et al. Deoxygenation of Exfoliated Graphite Oxide under Alkaline Conditions：A Green Route to Graphene Preparation ［J］. Advanced Materials, 2008, 20（23）：4490-4493.

［20］ A Bagri, C Mattevi, M Acik, et al. Structural evolution during the reduction of chemically derived graphene oxide ［J］. Nature Chemistry, 2010（2）：581.

［21］ Liu F, Choi J Y, Seo T S. Graphene oxide arrays for detecting specific DNA hybridization by fluorescence resonance energy transfer ［J］. Biosensors & Bioelectronics, 2010, 25（10）：2361.

［22］ V C Tung, M J Allen, Y Yang, et al. High-throughput solution processing of large-scale graphene ［J］. Nature Nanotechnology, 2008（4）：25-29.

［23］ Y Zhou, Q Bao, L A L Tang, et al. Hydrothermal Dehydration for the "Green" Reduction of Exfoliated Graphene Oxide to Graphene and Demonstration of Tunable Optical Limiting Properties ［J］. Chemistry of Materials, 2009（21）：2950-2956.

［24］ D Nelson, T Piran, S Weinberg. Statistical mechanics of membranes and surfaces ［M］. World Scientific, 1989：1-17.

［25］ M N Iii, Y T Didenko, K S Suslick. Sonoluminescence temperatures during multi-bubble cavitation ［J］. Nature, 1999（401）：772-775.

［26］ Hernandez Y, Nicolosi V, Lotya M, et al. High-yield production of graphene by liquid-phase exfoliation of graphite ［J］. Nature Nanotechnology, 2008, 3（9）：563.

［27］ Yi M, Shen Z, Zhang X, et al. Vessel diameter and liquid height dependent sonication-assisted production of few-layer graphene ［J］. Journal of Materials Science, 2012（47）：8234-8244.

［28］ 沈志刚, 易敏, 麻树林, 等. 一种制备高质量石墨烯的湍流方法 ［P］. 2015-4-22, 北京航空航天大学.

［29］ Paton K R, Varrla E, Backes C, et al. Scalable production of large quantities of defect-free few-layer graphene by shear exfoliation in liquids ［J］. Nature Materials, 2014（13）：624-630.

［30］ Shih C J, Lin S, Strano M S, et al. Understanding the stabilization of liquid-phase-exfoliated graphene in polar solvents：molecular dynamics simulations and kinetic theory of colloid aggregation ［J］. Journal of the American Chemical Society, 2010, 132（41）：14638.

［31］ 沈嵩. 超重力氧化还原法制备石墨烯的研究 ［D］. 北京：北京化工大学, 2015.

［32］ 张毅. 超重力法液相直接剥离制备石墨烯 ［D］. 北京：北京化工大学, 2016.

［33］ A B Bourlinos, V Georgakilas, R Zboril, et al. Liquid-phase exfoliation of graphite towards solubilized graphenes ［J］. Small, 2009（5）：1841-1845.

［34］ Coleman J N. Liquid Exfoliation of Defect-Free Graphene ［J］. Accounts of Chemical Research, 2013（46）：14-22.

［35］ Z S, J V, DA G, et al. High-concentration graphene dispersions with minimal stabilizer：a scaffold for enzyme immobilization for glucose oxidation ［J］. Chemistry（Weinheim an der Bergstrasse, Germany）, 2014（20）：

5752-5761.

[36] Guardia L, M Fernández-Merino J, Paredes J I, et al. High-throughput production of pristine graphene in an aqueous dispersion assisted by non-ionic surfactants [J]. Carbon, 2011 (49): 1653-1662.

[37] Lee D W, Kim T, Lee M. An amphiphilic pyrene sheet for selective functionalization of graphene [J]. Chemical Communications, 2011 (47): 8259-8261.

[38] Yang H, Hernandez Y, Schlierf A, et al. A simple method for graphene production based on exfoliation of graphite in water using 1-pyrenesulfonic acid sodium salt [J]. Carbon, 2013 (53): 357-365.

[39] Parviz D, Das S, Ahmed H S, et al. Dispersions of non-covalently functionalized graphene with minimal stabilizer [J]. Acs Nano, 2012 (6): 6014.

[40] Schlierf A, Yang H, Gebremedhn E, et al. Nanoscale insight into the exfoliation mechanism of graphene with organic dyes: effect of charge, dipole and molecular structure [J]. Nanoscale, 2013 (5): 4205-4216.

[41] Xu L, Mcgraw J W, Gao F, et al. Production of High-Concentration Graphene Dispersions in Low-Boiling-Point Organic Solvents by Liquid-Phase Noncovalent Exfoliation of Graphite with a Hyperbranched Polyethylene and Formation of Graphene/Ethylene Copolymer Composites [J]. Journal of Physical Chemistry C, 2013 (117): 10730-10742.

[42] Lin S, Shih C J, Strano M S, et al. Molecular insights into the surface morphology, layering structure, and aggregation kinetics of surfactant-stabilized graphene dispersions [J]. Journal of the American Chemical Society, 2011 (133): 12810-12823.

[43] Z S, J V, DA G, et al. High-concentration graphene dispersions with minimal stabilizer: a scaffold for enzyme immobilization for glucose oxidation [J]. Chemistry (Weinheim an der Bergstrasse, Germany), 2014 (20): 5752-5761.

[44] Hansen C M. Hansen solubility parameters: a user's handbook [M]. CRC Press, 2012: 289-303.

[45] 海川. 石墨烯产业化迷雾与困境 [J]. 新经济导刊, 2016 (11): 42-47.

[46] 石墨帮. 全球及中国石墨烯产业发展现状分析 [EB/OL]. [2016-08-29], http://www.shimobang.cn/.

[47] 王本力. 石墨烯技术突破与市场前景分析 [J]. 中国工业评论, 2016 (4): 72-80.

[48] 刘忠范. 石墨烯产业: 切勿重演"大炼钢铁"运动 [J]. 创新时代, 2017 (2): 11-13.

[49] 石墨帮. 深度: 展望2017年的中国石墨烯市场 [EB/OL]. [2016-11-06], http://www.shimobang.cn/.

[50] 材料科学网. 一张图看懂石墨烯行业 [EB/OL]. [2016-12-12]. http://www.cailiaokexue.com/.

[51] 王莉, 王腾跃, 何向明, 等. 国内石墨烯技术及产业现状分析 [J]. 新材料产业, 2016 (5): 25-31.

[52] Novoselov K S, Fal'Ko V I, Colombo L, et al. A roadmap for graphene [J]. Nature, 2012, 490 (7419): 192.

撰稿人: 沈志刚 李 珍 毋 伟 刘学琴

ABSTRACTS

Comprehensive Report

Advances in Mineral Materials

Mineral materials refer to the functional materials using the natural minerals or rocks as raw materials. Although taking natural minerals as raw materials, mineral materials are different from the products obtained from the mining and preliminary processing of minerals. Actually, the research on mineral materials includes structure, physicochemical characteristics, function and application performance of natural minerals from the perspectives of material science and application, which aims to make full use of raw mineral materials and enhance its application values to meet the needs of the technological progress and industrial development by processing, transforming and optimizing these characteristics as well as explore their new application markets and new market needs to exploit the mineral resources more scientifically, economically and efficiently.

Mineral materials are the earliest materials used by humans. Archeology shows that stone axes, stone knives used by primitive people are made of quartzite, granite and other hard non-metallic mineral or rock materials. Modern science and technology revolution, industrial development, social progress, health and environmental protection and the rise of ecological industry have created a new era for the research and development of the mineral materials.

Research on modern mineral materials science began in the 1980s. The establishment of the Chinese mineral materials discipline began around 2000. Since 2000, the mineral materials, especially the nonmetallic mineral materials in the field of scientific research and technology

development are very active. The scientists engaged in research and development in this field, including colleges and universities, increased year by year. In addition, the growth of the quantity, high levels of scientific paper and patents is very rapid. At present, there have been hundreds of colleges and universities in this field.

In this report, the development and present situation, the future development trend and main direction of the domestic and foreign mineral materials are comprehensively summarized. In addition, in accordance with the mineral materials subject development trend and law of development, the structure adjustment countermeasures and suggestions to the related industry are put forward; To complete this study, a dedicated national silicate project team was set up. The project implementation plan was reviewed and discussed by experts and scholars. More than 20 well-known experts and scholars in the field involved in the project of research and report writing.

Through the systematic research, comparison analysis on mineral materials and their related discipline at home and abroad, especially the relevance with the high technology materials, energy conservation, environmental protection, ecological health industries, the development present situation of mineral material in our country, the gap with advanced foreign countries, the future development trend and main direction and related technology development direction are summrized and proposed. In addition, based on the present situation and trend of the domestic and foreign development, combined with the related science and technology, the industry development strategy and training requirements, the development strategy and policy proposal of mineral material science in our country are put forward.

Written by Zheng Shuilin, Sun Zhiming, Zhang Qiwu

Reports on Special Topics

Advances in Graphite Mineral Materials

As one of the important strategic resources, the graphite, especially the natural flaky graphite, plays an essential role in many fields. China is the largest exporter of crystalline graphite resource and products in the world. This chapter reviewed the natural graphite resources distribution, mineral characteristics, the production status and comparison of domestic and overseas situation. The processing technics about the purification, powder processing, modification, and the preparation of high purity flaky graphite powder, exfoliated graphite, flexible graphite sheets, spherical graphite and the lithium ion battery anode material are summarized. In addition to the traditional application of natural microcrystalline graphite materials, some new applications about the microcrystalline graphite-based lithium ion battery anode and isotropic graphite are introduced. Finally, some new research advances and frontiers for natural flaky and microcrystalline graphite are commented, and the outlook of the graphite materials development trend are prospected.

Written by Huang Zhenghong, Li Zhen

Advances in Clay Mineral Materials

Clay mineral materials are the most active in the field of mineral materials. In this report, six typical clay minerals, including kaolinite, illite, bentonite, palygorskite clay, sepiolite clay and halloysite clay, are introduced. The research status of different clay minerals at home and abroad is summarized, mainly involving the distribution, genesis, crystal structure, physicochemical properties, exploitation and applications. Meanwhile, an overview of the research progress and practical applications of clay materials are also conducted comprehensively.

First, the research and applications of kaolinite have been carried out for over ten years. The different processing technologies of kaolinite are summrized. In addition, the key research field of kaolinite and illite is put forward. Illite has a broad application prospect and market potential in the chemical fertilizer, rubber, paper making, ceramics and other industries. The domestic and foreign research development status and the comparative analysis are given in this chapter. Moreover, the research progress and development trend are also discussed. Bentonite is one commom type of nonmental clay mineral resoures, which has montmorillonite, composed by the two silicon-oxygen tetrahedron intervening layer of aluminum oxygen octahedron, as the main component. Bentonite can be divided into Ca-bentonite and Na-bentonite based on the properties of montmorillonite. Bentonite has excellent performances in water swelling, adsorption, ion exchange, dispersion, suspension, adhesion, stability, non-toxic and so on, and can be widely used in casting, metallurgy, coating, petroleum, chemical, plastics, environment, especially in foundry sand, drilling mud, iron ore pellet. The main research fields and hotpots of bentonite both at home and abroad are given in this part. In addition, the development trend of bentonite is proposed.

Combining with the mineral composition of palygorskite clay and surface physicochemical properties of palygorskite, the applications of different types of palygorskite clay on the field of environment, energy, and chemical industry and so forth were suggested. The research status of sepiolite clay at home and abroad is compared. Based on the mineral composition, chemical composition, and the physicochemical properties of sepiolite, the utilization of sepiolite clay as adsorbent, building material, catalyst carrier, and soil conditioner, etc were introduced. Besides, the application prospects of sepiolite as ceramic material, catalytic composite material, and bio-medicine support are expected. Compared with the research status of halloysite clay, the genesis, mineral composition, and physicochemical properties was analyzed. The applications of halloysite clay as mineral material in the field of environment, energy, and medicine, etc were also introduced. Finally, the research frontier of halloysite clay and its development tendency were prospected.

Written by Liu Qinfu, Chen Tianhu, Cheng Hongfei, Liu Haibo

Advances in Porous Mineral Materials

Porous mineral materials have always been attached great importance to international academic physics, chemistry and materials. They have porous channel effect and surface charge effect because of special pore structure. Porous materials have the following characteristics: high chemical resistance, relatively stable of pore structure, good heat resistance, with highly open and interconnecting pores, high geometry surface area and volume ratio, uniform pore distribution and controllable pore size. Different types of porous mineral materials have pore characteristics, physical and chemical properties, and different areas of application. At the moment, porous mineral materials are widely used in beverage, brewing, pharmaceutical, sewage, petrochemical, catalyst carrier, environmental protection areas. On the basis, this chapter reviewed the research development of the most common, quintessential or wide applied porous mineral materials, such as diatomite, zeolite, bloating perlite, vermiculite and opal, etc.

Written by Li Zhen, Wang Yongqian, Sun Zhiming,
Yu Yongsheng, Zheng Shuilin, Gao Pengcheng

Advances in Magnesium Mineral Materials

Magnesium is one of the most abundant light metal elements on earth, and the crustal abundance is around 2%. Our country is rich in magnesium resources and has a lot of magnesium ores. Magnesium resources mainly include dolomite, magnesite, brucite, talc, carnallite and olivined. Among them, magnesite, dolomite, brucite and talc are the main raw materials in the manufacture of the magnesia. This report summrized the current development situation and utilization of magnesium mineral resources, introduced the processing technologis of magnesium mineral materials, and pointed out the development trend of magnesium mineral material.

Written by Han Yuexin, Sun Yongsheng, Zheng Shuilin, Sun Zhiming

Advances in Calcareous Mineral Materials

Calcareous mineral materials are the functional materials prepared through the deep or fine processing of calcic minerals or calcic mineral rocks. This report elaborates the classification and implications of calcareous mineral materials, and the processing technology, performance requirements, applications research status of several calcareous mineral materials, including calcareous mineral filling material, calcareous mineral composite functional material, calcareous mineral construction material and calcareous mineral biomaterials, are introduced in details with the contrast analysis. Meanwhile, this report points out the advanced research directions and the future development trend of calcareous mineral materials. At last, the main problems and solutions of calcareous mineral materials are also presented.

Written by Ding Hao, Sun Sijia, Wu Wei

Advances in Fiber Mineral Materials

Fiber mineral is a kind of minerals, the shapes of which appear needle-like, fiber-like or thread-like. It contains macroscopic or microscopic fibrous materials, such as fiber brucite, needle-like wollastonite, chrysotile asbestos, amphibole asbestos fiber, fiber-like palygorskite and sepiolite. Fiber mineral material has one-dimensional material properties, and it is usually an acicular, fibrous or filamentous aggregate. It has excellent mechanical, thermal, electromagnetic, chemical and surface properties. It can be stripped dispersion and split, and its specific surface area and surface energy is large. Fiber mineral material has high chemical activity, it can be combined with other inorganic or organic materials as a base material or carrier. It can be widely applied to the fields of machinery, construction, electricity, transportation, aviation, aerospace and so on. Fibrous brucite has excellent performance on strength, flame retardance and filling. It is used as reinforced material, inorganic flame retardant, and filling agent in composite material. Needle-like wollastonite is brittle and easy to be ground. It has low coefficient of thermal expansion, and it has good performance on fusibility. It can be dissolved easily in acid solution, and has high resistance and low dielectric constant. Needle-like wollastonite has an excellent performance on thermal stability and dimensional stability, and also has good mechanical and electrical properties. Needle-like wollastonite is widely used in ceramic, plastic, rubber, paint, coating, metallurgy, cement, paper and other industries. Chrysotile asbestos is a fibrous variety of chrysotile asbestos products, and chrysotile is its trade name. It is flexible and lightweight, and it has a good performance on reinforcing, thermal insulation and insulation. It can be widely used in industry. In recent years, researchers focus on the preparation and harmless of chrysotile asbestos environment-friendly material, and the epidemiology, toxicology and cytotoxicity of chrysotile asbestos environment-friendly material.

Written by Peng Tongjiang, Li Zhen, Wang Caili, Song Pengcheng, Zhang Wei

Advances in Composited Functional Mineral Materials

This chapter analyses the research significance of the composited functional mineral materials and their main synthesis theory and methods. The main text of this chapter is composed of the basic orientations and research progresses of three main levels for preparing mineral materials (including surface decoration to mineral, structure adjusting, and combination induced synergetical effects of different minerals) as well as the theoretical modulation to mineral materials, even introducing the main technical and theoretical fundamentals in the aforementioned three aspects. The chapter also introduces, in a large effort, the mechanism, methodology, affection factors, recent progress and the next orientations need to be done to the following topics: the mineral based carbon condensation, hydrogen storage, thermal storage, catalysis, and absorption materials, as well as the assembly of new molecular and radicals to the surface and intrinsic parts to prepare new kinds of functional materials. Furthermore, the theoretical modulation method, and the effect of the crystal structure, coordination manners of the molecular radicals on the surface properties and their modulation methods of mineral materials designed from chained, layered, and framework silicates will be discussed in detail.

Written by Yang Huaming, Ouyang Jing

Advances in Environmental Mineral Materials

This report presents the definition and basic characteristics of environmental mineral materials, as well as its relationship with traditional mineral materials. It briefly expounds the research status of natural mineral materials, including their fundamental properties, the pollutants purification mechanism, and the application in environmental pollution control along with the existing problems. Based on the summary of research results of environmental mineral materials in recent ten years, this report emphasizes on stating the physical, chemical and composite modification methods, the characterization techniques of physicochemical properties and the regeneration methods. Meanwhile, an overview of the research progress and practical application of environmental mineral materials in water, air and soil pollution control are conducted comprehensively. Moreover, the future development trend of environmental mineral materials is also prospected, including the establishment of structure-performance database, the development of new multi-functional environment mineral materials, the research on granulation and recycling as well as the underlying mechanism for modification methods and pollutant removal.

Written by Lin Hai, Dong Yingbo, Zheng Shuilin, Sun Zhiming, Liu Haibo

Advances in Health Functional Mineral Materials

Health functional materials refer to the functional materials which are beneficial to human health, specifically can improve the basic elements of human life, such as clothing, food, shelter, transportation and so on. This new research involves material science, life science, health science, environmental science. According to the main raw materials, the health functional materials can be divided into health functional mineral materials, health functional polymer materials, health functional ceramic materials and so on. Because of the composition, structure and properties of mineral materials, tourmaline, montmorillonite, attapulgite, zeolite and other non-metallic mineral materials have certain health functions. This report mainly introduces the application and development prospect of tourmaline and montmorillonite in the health field. Mineral material tourmaline possesses special properties, including the spontaneous polarization and the far infrared radiation, which could reduce the surface tension of water, and improve the solubility of substance, therefore tourmaline has potential applications in biomedicine area. Montmorillonite has large specific surface area to strongly absorb bacteria, mycotoxins and heavy metal ion, which is beneficial for human health. This report describes the deep processing method of tourmaline and montmorillonite, and their application in human health functional material. Additionally, the relevant composite materials and the development trend in the future are also reported.

Written by Liang Jinsheng, Zhang Hong, Han Xiaoyu, Meng Junping

Advances in Energy Functional Mineral Materials

According to the principle of mineralogy and material science, the energy functional mineral materials was proposed as the concept, and described individually as electric, thermal and solar energy storage mineral materials. The present, progress and trend were introduced and comprehensively analyzed by typical energy functional mineral materials, such as graphite, molybdenite, copper sulfide, silicon dioxide, titanium dioxide, rhombohedral siderite, mica, high graphitized coal and etc. The mechanism of energy functional mineral materials was revealed principally. Functional mineral materials show the excellent abilities for energy storage and transformation by using for the storage of the functional particles and the supply of energy space. By using as the phase change materials, normal adsorption materials and also thermal chemical reaction, natural mineral became energy functional mineral materials, and could be used for energy storage and transformation. New energy functional mineral materials could be synthesized and created by new technique, such as nano structure engineering. Natural mineral shows the great potentialities as the excellent energy functional materials in the future with good property in the low cost.

Written by Chuan Xiuyun, Yang Yang, Li Aijun, Cao Xi,
Huang Dubin, Yang Zaiqiao, Cheng Siyu, Qiang Jingya

Advances in Graphene

This chapter introduces the definition, property, and possible applications of graphene. The emphasis is put on the diverse routes for producing graphene, including chemical methods, physical methods, production of graphene film, etc. In addition, a comprehensive analysis of the state of the art of graphene is presented, with a focus on the graphene related patents, emerging markets, development prospect, etc.

Written by Shen Zhigang, Li Zhen, Mu Wei, Liu Xueqin

索 引